Riederer/Przuntek (Hrsg.)

Morbus Parkinson Selegilin (R-(–)-Deprenyl); Movergan®

Ein neues Therapiekonzept

Internationales Parkinson-Symposium,
Berlin, 23. bis 25. Januar 1987

Springer-Verlag Wien GmbH

Prof. Dr. Peter Riederer

Psychiatrische Universitätsklinik, Würzburg, Bundesrepublik Deutschland

Prof. Dr. Horst Przuntek

St. Josef-Hospital, Bochum, Bundesrepublik Deutschland

Übersetzung von: Journal of Neural Transmission, Suppl. 25: MAO-B-Inhibitor Selegiline (R-(—)-Deprenyl). A New Therapeutic Concept in the Treatment of Parkinson's Disease (Riederer, P., Przuntek, H., eds.)

© 1987 by Springer-Verlag Wien

Mit 14 Abbildungen

CIP-Titelaufnahme der Deutschen Bibliothek

Morbus Parkinson: Selegilin (R-(—)-Deprenyl) ; Movergan: ein neues Therapiekonzept / Riederer ; Przuntek (Hrsg.). — Wien; New York: Springer, 1988

Übers. aus: Journal of neural transmission ; Suppl. 25. — Engl. Ausg. u. d. T.: MAO-B-Inhibitor Selegiline (R-(—)-Deprenyl)

ISBN 978-3-211-82032-2   ISBN 978-3-7091-2287-7 (eBook)

DOI 10.1007/978-3-7091-2287-7

NE: Riederer, Peter [Hrsg.]

Vorwort

Die nachfolgenden Beiträge beschäftigen sich mit der Bedeutung der Hemmung der Monoaminoxidase Typ B für die Behandlung der Parkinson-Krankheit.

Bei neuen Medikamenten vergehen zwischen den ersten klinischen Anwendungen bis zu ihrer offiziellen Einführung heute in der Regel mehrere Jahre. Der Monoaminoxidase-B-Hemmer Selegilin (Movergan®) steht nach 12jähriger klinischer Erprobung nunmehr für den deutschen Markt zur Verfügung. Aus diesem Anlaß haben Parkinson-Forscher aus zahlreichen Ländern auf einem internationalen Symposion in Berlin im Januar 1987 ihre Erfahrungen mitgeteilt und ausgetauscht.

In der Parkinson-Forschung werden derzeit mögliche Mechanismen, die den degenerativen Basisprozeß in der Substantia nigra auslösen, unterhalten und begünstigen können, besonders intensiv untersucht. Ein Fragenkomplex von unmittelbarer praktischer Relevanz betrifft die Optimierung der Parkinson-Langzeittherapie, die seit der Einführung von L-Dopa in ein neues Stadium getreten ist. In beiderlei Hinsicht ist Selegilin (Deprenyl) von hohem Interesse.

Die Beiträge dieses Buches reflektieren die neuen Erkenntnisse, die nicht zuletzt durch das MPTP-Modell und neue Untersuchungsmethoden hinsichtlich der Mechanismen für die Progression des Krankheitsprozesses gemacht wurden. Darüber hinaus werden die klinischen Erfahrungen dargestellt, die weltweit mit Selegilin (Deprenyl) gewonnen wurden. Die Substanz wurde in der Regel in Kombination mit L-Dopa-Präparaten verabfolgt. Die Beiträge informieren über die therapeutischen Möglichkeiten beim Einsatz von Selegilin (Deprenyl) und die bei seiner praktischen Anwendung zu beachtenden Faktoren. Der Leser erhält Gelegenheit, sich über die theoretischen Grundlagen der Anwendung von Selegilin (Deprenyl) und damit zusammenhängende Fragen eingehend zu informieren und aus den klinischen Erfahrungen zahlreicher Prüfzentren die Daten vermittelt zu bekommen, die ihm für sein eigenes therapeutischen Handeln von Bedeutung sein können.

P.-A. Fischer, Frankfurt/Main
(Vorsitzender der Deutschen Parkinson-Gesellschaft)

Inhaltsverzeichnis

III. Behandlung des Morbus Parkinson — Spätstadium

Autorenverzeichnis

Baas, H., Abteilung für Neurologie, Universitätsklinik Frankfurt/Main, Bundesrepublik Deutschland.

Birkmayer, W., Schwarzspanierstraße 15, Wien, Österreich.

Csanda, E., Institut für Neurologie, Medizinische Fakultät der Semmelweis-Universität, Budapest, Ungarn.

Denney, R., Department of Human Biological Chemistry and Genetics, University of Texas Medical Branch, Galveston, Texas, USA.

Duvoisin, R. C., Abteilung für Neurologie, University of Medicine and Dentistry of New Jersey — Robert Wood Johnson Medical School, New Brunswick, New Jersey, USA.

Finberg, J. P. M., Rappaport Family Research Institute and Department of Pharmacology, Faculty of Medicine, Technion, Haifa, Israel.

Fischer, A., Neurologische Universitätsklinik und Poliklinik der Universität Würzburg, Bundesrepublik Deutschland.

Fischer, P.-A., Abteilung für Neurologie, Universitätsklinik Frankfurt/Main, Bundesrepublik Deutschland.

Fornadi, F., Neurologische Abteilung, Paracelsus-Nordseeklinik, Helgoland, Bundesrepublik Deutschland.

Gerhard, H., Abteilung für Neurologie, Universität Lübeck, Bundesrepublik Deutschland.

Gerstenbrand, F., Universitätsklinik für Neurologie, Innsbruck, Österreich.

Gibb, C., Bernhard Baron Memorial Research Laboratories, Queen Charlotte's Hospital, London, U.K.

Glover, V., Bernhard Baron Memorial Research Laboratories, Queen Charlotte's Hospital, London, U.K.

Golbe, L. I., Abteilung für Neurologie, University of Medicine and Dentistry of New Jersey — Robert Wood Johnson Medical School, New Brunswick, New Jersey, USA.

Grundmann, M., Abteilung für Neurologie, Universitäts-Nervenklinik, Homburg/Saar, Bundesrepublik Deutschland.

Jellinger, K., Ludwig Boltzmann-Institut für Klinische Neurobiologie, Krankenhaus der Stadt Wien — Lainz, Wien, Österreich.

Jörg, J., Abteilung für Neurologie, Universität Lübeck, Bundesrepublik Deutschland.

Klotz, P., Neurologische Universitätsklinik und Poliklinik der Universität Würzburg, Bundesrepublik Deutschland.

Knoll, J., Abteilung für Pharmakologie, Semmelweis-Universität für Medizin, Budapest, Ungarn.

Konradi, Ch., Klinische Neurochemie, Abteilung für Psychiatrie, Universität Würzburg, Bundesrepublik Deutschland.

Kraus, P. H., Neurologische Universitätsklinik, St. Josef-Hospital, Bochum, Bundesrepublik Deutschland.

Kuhn, W., Neurologische Universitätsklinik, Würzburg, Bundesrepublik Deutschland.

Langston, J. W., Institute for Medical Research, San José, Kalifornien, USA.

Lees, A. J., National Hospitals for Nervous Diseases, London, U.K.

Poewe, W., Universitätsklinik für Neurologie, Innsbruck, Österreich.

Przuntek, H., St. Josef-Hospital, Neurologische Universitätsklinik Bochum, Bundesrepublik Deutschland.

Ransmayr, G., Universitätsklinik für Neurologie, Innsbruck, Österreich.

Riederer, P., Klinische Neurochemie, Abteilung für Psychiatrie, Universität Würzburg, Bundesrepublik Deutschland.

Rinne, U. K., Abteilung für Neurologie, Universität Turku, Finnland.

Sandler, M., Bernhard Baron Memorial Research Laboratories, Queen Charlotte's Hospital, London, U.K.

Schimrigk, K., Abteilung für Neurologie, Universitäts-Nervenklinik, Homburg/Saar, Bundesrepublik Deutschland.

Tárczy, M., Institut für Neurologie, Medizinische Fakultät der Semmelweis-Universität, Budapest, Ungarn.

Tetrud, J. W., Institute for Medical Research, San José, Kalifornien, USA.

Ulm, Gudrun, Paracelsus Elena-Klinik, Kassel, Bundesrepublik Deutschland.

Willoughby, J., Bernhard Baron Memorial Research Laboratories, Queen Charlotte's Hospital, London, U.K.

Yahr, M. D., Abteilung für Neurologie, Mount Sinai School of Medicine, City University of New York, USA.

Youdim, M. B. H., Rappaport Family Research Institute and Department of Pharmacology, Faculty of Medicine, Technion, Haifa, Israel.

Meilensteine in der Entwicklung der modernen Therapie des Morbus Parkinson

W. Birkmayer

Wien, Österreich

Carlsson et al. (1958) entdeckten bei Tierversuchen, daß Reserpin Katecholamine freisetzt. Diese Freisetzung löste motorisch induziertes, akinetisches Verhalten und emotionelle Trägheit aus, die den bei Parkinson-Patienten beobachteten Symptomen sehr ähnlich sind. Verabreichte der Autor den Tieren Levodopa, wurde ihr Verhalten wieder normal.

Diese Befunde führten zum Einsatz von Levodopa zur Behandlung von Patienten mit Morbus Parkinson (Birkmayer und Hornykiewicz, 1961). Die intravenöse Verabreichung führte in schweren Fällen zu einem besseren Erfolg, während die orale Verabreichungsform in leichteren Fällen bevorzugt wurde. Dies stellte die *erste Phase* eines vollkommen neuen Therapiekonzeptes dar.

Da Dopa (verabreicht in Form von Levodopa) auch in der Peripherie zu Dopamin dekarboxyliert wird, wurde über eine Reihe von Nebenwirkungen berichtet. Übelkeit, Erbrechen, Magenkrämpfe und insbesondere Herzsensationen schränkten die Anwendung dieses Medikaments ein.

Die Kombination von Levodopa mit Benserazid (ein peripherer Dekarboxylasehemmer) verminderte die peripheren Nebenwirkungen drastisch (*zweite Phase*). Infolgedessen erreichte eine mehrfach höhere Dopadosis das zentrale Nervensystem. Dies besserte wiederum aufgrund der gesteigerten Dopaminsynthese alle klinischen Krankheitszeichen und -symptome beträchtlich. Exzessive Dosen führten jedoch zum Auftreten zentraler Nebenwirkungen (Birkmayer und Mentasti, 1967) z. B. Schlafstörungen, Alpträume, motorische Unruhe, Angst, Verwirrtheit, Delir, Halluzinationen und Wahnvorstellungen.

Mit biochemischen Untersuchungen konnten wir zeigen, daß die
5-HIAA-Spiegel im Liquor während psychotischer Phasen im Vergleich zu Kontrollen auf das Fünffache erhöht waren, während die
HVA-Werte entsprechend erniedrigt waren. Nach Verabreichung von
L-Tryptophan oder nach Injektion von 5-HTP verschwanden die Psychosen, gleichzeitig normalisierten sich die biochemischen Liquor-
spiegel. Wir postulierten, daß die Wiederherstellung des biochemischen
Gleichgewichts eine unentbehrliche Voraussetzung für normales
menschliches Verhalten darstellt (Birkmayer et al., 1972).

Dritte Phase: Pharmakologische Befunde von Knoll (1978) zeigten,
daß R-(—)-Deprenyl die MAO-B-Aktivität blockiert. Riederer er-
probte diese Verbindung als erster in der Behandlung des Parkinsonismus (Birkmayer et al., 1975).

Die Kombinationsbehandlung mit Levodopa plus Deprenyl besserte in erster Linie die Akinesie; sie verminderte jedoch außerdem
die Häufigkeit von Nebenwirkungen (durch Reduktion der verabreichten Dopamenge), weiterhin wurden die Progression der Erkrankung
verlangsamt und die Häufigkeit der Off-Phasen verringert (nach unserer Ansicht handelt es sich bei Off-Phasen um Zustände, während
derer die Dopaminsynthese erschöpft ist). Die Verabreichung exzes-
siver Dopadosen führt zu einem früheren Beginn der Erschöpfungs-
phase und einer Verschlimmerung der Akinesie.

In schweren Fällen ist dieses Rückkoppelungssystem nicht mehr
wirksam. Der einzige Weg, die Off-Phasen bei diesen Patienten zu
überwinden, besteht daher in der Verordnung absoluter körperlicher
Ruhe.

Vierte Phase: Die Einführung von rezeptorstimulierenden Substanzen wie Bromocriptin und Lisurid (Calne, 1974) stellte einen weiteren
Meilenstein in der modernen Parkinson-Therapie dar. Das Wirkprinzip
dieser Substanzen, nämlich die Besserung der Parkinson-Symptome
durch Stimulation der postsynaptischen Rezeptoren, erwies sich als
der richtige Therapieansatz. Wenn diese Medikamente bei Patienten
eingesetzt werden, muß daran gedacht werden, daß relativ häufig eine
orthostatische Hypotonie auftritt. Diese Shy-Drager-Anfälle sind sehr
schwer zu beherrschen. Wenn irgendwie möglich, verwenden wir daher nur niedrige Dosen, z. B. Pravidel (Bromocriptin) 3 × 2,5 mg.

Fünfte Phase: Im Jahre 1981 konnten Nagatsu und Mitarbeiter zeigen, daß Eisen im Blut von Kontrollpatienten — anders als bei Par-

kinson-Patienten — zu einer 20fachen Zunahme der Tyrosinhydroxylase führte. Da wir nach Verabreichung von alpha-Methylparatyrosin
eine Verstärkung der Akinesie infolge einer Blockade der Tyrosinhydroxylase nachweisen konnten (Birkmayer, 1969), war es für uns
selbstverständlich, nach einem Eisenpräparat zu suchen, das die Blut-
Hirn-Schranke passieren kann und möglicherweise die Tyrosinhydroxylase bei Parkinson-Patienten stimuliert und auf diese Weise die klinischen Krankheitssymptome bessert. Tatsächlich fanden wir eine solche Verbindung: Oxyferriscorbon besserte insbesondere in fortgeschrittenen Fällen alle klinischen Symptome außer dem Tremor (Birkmayer und Birkmayer, 1986; Birkmayer und Birkmayer, 1987).

Literatur

Birkmayer W, Riederer P (1985) Die Parkinson Krankheit, Biochemie, Klinik, Therapie, 2. Aufl. Springer, Wien New York

Birkmayer W, Hornykiewicz O (1961) Der L-Dioxyphenylalanin (L-Dopa) Effekt bei
der Parkinson Akinese. Wien Klin Wochenschr 73: 787

Birkmayer W, Mentasti M (1967) Weitere experimentelle Untersuchungen über den
Katecholaminstoffwechsel bei extrapyramidalen Erkrankungen (Parkinson- und
Choreasyndrom). Arch Psych Z Ges Neurol 210: 29

Birkmayer W (1969) Der Alpha-Methyl-p-tyrosin-Effekt bei extrapyramidalen Erkrankungen, Wien Klin Wochenschr 81: 10

Birkmayer W, Danielczyk W, Neumayer E, Riederer P (1972) The balance of biogenic
amines as condition for normal behaviour. J Neural Transm 33: 163

Birkmayer W, Danielczyk W, Neumayer E, Riederer P (1973) L-dopa level in plasma,
primary condition for the kinetic effect. J Neural Transm 34: 133

Birkmayer W, Riederer P, Youdim MBH, Linauer W (1975) The potentiation of the
antiakinetic effect after L-dopa-treatment by an inhibitor of MAO-B, deprenyl. J
Neural Transm 36: 303

Birkmayer W, Birkmayer JGD (1986) Iron, a new aid in the treatment of Parkinson
patients. J Neural Transm 67: 287

Birkmayer JGD, Birkmayer W (1987) Improvement of disability and akinesia of
patients with Parkinson's disease by intravenous iron substitution. Ann Clin Lab
Sci 17: 32

Calne D (1974) Treatment of Parkinson with bromocryptin. Lancet ii: 1355

Carlsson A, Lindquist M, Magnusson T, Waldeck B (1958) On the presence of 3-
hydroxytyramine in brain. Science 137: 471

Knoll J (1978) The possible mechanism of action of (—)deprenyl in Parkinson's
disease. J Neural Transm 43: 177

Nagatsu T, Namaguchi T, Kato T, Sugimoto T, Matsuura S, Akino M, Nagatsu I, Iizuka R, Narabayashi H (1981) Biopterin in human brain and urine from controls and Parkinsonian patients: application of a new radioimmuno assay. Clin Chim Acta 109: 305

Anschrift des Verfassers: Prof. Dr. W. Birkmayer, Schwarzspanierstraße 15, A-1090 Wien, Österreich.

R-(—)-Deprenyl und Parkinsonismus

M. D. Yahr

Abteilung für Neurologie, Mount Sinai School of Medicine, City University of New York, und
Klinisches Zentrum für Parkinsonismus und verwandte Krankheiten,
Mount Sinai Medical Center, New York City, New York, USA

Zusammenfassung

L-Deprenyl ist ein wirksamer, gut verträglicher und sicherer MAO-B-Hemmer. Die Gabe von 10 mg täglich führt zu einer fast vollständigen Hemmung des Enzyms. Klinische Untersuchungen von L-Deprenyl bei Morbus Parkinson ergaben folgendes: L-Deprenyl als Monotherapie bei Morbus Parkinson führt nicht zu einer Beseitigung der Symptome. Bei Patienten, die Levodopa erhalten und bei denen therapiebedingte Fluktuationen, insbesondere vom Typ "Wearing-off" auftreten, führt die zusätzliche Gabe von L-Deprenyl zu einem Rückgang bzw. einer Beseitigung der Symptome. Es herrscht unter den Prüfern keine vollständige Einigkeit darüber, ob eine solche Wirkung anhält oder nach zwei oder drei Jahren nachläßt, und ob es zu einer Besserung anderer Parkinson-Symptome kommt. Ein Prüfer berichtete, daß die kombinierte Gabe dieser Substanzen zu einer Erhöhung der Lebenserwartung bei Morbus Parkinson führt. Nach diesen Befunden kann L-Deprenyl vermutlich die Degeneration des nigro-striären Systems und das Fortschreiten des Morbus Parkinson verhindern. Hieraus ergibt sich, die Behandlung in den Frühphasen des Morbus Parkinson mit L-Deprenyl einzuleiten.

Einleitung

In den letzten 20 Jahren gab es auf nur wenigen Gebieten der neurologischen Forschung so interessante und produktive Ergebnisse wie auf dem Gebiet der Bewegungsstörungen im allgemeinen und des Parkinsonismus im besonderen. Vor allem hinsichtlich der zuletzt genannten degenerativen neurologischen Krankheit ist die Voraussage von Thudichum, dem Vater der Neurochemie, weitgehend erfüllt. Er sagte um die Jahrhundertwende: „Es wird sich erweisen, daß schwere Hirnerkrankungen mit spezifischen Neuroplasmaveränderungen verbunden sind, und daß diese Störungen, die zur Zeit noch ungeklärt sind, definierbar werden und einer spezifische Behandlung zugeführt werden können".

Inzwischen ist eindeutig belegt, daß die Hauptsymptome des Morbus Parkinson durch einen Mangel an striärem Dopamin infolge der Degeneration der Substantia-nigra-Neuronen und der nigro-striären Leitungsbahnen hervorgerufen werden. Obwohl durch Gabe von Levodopa die Symptome bei den meisten Patients reversibel sind, scheint dies nicht mit der von Thudichum vorausgesagten Präzision zu geschehen. Tatsächlich ist die Anwendung von Levodopa mit einer Reihe von Nachteilen behaftet. Levodopa kann den progressiven Verlauf bei dieser Krankheit nicht verhindern, außerdem läßt nach einer Langzeitbehandlung die optimale therapeutische Wirkung nach, und es kommt zu einem Anstieg der Nebenwirkungen sowohl hinsichtlich der Häufigkeit als auch der Stärke. Besonders unangenehm sind Therapie-bedingte Fluktuationen, die bei über 50% der Patienten nach mehr als 5jähriger Levodopa-Anwendung auftreten, sowie zunehmend sich verstärkende, unwillkürliche Bewegungen (Yahr, 1976, 1983; McDowell et al., 1976; Fahn, 1974; Marsden und Parkes, 1977; Bergmann et al., 1986). Diese Einschränkungen führten zur Suche nach alternativen therapeutischen Strategien. Besonders erfolgversprechend ist die Anwendung des selektiven Monoaminoxidase-Hemmers (MAO) L-Deprenyl, der Gegenstand dieses Symposiums ist.

In den letzten 25 Jahren wurden sehr viele Informationen gewonnen hinsichtlich der zentralen Rolle, die die Monoaminoxidase (MAO) bei der Regulation der monoaminergen Aktivität spielt. Interessant ist in diesem Zusammenhang die Entwicklung von MAO-hemmenden Substanzen; hier sei insbesondere ihre Bedeutung für die Behandlung des Parkinsonismus erwähnt. Kurz nach der Entdeckung, daß der Morbus Parkinson mit einem striären Dopamin-Mangel einhergeht (Ehringer und Hornykiewicz, 1960), und vor der Entwicklung von Levodopa wurden Versuche zur Erhöhung der Dopaminspiegel im Gehirn mit MAO-Hemmern unternommen (Barbeau and Duchastel 1962). Die Ergebnisse waren alles andere als erfolgversprechend (Yahr und Duvoisin, 1972). Erreicht wurde lediglich eine geringe Besserung der Symptomatik; die lästigen diätetischen Einschränkungen, die erforderlich waren, um das Risiko einer hypertonen Krise zu verhindern (Blackwell, 1963; Horwitz et al., 1964), stellten ihre Anwendbarkeit in Frage. Mit der Einführung von Levodopa wurde die Anwendung von MAO-Hemmern zur Behandlung des Morbus Parkinson aufgegeben, zumal sie nicht ohne das Risiko, eine überschießende noradrenerge Aktivität hervorzurufen, verabfolgt werden konnten.

Die Entdeckung im Jahre 1968, daß es mindestens zwei MAO-Formen, nämlich vom Typ A und B (Johnston, 1968) gibt, — und zwar in beiden Fällen mit einer Substratspezifität und -sensibilität in bezug auf eine Hemmung durch selektive Substanzen — führte erneut zu einem verstärkten Interesse an diesem Therapieansatz. So erwies sich Clorgylin als selektiver Hemmer des Typ-A-Enzyms mit Substratpräferenz für Noradrenalin und Serotonin. L-Deprenyl(Phenylisopropyl-methylpropinylamin HCl), das im Jahre 1964 entwickelt wurde, hemmt hingegen das Typ-B-Enzym (Knoll und Magyar, 1972; Youdim et al., 1972); seine Substratpräferenz bezieht sich auf β-Phenylethylamin und Benzylamin. Dopamin, Tyramin und Tryptamin sind für beide Enzymformen gleich gute Substrate. Dieser Befund ist ein besonderer Glücksstreffer mit einem hohen therapeutischen Nutzen bei der Behandlung des Morbus Parkinson. Erstens nutzen menschliche Striata und auch Striata nichtmenschlicher Primaten in erster Linie MAO-B zum Abbau von Dopamin (Glover et al., 1977). Zweitens kann L-Deprenyl gleichzeitig mit Levodopa verabreicht werden, ohne eine Hypertonie-Krise hervorzurufen. Und schließlich sind keinerlei diätetische Einschränkungen erforderlich, da die MAO im Intestinaltrakt vom Typ A ist und somit nicht gehemmt wird; hierdurch kann Tyramin oxidativ desaminiert und der „Cheese-Effekt" verhindert werden (Elsworth et al., 1978; Sandler et al., 1978). Diese pharmakologischen Eigenschaften von L-Deprenyl ermöglichen eine angepaßtere und längere Wirkung des striären Dopamins — abgeleitet aus exogen verabfolgtem Levodopa.

Die meisten bisher veröffentlichten klinischen Untersuchungen zeigen die therapeutische Wirksamkeit von L-Deprenyl als Adjuvans von Levodopa. Im wesentlichen wurde es bisher bei Patienten angewandt, die Levodopa als Langzeittherapie erhielten und deren Symptomkontrolle durch Fluktuationsreaktionen, d. h. End-of-dose- oder zufällige "On-off"-Phänomene nicht mehr optimal verlief oder zumindest komplizierter geworden war. In den meisten Untersuchungen wurde L-Deprenyl (5 mg 2 × täglich) zusätzlich zu einer bereits eingeleiteten Therapie mit Levodopa und einem peripheren Dekarboxylase-Hemmer (Sinemet oder Madopar) gegeben. Als Ergebnis konnte die Tagesdosis der letzteren Substanz bei den meisten Patienten um 30% gesenkt werden.

Birkmayer et al. (1975) berichteten als erste, daß die Gabe von L-Deprenyl (10 mg pro Tag) als Adjuvans einer Kombination von Levodopa und Benserazid zu einer Besserung der Akinese und der allgemeinen Funktionsfähigkeit sowie zu einer Beseitigung der Fluktuationen führt. Ausführlichere Untersuchungen durch andere Prüfer (Lees et al., 1977; Yahr, 1978; Rinne et al., 1978; Schachter et al., 1980) legen den Schluß nahe, daß solche Fluktuationen am besten reagierten, die am Ende eines Dosisintervalls auftraten, während dies auf die zufälligeren "Off"-Phasen weniger zutraf. Nur ganz wenige Prüfer beobachteten eine günstige Wirkung auf die Akinese-Phänomene per se, die nicht auch mit einer optimalen Levodopa-Dosis allein hätte erzielt werden können.

Mit wenigen Ausnahmen unterstützen die Ergebnisse dieser Untersuchungen das Konzept, daß L-Deprenyl die Dauer der Wirkung von Levodopa verstärkt und verlängert. Diese Verstärkung betrifft nicht nur die günstigen Wirkungen, sondern auch die Nebenwirkungen. Eine nicht geringe Anzahl von Patienten beobachtete einen Anstieg der abnormen unwillkürlichen Bewegungen, andere wiederum wiesen Veränderungen im Verhalten auf, z. B. Verwirrung und Halluzinationen, während es bei weiteren Patienten zu Störungen des Schlafmusters kam. Durch eine Reduktion der täglichen Levodopa-Dosis können die Häufigkeit und der Schweregrad dieser unerwünschten Wirkungen verringert werden; dies geschieht jedoch nicht selten auf Kosten der gewünschten Wirkung einer kombinierten L-Deprenyl- und Levodopa-Gabe. Es sollte angemerkt werden, daß nur wenige Nebenwirkungen auftraten, die direkt auf L-Deprenyl zurückzuführen waren. Nur in vereinzelten Fällen wurden erhöhte Blutdruckwerte beobachtet. Allerdings kam es zu einer Reaktivierung früherer Magengeschwüre (Yahr, 1978), vermutlich infolge Stimulierung und Freisetzung von gastrischem Histamin. Hämatopoetische, hepatische, kardiale, pulmonale oder renale Störungen wurden nicht beobachtet. Vorübergehende Erhöhungen der alkalischen Phosphatase traten auf, waren jedoch ohne Krankheitswert.

Es liegen nur wenige Berichte über die Ergebnisse einer Langzeitkombinationstherapie mit L-Deprenyl und Levodopa vor. Die umfassendste Studie ist die von Birkmayer et al. (1985), die über einen Zeitraum von 9 Jahren Patienten unter Kombinationstherapie und

solche, denen lediglich Levodopa verabreicht wurde, vergleichend
untersucht. Wie die Prüfer berichteten, bewirkt die zusätzliche Gabe
von Deprenyl nicht nur die Wiederherstellung der optimalen Levodopa-Wirkung, darüber hinaus wird die Lebenserwartung signifikant
gesteigert. Entsprechend den Autoren deuten diese Befunde auf die
Fähigkeit von L-Deprenyl hin, die Degeneration des nigro-striären
Systems zu verzögern oder zu verhindern (s. unten). Dies ist in der
Tat eine äußerst provozierende Schlußfolgerung. Sie muß jedoch unter
dem Blickwinkel einer retrospektiven, nicht-randomisierten, offenen,
unkontrollierten Studie gewertet werden. Allerdings steht sie im Gegensatz zur Schlußfolgerung anderer Studien, in denen die anfänglichen guten therapeutischen Wirkungen von L-Deprenyl nach Lang-
zeitgabe allmählich nachließen (Yahr et al., 1983). Nach der Erfahrung
des Autors, die sich über 8 Jahre erstreckt, werden die optimalen
Wirkungen von L-Deprenyl in den ersten Jahren der Anwendung
beobachtet. Die wichtigsten Wirkungen, z. B. die Besserung der dosisabhängigen "On-off"-Phasen, lassen im allgemeinen nach 2 oder 3
Jahren wieder nach, und es kommt zu einer generellen Verschlechterung der Gesamtfunktionen. Zur Zeit läßt sich noch nicht sagen,
ob es sich hier um ein Fortschreiten des Krankheitsprozesses oder eine
Veränderung in der Pharmakokinetik der Monoamine infolge Lang-
zeithemmung von MAO handelt. Ein vielversprechender Versuch, die
Therapie mit einer Kombination von L-Deprenyl und Levodopa einzuleiten, wurde angeregt, bisher allerdings noch nicht durchgeführt.
Der Vorteil von niedrigeren Levodopa-Dosen wäre ein physiologisch
besser angepaßter Levodopa-Abbau und somit ein geringeres Potential
hinsichtlich der Entwicklung von Langzeit-Nebenwirkungen nach
„Dopa".
    In wenigen Fällen verabreichten Prüfer L-Deprenyl als Anfangs-
therapie unvorbehandelten Patienten im Frühstadium des Morbus Parkinson (Lees et al., 1977; Csanda und Tárczy, 1983). Beobachtet wurde
lediglich eine geringe Beeinflussung der Zielsymptomatik; bei den
meisten Patienten war eine zusätzliche Gabe von Levodopa erforderlich. Diese Daten lassen darauf schließen, daß die Gabe von L-Deprenyl
allein nicht zur Beherrschung der Parkinson-Symptomatik ausreicht,
und exogen verabreichtes Levodopa unbedingt erforderlich ist. Allerdings wurde in diesen Untersuchungen die Möglichkeit, mit L-
Deprenyl das Fortschreiten des Krankheitsprozesses zu stoppen oder

hinauszuzögern, nicht geprüft. Diesbezüglich sind die folgenden theoretischen Überlegungen von Interesse:

Es gibt Hinweise dafür, daß MAO-Hemmer eine „Schutz"-Wirkung auf die dopaminergen Neuronen ausüben. Erstens konnte gezeigt
werden, daß MAO-Hemmer, und hier speziell MAO-B-Hemmer, die
neurotoxischen Wirkungen von N-Methyl-4-phenyl-1,2,3,6-tetrahydropyridin (MPTP) an Dopamin-Neuronen hemmen (Heikkila et al.,
1984; Cohen et al., 1984). MPTP ist ein Substrat für MAO-B, die
ersteres in ein positiv geladenes Pyridin (MPP^+) umwandelt; dieses
wird anschließend mittels Pumpmechanismus axonaler Membranen in
dopaminergen und noradrenergen Neuronen angereichert. Die Schutzwirkung von MAO-B-Hemmern beruht also auf ihrer Fähigkeit, die
MPP^+-Bildung zu hemmen. Vor kurzem durchgeführte Untersuchungen an organotypischen Gewebskulturmodellen von Nigra und
Striatum haben gezeigt, daß L-Deprenyl die MPP^+-Neurotoxizität
verhindert; diese Wirkung ist nicht auf eine Blockade der MPP^+-
Aufnahme durch Dopamin-Neuronen zurückzuführen (Mytilineou
und Cohen, 1985). Aus diesem Grund hat L-Deprenyl möglicherweise
eine zusätzliche Schutzwirkung neben der Hemmung der Bildung von
MPP^+ aus MPTP. Die Schlußfolgerung, daß MPTP eine Parkinson-
Symptomatik bei Primaten hervorrufen kann (Langston et al., 1983),
führte zu der häufig vertretenen Annahme, der Morbus Parkinson
werde durch ein Toxin ähnlicher Struktur hervorgerufen. Sollte es
dieses Toxin tatsächlich geben, sei es in der Umwelt oder endogen,
dann könnte L-Deprenyl wirksam dazu eingesetzt werden, das Fortschreiten der Krankheit einzugrenzen. Besonders interessant ist ebenfalls die Möglichkeit der oxidativen Desaminierung von Dopamin
durch MAO, die entweder direkt oder über die Bildung von freien
Sauerstoff-Radikalen zur Wasserstoffperoxid-Bildung führt und eine
selektive Neuronenschädigung hervorrufen kann (Cohen, 1983). Vermutlich wird bei der Zerstörung von Teilen des nigro-striären Systems
der Dopamin-Umsatz in den überlebenden Abschnitten, den nigralen
Zellen und den striären Dopamin-Endigungen, wesentlich erhöht. Es
wird postuliert, daß dies zu einer beständigen Peroxid-Bildung und
somit zu einer beschleunigten Neuronenschädigung führt (Cohen,
1983). Sollte diese Hypothese zutreffen, könnte durch die MAO-Hemmung eine Hemmung dieses Geschehens erfolgen; der progressive
Neuronenverlust könnte zum Stillstand gebracht und das Auftreten
weiterer Parkinson-Symptome verhindert werden.

Literatur

Barbeau A, Duchastel Y (1962) Tranylcypromine and the extrapyramidal syndrome. Can Psychiat Assoc J 7: 91–95

Bergmann KJ, Mendoza MR, Yahr MD (1986) Parkinson's disease and long term levodopa therapy. In: Yahr MD, Bergmann K (eds) Advances in neurology, vol 45. Raven Press, New York, p 463

Bernheimer V, Birkmayer W, Hornykiewicz O (1962) Verhalten der Monoamino-oxydase im Gehirn des Menschen nach Therapie mit Monoaminooxydasehemmern. Wien Klin Wochenschr 74: 558–559

Birkmayer W, Riederer P, Youdim MBH, Linauer W (1975) The potentiation of the anti-akinetic effect after L-Dopa treatment by an inhibitor of MAO-B, deprenyl. J Neural Transm 36: 303–326

Birkmayer W, Riederer P, Ambrozi L, Youdim MBH (1977) Implications of combined treatment with Madopar and L-deprenyl in Parkinson's disease. Lancet ii: 439–443

Birkmayer W, Knoll J, Riederer P, Youdim MBH, Hars V, Marton J (1985) Increased life expectancy resulting from addition of L-deprenyl to madopar treatment in Parkinson's disease: a long term study. J Neural Transm 64: 113–127

Blackwell B (1963) Hypertensive crisis due to monoamine-oxidase inhibitors. Lancet ii: 849–851

Cohen G (1983) The pathobiology of Parkinson's disease: Biochemical aspects of dopamine neuron senescence. J Neural Transm 19: 89–103

Cohen G, Pasik P, Cohen B, Leist A, Mytilineou C, Yahr MD (1984) Pargyline and deprenyl prevent the neurotoxicity of l-methyl-4-phenyl-1,2,3,6-tetrahydropyridine in monkeys. Eur J Pharmacol 106: 209–210

Csanda E, Antal J, Anthony M, Csananaki (1978) Experiences with L-deprenyl in parkinsonism. J Neural Transm 43: 263–269

Csanda E, Tarczy M (1983) Clinical evaluation of deprenyl (selegiline) in the treatment of Parkinson's disease. Acta Neurol Scand 68 [Suppl] 95: 117–122

Ehringer H, Hornykiewicz O (1960) Verteilung von Noradrenalin und Dopamin im Gehirn des Menschen und ihr Verhalten bei Erkrankungen des extrapyramidalen Systems. Wien Klin Wochenschr 72: 1236

Eisler T, Teravainen H, Nelson R, Krebs H, et al (1981) Deprenyl in Parkinson's disease. Neurology 31: 19–23

Elsworth JD, Glover V, Reynolds GP, Sandler M, Lees AJ, Phuapradit P, Shaw KM, Stern GM, Kumar P (1978) Deprenyl administration in man: a selective monoamine oxidase B inhibitor without the "cheese effect". Psychopharmacology 57: 33–38

Fahn S (1974) On-off phenomenon with levodopa therapy in parkinsonism. Neurology 24: 431–444

Gerstenbrand F, Ransmayr G, Poewe W (1983) Deprenyl (selegiline) in combination treatment of Parkinson's disease. Acta Neurol Scand 68 [Suppl] 95: 123–126

Giovannini P, Grassi MP, Scigliano G, Piccolo I, Soliveri P, Caraceni T (1985) Deprenyl in Parkinson's disease: personal experience. Ital J Neurol Sci 6: 207–212

Glover V, Sandler M, Owen F, Riley GJ (1977) Dopamine is a monoamine oxidase B substrate in man. Nature 265: 80–81

Goldstein L (1980) The "on-off" phenomena in Parkinson's disease. Treatment and theoretical considerations. M Sinai J Med 47: 80–84

Heikkila RL, Manzio L, Cabbat FS, Duvoisin RC (1984) Protection against the dopaminergic neurotoxicity of 1-methyl-4-phenyl-1,2,3,6-tetrahydropyridine by monoamine oxidase inhibitors. Nature 311: 467–469

Horwitz D, Lovenberg W, Engelman K, Sjoerdsma A (1964) Monoamine oxidase inhibitors tyramine and cheese. JAMA 188: 1108–1110

Johnston JP (1968) Some observations upon a new inhibitor of monoamine oxidase in brain tissue. Biochem Pharmacol 17: 1285–1297

Knoll J, Vizi ES, Somogyi G (1968) Phenylisopropylmethylpropinyl-amine (E-250), a monoamine oxidase inhibitor antagonizing the effects of tyramine. Arzneimittelforschung 18: 109

Knoll J, Magyar K (1972) Some puzzling effect of monoamine oxidase inhibitors. Adv Biochem Psychopharmacol 5: 393–408

Knoll J (1978) The possible mechanisms of action of (—)deprenyl in Parkinson's disease. J Neural Transm 43: 177–198

Langston JW, Ballard P, Tetrud JW, Irwin IJ (1983) Chronic parkinsonism in humans due to a product of meperidine analog synthesis. Science 219: 979–980

Lees AJ, Shaw KM, Kohout LJ, Stern GM, Elsworth JD, Sandler M, Youdim MBH (1977) Deprenyl in Parkinson's disease. Lancet ii: 791–796

McDowell FH, Sweet RD (1976) The on-off phenomenon. In: Birkmayer W, Hornykiewicz O (eds) Advances in Parkinsonism. Roche, Basel, pp 603–612

Marsden CD, Parkes JD (1976) "On-off" effect in patients with Parkinson's disease on chronic levodopa therapy. Lancet i: 292–296

Marsden CD, Parkes JD (1977) Success and problems of chronic levodopa therapy in Parkinson's disease. Lancet i: 345–349

Mytilineou C, Cohen G (1985) Deprenyl protects dopamine neurons from the neurotoxic effects of l-methyl-4-phenylpyridinium ion. J Neurochem 45: 1951–1963

Presthus J, Hajba A (1983) Deprenyl (selegiline) combined with levodopa and a decarboxylase inhibitor in the treatment of Parkinson's disease. Acta Neurol Scand 68 [Suppl] 95: 127–133

Rinne UK, Siirtola T, Sonninen V (1978) L-deprenyl treatment of on-off phenomena in Parkinson's disease. J Neural Transm 43: 253–262

Sandler M, Glover V, Ashford A, Esmail A (1980) The inhibition of tyramine oxidation and the tyramine hypertensive response ("cheese effect") may be independent phenomena. J Neural Transm 48: 241–247

Sandler M, Glover V, Ashford A, Stern GM (1978) Absence of "cheese effect" during deprenyl therapy: some recent studies. J Neural Transm 43: 209–215

Schachter M, Marsden CD, Parkes JD, Jenner P, Testa B (1980) Deprenyl in the management of response fluctuations in patients with Parkinson's disease on levodopa. J Neurol Neurosurg Psychiatry 43: 1016–1021

Stern GM, Lees AJ, Sandler M (1978) Recent observations on the clinical pharmacology of deprenyl. J Neural Transm 43: 245–251

Yahr MD (1984) Limitations of long term use of antiparkinson drugs. Can J Neurol Sci 2: 191–194

Yahr MD, Duvoisin R (1972) Drug therapy of Parkinsonism. N Engl J Med 287: 20–24

Yahr MD (1976) Evaluation of long term therapy in Parkinson's disease: mortality and therapeutic efficacy. In: Birkmayer W, Hornykiewicz O (eds) Advances in parkinsonism. Roche, Basel, pp 435–444

Yahr MD (1978) Overview of present day treatment of Parkinson's disease. J Neural Transm 43: 227–238

Yahr MD, Mendoza MR, Moros D, Bergmann KJ (1983) Treatment of Parkinson's disease in early and late phases. Use of pharmacological agents with special reference to deprenyl (selegiline). Acta Neurol Scand 68 [Suppl] 95: 95–102

Youdim MBH, Collins GGS, Sandler M, Jones Bevan AB, Pare CMB, Nicholson WJ (1972) Human brain monoamine oxidase, multiple forms and selective inhibitors. Nature 236: 225–228

Anschrift des Verfassers: Dr. M. D. Yahr, Department of Neurology, Mount Sinai School of Medicine, One Gustave L. Levy Place, New York City, NY 10029, USA.

I. Ursachen des Morbus Parkinson:
Pharmakologie und Biochemie von R-(—)-Deprenyl

Zelluläre Wirkung der MAO-Hemmer

Ch. Konradi[1], P. Riederer[1], K. Jellinger[2] und R. Denney[3]

[1] Klinische Neurochemie, Abteilung für Psychiatrie, Universität Würzburg,
Bundesrepublik Deutschland
[2] Ludwig Boltzmann-Institut für Klinische Neurobiologie,
Krankenhaus der Stadt Wien — Lainz, Wien, Österreich
[3] Department of Human Biological Chemistry and Genetics,
University of Texas Medical Branch, Galveston, Texas, USA

Zusammenfassung

Durch Untersuchung der Verteilung der MAO-Subtypen (MAO-A bzw. -B) wurden die Wirkorte der Monoaminoxidase-(MAO)-Hemmer im menschlichen Gehirn analysiert. Bluthirnschranke (BHS), Gliazellen und Neuronen verschiedener Gehirnabschnitte wurden mit biochemischen und immunozytochemischen Methoden untersucht. Während die MAO-A in den Kapillaren und den Neuronen des Locus coeruleus nachgewiesen wurde, fand sich die MAO-B vorwiegend in den Neuronenzellen des Nucleus dorsalis raphe. Die Neuronen der Substantia nigra enthielten keine immunohistochemisch nachweisbare MAO. Die Astrozyten enthielten beide Subtypen; MAO-positive Astrozyten fanden sich in allen untersuchten Rindenabschnitten und im gesamten Stammhirn einschließlich in der Formatio reticularis der Medulla, der Pons, des Mesencephalon und des Mittelhirns, im Nucleus ruber, in der Substantia nigra, im Nucleus caudatus und im Putamen (Schnitte nach DeArmond et al., 1976). Die MAO-Aktivität in den verschiedenen Gehirnabschnitten ist anscheinend überwiegend auf die Astrozyten und weniger auf die Neuronen zurückzuführen. Da MAO-Hemmer in der Behandlung von Funktionsstörungen der aminergen Transmittersysteme gute Wirkungen haben (Johnstone und Marsh, 1973; Robinson et al., 1973; Birkmayer et al., 1977; Knoll, 1981; Zarifian, 1984; Riederer und Youdim, 1986), und da in den Astrozyten des Gehirns eine hohe MAO-Aktivität vorzuliegen scheint, sollte die Funktion der Gliazellen insbesondere in Hinsicht auf ihre neuromodulatorischen Eigenschaften künftig eingehender erforscht werden.

Einleitung

Die Monoaminoxidase (MAO), ein Enzym der äußeren Mitochondrienmembran, stellt einen intrazellulären Katalysator für den Abbau biogener Amine dar. Die meisten biogenen Amine spielen entweder durch ihre direkte Wirkung als Neurotransmitter oder durch die indirekte Beeinflussung der Neurotransmitter und Hormone im Gehirn und in den peripheren Nervengeweben eine wichtige Rolle (Dahlström und Fuxe, 1964; Moore, 1982; Fuller, 1983). Obgleich die Existenz von zwei MAO-Subtypen, -A und -B, vor fast 20 Jahren aufgrund biochemischer Befunde postuliert wurde (Johnston, 1968) und eingehende Untersuchungen diesbezüglich durchgeführt wurden, war die zelluläre Verteilung dieser Subtypen im menschlichen Gehirn nur mit Einschränkungen bekannt. Biochemische Untersuchungen haben gezeigt, daß die MAO-A beim Menschen vorwiegend Serotonin (5-Hydroxytryptamin; 5-HT) und Noradrenalin (NA) desaminiert, während die MAO-B eine höhere Affinität zu Dopamin (DA), Benzylamin und β-Phenylethylamin (PEA) besitzt. Zahlreiche andere Monoamine werden von beiden MAO-Subtypen desaminiert, wobei jedes eine spezifische Affinität zur MAO-A und -B besitzt (zur Übersicht siehe Youdim und Finberg, 1985).

Da vermutet wird, daß verschiedene Hirnerkrankungen mit Stoffwechselstörungen der aminergen Transmitter verbunden sind (Matthysse, 1973; Asberg et al., 1984; Murphy, 1984; Healy und Leonard, 1987; Nyström und Hällström, 1987; Roy et al., 1987), von denen einige durch Gabe von MAO-Hemmern gebessert werden können (Tipton et al., 1984), wecken die Eigenschaften der beiden MAO-Subtypen und deren zelluläre Verteilung großes Interesse. Die spezifische Hemmung eines Subtyps bei normaler physiologischer Funktion des anderen müßte eine Behandlung mit minimalen Nebenwirkungen ermöglichen. Insbesondere die MAO-A-Hemmung bei depressiven Patienten (Johnstone und Marsh, 1973) und die MAO-B-Hemmung beim Morbus Parkinson (Birkmayer et al., 1975) lassen im Zusammenhang mit Wirkungen und Nebenwirkungen dieser Therapieformen viele Fragen aufkommen.

Wir versuchten, durch Untersuchung der zellulären Verteilung der beiden MAO-Subtypen die Wirkorte der MAO-A- und MAO-B-Hemmer im menschlichen Gehirn zu ermitteln. Um Informationen über die Beschaffenheit der Blut-Hirnschranke (BHS) zu erhalten, wurde die Verteilung der MAO in den Kapillaren des menschlichen Gehirns untersucht. Die Endothelzellen der BHS stellen die erste Barriere bei der Aufnahme des Hemmers in das Gehirn dar (Bradbury, 1984). Die die Kapillaren umgebenden Astrozyten, die einen großen Teil der

Gehirnzellen ausmachen, sind eine weitere Barriere, die die Konzentration des Hemmers reduziert, bevor er die monoaminergen Neuronen erreicht.

Daher wurde die Verteilung der MAO-A und -B in der Astroglia und den Neuronen des menschlichen Gehirns mit Hilfe einer immunohistochemischen Technik untersucht; das Verhältnis MAO-A/-B wurde in den verschiedenen Gehirnabschnitten mit einer biochemischen Methode bestimmt.

Material und Methoden

Die L-γ-Glutamyl-Transpeptidase (γ-GT) (EC 2.3.2.2.) wurde mit einem Kit der Fa. Boehringer (Mannheim, BRD) bestimmt.

Die Proteinkonzentrationen wurden nach Bradford (1976) bestimmt. Die radioaktiv markierten Substanzen 5-(2-^{14}C)-Hydroxytryptamin·Binoxalat (NEC-225; 1,85 MBq/0,5 ml) und β-(Ethyl-1-^{14}C)-Phenylethylamin·HCl (NEC-502; 1,85 MBq/ 0,5 ml) erhielten wir von der Fa. NEN (Dreieich, BRD), Rotiszint 22 von der Fa. Roth (Karlsruhe, BRD), unmarkiertes Serotonin (5-Hydroxytryptamin·Kreatininsulfat-Komplex) und unmarkiertes β-Phenylethylamin·HCl von der Fa. Sigma.

R-(—)-Deprenyl (L-Deprenyl) wurde großzügigerweise von der Fa. Chinoin, Budapest, LY 051641 von der Lilly Corp., USA, und Clorgylin von May und Baker, Großbritannien, zur Verfügung gestellt.

Normales Serum, Brückenantikörper und Peroxidase-Antiperoxidase-Komplex erhielten wir von der Fa. Dakopatts (Hamburg, BRD).

MAO-A- und MAO-B-Antikörper wurden von R. M. Denney et al., Texas, gestiftet.

Alle anderen verwendeten Substanzen besaßen den Reinheitsgrad „pro analysi" und wurden von der Fa. Merck (Darmstadt, BRD) bezogen.

1. Isolierung der Hirnkapillaren

Die Gehirne von sechs Monate alten Schweinen („Deutsche Landsau") erhielten wir frisch vom Schlachthof.

Die Kapillaren der menschlichen Hirnrinde entnahmen wir von zwei Patienten im Alter von 78 ± 2 Jahren (Mittelwert ± SD) 6 Stunden post mortem. Beide Gehirne wiesen bei der histologischen Untersuchung keine krankhaften Veränderungen auf.

Die Kapillaren der Hirnrinde wurden nach einer leicht modifizierten, von Hwang et al. (1979) und Rausch et al. (1983) in Grundzügen beschriebenen Methode aus allen Rindenabschnitten isoliert.

Die effiziente Anreicherung und der Reinheitsgrad der Kapillaren wurde durch Bestimmung des Spiegels des Enzyms γ-Glutamyl-Transpeptidase (γ-GT) sowie durch mikroskopische und elektronenmikroskopische Begutachtung überprüft.

2. Test zur Bestimmung der Monoaminoxidaseaktivität

Die MAO wurde nach einer von Tipton und Youdim (1976) beschriebenen Methode bestimmt.

0,2 ml Kaliumphosphatpuffer (pH 7,2; 0,1 mol/l K_2HPO_4/KH_2PO_4), 0,1 ml verdünnter Hemmstoff (5fach konzentriert) und 0,1 ml Mikrogefäßsuspension wurden zusammen 15 Minuten im Schüttelwasserbad bei 37 °C vorinkubiert. Danach wurde Substratlösung (markiertes und unmarkiertes Substrat, 500 µmol/l) hinzugefügt, und es erfolgte eine erneute Inkubation über 30 Minuten bei 37 °C. Die Reaktion wurde entweder mit 0,1 ml HCl (1 mol/l) (PEA) oder mit 0,5 ml Zitronensäure (2 mol/l) (5-HT) gestoppt. Anschließend wurden folgende Verfahren durchgeführt:

Mit β-Phenylethylamin als Substrat: Zugabe von 2 ml Ethylacetat und Extraktion der Probe über 10 Minuten bei Raumtemperatur. Mit 10 ml Rotiszint 22 wurde 1 ml der Ethylacetatphase ausgezählt.

Mit Serotonin als Substrat: Zugabe von 10 ml Extraktionslösung (Benzol: Ethylacetat 1 : 1 plus 0,6% PPO), Extraktion der Probe über 30 Minuten bei Raumtemperatur und Ausfrieren der Pufferphase bei —30 °C. Die Extraktionslösung wird dekantiert und ausgezählt. Die MAO-Aktivitäten der 100%-Werte Homogenate der verschiedenen Gehirnabschnitte wurden durch Zugabe von 0,1 ml Puffer anstelle der Hemmstofflösung bestimmt.

3. Immunozytochemische Methode

10 menschliche Hirnstämme (von 6 weiblichen und 4 männlichen Personen) wurden bei der Autopsie von normalen Kontrollpersonen zwischen 3 und 6,5 Stunden post mortem entnommen. Das Alter schwankte zwischen 46 und 88 Jahren mit einem Mittelwert von 74 ± 18 Jahren (± SEM). Die Gewebe wurden seziert und sofort für die Immunozytochemie vorbereitet.

Die Probenschnitte waren 3—4 mm dick und wurden in einer eiskalten Lösung mit 4% Paraformaldehyd in Natriumphosphatpuffer (0,1 mol/l NaH_2PO_4; Na_2HPO_4, pH 7,4) fixiert. Die Fixation erfolgte über 8—12 Stunden in einem Eiswasserbad.

Die Schnitte wurden dann entweder in Natriumphosphatpuffer mit einem Vibratom (Dicke 30—60 µm) oder mit einem Kryostat (Dicke 20µm) geschnitten. Für das Schneiden mit dem Kryostat wurden sie zuvor für 24 Stunden bei 4 °C in 15%ige Saccharose eingelegt, um Gefrierschäden zu vermeiden.

Nach 30minütiger Vorinkubation in Methanol mit 0,3% Wasserstoffperoxid bei Raumtemperatur (zur Hemmung der endogenen Peroxidasen) und zweimaligem, je 15minütigem Waschen in Natriumphosphatpuffer sowie 30minütiger Inkubation in normalem, 1%igem Serum bei Raumtemperatur wurden die Schnitte in die Lösung mit den Antikörpern gegen MAO-A oder MAO-B eingelegt.

Die weitere Bearbeitung erfolgte nach einer früher beschriebenen Peroxidase-Antiperoxidase-Methode (Sternberger et al., 1970). Die Prüfung auf monoaminerge Neuronen erfolgte an aufeinanderfolgenden Hirnschnitten entweder mit Tyrosin-hydroxylase-Antikörpern (nach Pearson et al., 1983) oder mit 5-Hydroxytryptamin-Antikörpern.

Tabelle 1. Spezifische Aktivität der MAO-A und -B in verschiedenen Abschnitten des menschlichen Gehirns

Hirnabschnitt	Desaminierung[a] von		A/B-Verhältnis	γ-GT[a]	n[b]
	5-HT	β-PEA			
Blutkapillaren der Rinde[c]	$4,37 \pm 1,11$	$0,32 \pm 0,02$	13,7	$105,5 \pm 20$	2
Hirnrinde[c]	$0,69 \pm 0,09$	$0,52 \pm 0,12$	1,3	—	4
Nucl. caudatus	$0,73 \pm 0,14$	$0,82 \pm 0,19$	0,9	—	8

[a] Werte in nmol $\times$ min^{-1} $\times$ mg Protein^{-1} $\pm$ SD.
[b] alle Bestimmungen als Doppelbestimmung.
[c] Probe enthält alle Rindenabschnitte.

Tabelle 2. Spezifische Aktivität der MAO-A und -B im Schweinegehirn

Hirnabschnitt	Desaminierung[a] von		A/B-Verhältnis	γ-GT[a]	n[b]
	5-HT	β-PEA			
Mikrogefäße der Rinde[c]	$4,59 \pm 1,59$	$0,37 \pm 0,12$	12,4	$221,5 \pm 22$	6
Hirnrinde[c]	$0,50 \pm 0,12$	$0,55 \pm 0,18$	0,9	—	3

[a] Werte in nmol $\times$ min^{-1} $\times$ mg Protein^{-1} $\pm$ SD.
[b] alle Bestimmungen als Doppelbestimmung.
[c] Probe enthält alle Rindenabschnitte.

Ergebnisse

Um die MAO-Eigenschaften der Mikrogefäße des Menschen- und Schweingehirns zu untersuchen, wurden gereinigte Proben durch Anwendung von Zentrifugationsschritten mit verschiedenen Dichtegradienten hergestellt. Die MAO-A- und MAO-B-Aktivitäten sind in den Tabellen 1 und 2 dargestellt. Zusätzlich wurden die IC$_{50}$-Werte mit Hilfe spezifischer Substrate und Hemmstoffen bestimmt (Abb. 1 und 2, Tabelle 3). Diese Werte lieferten uns Informationen über das Verhältnis MAO-A zu MAO-B. Die Blutkapillaren des Schweinegehirns dienten zur Absicherung der Methodik und verschafften einen Einblick in die artspezifischen Unterschiede. Die Aktivität der MAO-A ist in den menschlichen Hirnkapillaren etwa 14mal höher als die der MAO-B (Tabelle 1). Ähnliche Ergebnisse erhielten wir mit dem Schweine-

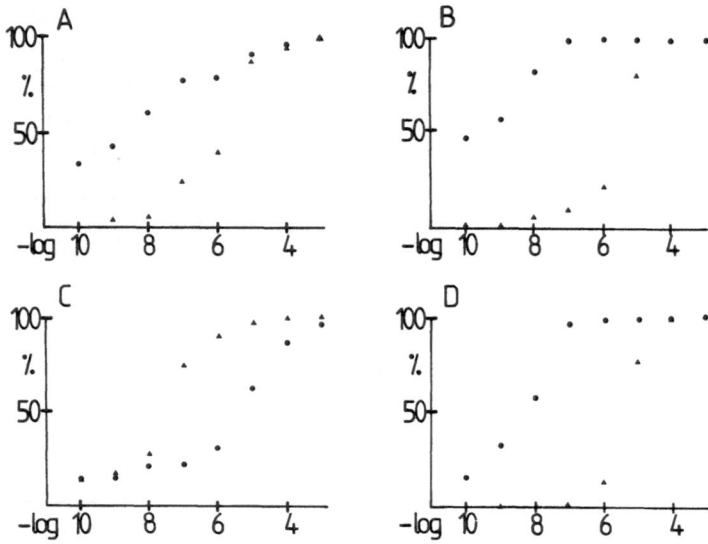

Abb. 1. MAO-Hemmung in menschlichen Hirnkapillaren und Hirnrindenhomoge-
saten. x-Achse: Konzentration des Hemmers: 10^{-10} bis 10^{-3} mol/l, y-Achse: % Hemmung. **A** Hirnkapillaren; Substrat: β-PEA. **B** Hirnkapillaren; Substrat: 5-HT. **C** homogenisierte Rinde: Substrat: β-PEA. **D** homogenisierte Rinde: Substrat:
5-HT. ● LY 051641 (MAO-A-Hemmer), ▲ R-(—)-Deprenyl (MAO-B-Hemmer),
Doppelbestimmungen

gehirn (Tabelle 2). Wie aus den Hemmkurven hervorgeht, ist der
MAO-A-Hemmer LY 051641 bezüglich der Verringerung des PEA-
Abbaus in den untersuchten Mikrogefäßen stärker wirksam als der
MAO-B-Hemmer R-(—)-Deprenyl (Abb. 1 A, 1 B, 2 A, 2 B). Der Ver-
gleich mit Rindenhomogenaten (Abb. 1 C, 1 D, 2 C, 2 D) und die Ver-
wendung eines anderen MAO-A-Hemmers, Clorgylin, zeigt
(Tabelle 3), daß dieser Befund nicht auf ein Artefakt zurückzuführen
ist. Es scheint so, als ob auch die MAO-A die Fähigkeit zur Meta-
bolisierung von PEA besitzt. Die anhand des PEA-Abbaus geschätzte
MAO-B-Aktivität könnte somit viel geringer sein als aufgrund des
Verhältnisses MAO-A/-B vermutet wird.
    Es ist bekannt, daß Astrozyten aktiv Neurotransmitter und andere
Wirkstoffe anreichern können (Hertz und Richardson, 1984). Histo-
logische Untersuchungen zeigen, daß diese Zellen beide MAO-Subtypen enthalten (Tabelle 4). Mit der angewandten Technik konnte kein

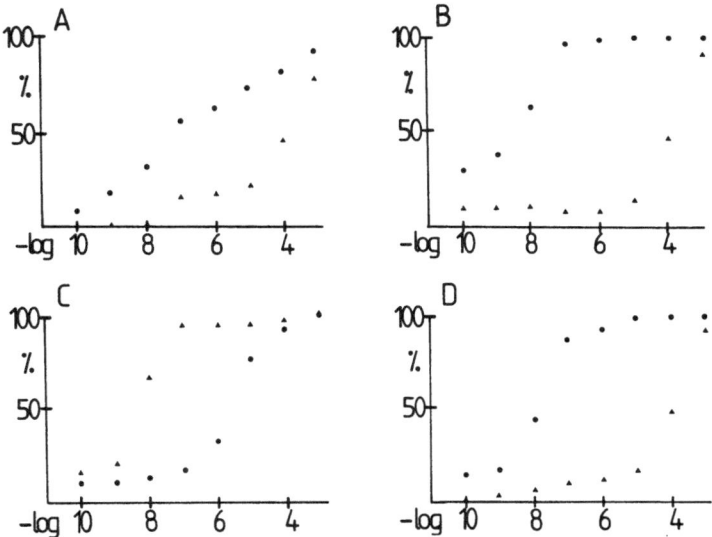

Abb. 2. MAO-Hemmung in Hirnkapillaren und Hirnrindenhomogenaten des Schweins. x-Achse: Konzentration des Hemmers: 10^{-10} bis 10^{-3} mol/l, y-Achse: % Hemmung. **A** Mikrogefäße; Substrat: β-PEA. **B** Mikrogefäße; Substrat: 5-HT. **C** homogenisierte Rinde: Substrat: β-PEA. **D** homogenisierte Rinde: Substrat: 5-HT. ● LY 051641 (MAO-A-Hemmer), ▲ R-(—)-Deprenyl (MAO-B-Hemmer), Doppelbestimmungen

quantitativer Unterschied festgestellt werden. Die Verteilung beider Subtypen schien im gesamten Stammhirn — mit kleinen Unterschieden — identisch zu sein. In allen untersuchten Hirnabschnitten fanden sich MAO-gefärbte Astrozyten, und zwar sogar dort, wo bei Untersuchungen mit Tyrosinhydroxylase- oder 5-Hydroxytryptamin-Antikörpern keine monoaminergen Neuronen festgestellt wurden.

Im Gegensatz zu den Gliazellen war die Verteilung der beiden Subtypen MAO-A und -B in den Neuronen unterschiedlich. In der Tabelle 4 sind Bereiche des Stammhirns aufgeführt, die sowohl monoaminerge Neuronen als auch mit Antikörpern gegen einen oder beide MAO-Subtypen gefärbte Neuronen enthalten. Der serotoninerge Nucleus dorsalis raphe enthielt MAO-B, dieser Befund stimmt mit früheren beim Menschen (Denney et al., 1986) und bei Primaten gefundenen Ergebnissen (Westlund et al., 1985) überein. MAO-A fand sich im Locus coeruleus wie auch im Nucleus dorsalis nervi vagi. In der Substantia nigra wurde keine Färbung der Neuronen festgestellt, obwohl sich die Glia hier deutlich färbte.

Tabelle 3. IC_{50}-Werte in Kapillaren und Rindenhomogenaten von menschlichem Gehirn und Schweinegehirn

	Desaminierung von		Verhältnis 5-HT/PEA
	β-PEA	5-HT	
Menschliche Hirnrinde[a]			
R-(—)-Deprenyl	$3,3 \pm 2,0 \times 10^{-8}$	$5,6 \pm 0,7 \times 10^{-6}$	170
LY-051641	$6,3 \pm 1,0 \times 10^{-6}$	$7,1 \pm 1,3 \times 10^{-9}$	$1,1 \times 10^{-3}$
Clorgylin	$1,0 \pm 5,6 \times 10^{-5}$	$6,3 \pm 3,1 \times 10^{-10}$	$6,3 \times 10^{-5}$
Menschliche Hirnkapillaren			
R-(—)-Deprenyl	$2,9 \pm 1,8 \times 10^{-6}$	$5,3 \pm 0,4 \times 10^{-6}$	1,8
LY-051641	$4,4 \pm 1,1 \times 10^{-9}$	$1,3 \pm 0,9 \times 10^{-10}$	
Hirnrinde[a] des Schweins			
R-(—)-Deprenyl	$3,5 \pm 3,2 \times 10^{-8}$	$1,7 \pm 0,3 \times 10^{-4}$	4 857
LY-051641	$4,7 \pm 0,9 \times 10^{-6}$	$2,3 \pm 2,4 \times 10^{-8}$	$4,9 \times 10^{-3}$
Clorgylin	$3,9 \pm 0,6 \times 10^{-6}$	$2,1 \pm 2,3 \times 10^{-8}$	$5,4 \times 10^{-3}$
Hirnkapillaren des Schweins			
R-(—)-Deprenyl	$1,2 \pm 1,1 \times 10^{-4}$	$9,2 \pm 4,7 \times 10^{-5}$	0,8
LY-051641	$7,3 \pm 1,0 \times 10^{-8}$	$7,1 \pm 2,3 \times 10^{-9}$	0,1
Clorgylin	$2,9 \pm 3,0 \times 10^{-10}$	$2,8 \pm 2,5 \times 10^{-10}$	1,0

[a] jeweils 2—4 Doppelbestimmungen.
Kapillaren und Rindenhomogenate stammen aus allen Rindenabschnitten.

Tabelle 4. Mit Hilfe typenspezifischer Antikörper ermittelte zelluläre Verteilung der MAO-A und -B in verschiedenen menschlichen Gehirnabschnitten

	MAO-A G/N	MAO-B G/N	TH G/N	5-HT N[a]
Substantia nigra	+ + +/—	+ + +/—	—/+ + +	0
Nucleus dorsalis raphe	+ + +/±	+ + +/+ + +	—/±	+ + +
Locus coeruleus	+ + +/+ + +	+ + +/—	—/+ + +	0

G/N = Gliazellen/Neuronen.
+ + + Hohe Dichte an gefärbten Neuronen oder Gliazellen.
± vereinzelt Neuronen gefärbt.
— keine Färbung der betrachteten Neuronen oder Gliazellen
0 nicht untersucht.
[a] die Diffusion von 5-HT erschwert die Feststellung einer Färbung der Glia.

Diskussion

Es wird vermutet, daß der positive Einfluß von MAO-Hemmern bei Erkrankungen, die durch verminderte Monoaminspiegel im Gehirn bedingt sind, auf ihrer Wirkung auf monoaminerge Neuronen beruht, indem sie die Konzentration an biogenen Aminen erhöhen. Auf dem Weg zu diesen Neuronen muß der Hemmstoff verschiedene Strukturen im Gehirn, z. B. die BHS oder die Gliazellen, durchdringen bzw. umgehen. Sowohl die BHS als auch die Gliazellen können den Hemmstoff akkumulieren oder binden und damit zu einer Abnahme der Hemmstoffkonzentration beitragen. Die positiven Wirkungen und die Nebenwirkungen könnten jedoch durch eine extraneuronale Wirkung der MAO-Hemmer vermittelt sein.

Unsere Ergebnisse zeigen, daß die Blutkapillaren des menschlichen Gehirns und des Schweinegehirns in erster Linie MAO-A enthalten. Dieser Befund könnte daran denken lassen, daß Substrate für die MAO-B die BHS durchdringen können, ohne abgebaut zu werden, während gegenüber dem Eindringen von Substraten für die MAO-A ein wirksamer Schutz besteht. Nach Hemmung der MAO-A würde die Passage der jeweiligen Substrate durch die BHS erleichtert, während die Hemmung der MAO-B das Eindringen von MAO-B-Substraten nicht beeinträchtigt. Astrozyten besitzen im gesamten Hirnstamm MAO-A- und MAO-B-Aktivität. Daher würden beide MAO-Hemmertypen die Konzentrationen der Substrate insgesamt verändern. Eine Akkumulation von Monoaminen weist in Verbindung mit einer möglichen hormonellen Rolle darauf hin, daß die Astrozyten im Gehirn eine wichtige Funktion hinsichtlich der Steuerung sowohl der Monoaminspiegel im Gehirn als auch der Verfügbarkeit von Monoaminen für die Neurotransmission innehaben. Dies wird durch Untersuchungen bestätigt, die nach MAO-A-Hemmung eine gesteigerte serotoninerge Aktivität nachwiesen. Da sich die serotoninergen Neuronen des Nucleus dorsalis raphe vorwiegend nach MAO-B anfärben, kann die Förderung der serotoninergen Aktivität nach MAO-A-Hemmung (Wålinder, 1983) nur durch eine Erhöhung der 5-HT-Konzentration in den MAO-A-haltigen Gliazellen erklärt werden. Die substratgebundene Kompartmentierung der MAO-Subtypen und das Fehlen von MAO in den Neuronen der Substantia nigra heben wiederum die Bedeutung der Gliazellen für die Neuronenfunktion hervor. So unterstreichen die wohlbekannten Wirkungen des MAO-B-Hemmers R-

(—)-Deprenyl beim Morbus Parkinson (Birkmayer et al., 1975) die Beteiligung der Astrozyten am therapeutischen Nutzen dieser Substanz.

Eine mögliche Erhärtung dieser Hypothese besteht in der hormonellen Rolle von monoaminergen Neurotransmittern, wie z. B. DA, und in einem Synergismus mit der Funktion der Neurotransmitter. Die Hemmung der MAO in der Astroglia würde die Aufnahme von Neurotransmittern in die Neuronen erleichtern. Die pharmakologische Wirkung der MAO-Hemmer in den Neuronen gründet sich somit sowohl auf die gesteigerte Aufnahme von Monoaminen als auch auf eine intrazelluläre Schutzwirkung für die biogenen Amine.

Angesichts dieser Hypothese sollte zusätzlich die Blockierung der Katechol-O-methyl-Transferase (COMT), einem Enzym, das hauptsächlich am Stoffwechsel extraneuronaler Monoamine im Gehirn beteiligt ist (Rivett et al., 1982), geprüft werden.

Weitere Forschungen zur Aufklärung der hormonellen Funktion der Neurotransmitter, der Rolle der Astroglia und der Wirkungsstärke der MAO- und COMT-Hemmer sind erforderlich.

Danksagung

Wir danken der Österreichischen Parkinsongesellschaft für ihre Unterstützung.

Literatur

Åsberg M, Bertilsson L, Martensson B, Scalia-Tomba G-P, Thorén P, Träskman-Bendz L (1984) CSF monoamine metabolites in melancholia. Acta Psychiatr Scand 69: 201–219

Birkmayer W, Riederer P, Youdim MBH, Linauer W (1975) The potentiation of the antiakinetic effect after l-dopa treatment by an inhibitor of MAO-B, l-deprenyl. J Neural Transm 36: 303–323

Birkmayer W, Riederer P, Ambrozi L, Youdim MBH (1977) Implications of combined treatment with "Madopar" and l-deprenyl in Parkinson's disease. Lancet ii: 439–443

Bradbury MWB (1984) The structure and function of blood-brain-barrier. Fed Proc 43: 186–190

Bradford M (1976) A rapid and sensitive method for the quantitation of microgram quantities of protein utilizing the principle of protein-dye binding. Anal Biochem 72: 248

Dahlström A, Fuxe K (1964) Evidence for the existence of monoamine-containing neurons in the central nervous system. I. Demonstration of monoamines in cell bodies of brain stem neurons. Acta Physiol Scand [Suppl] 232: 1–79

De Armond SJ, Fusco MM, Dewey MM (1976) Structure of the human brain: a photographic atlas, 2nd edn. Oxford University Press, New York

Denney RM, Westlund KN, Thorpe L, Kochersperger LM, Abell CW (1986) Visualization of monoamine oxidases A and B in brain and peripheral tissues with type-specific monoclonal antibodies. In: Markey SP, Castagnoli N, Trevor AJ, Kopin IJ (eds) MPTP: a neurotoxin producing a parkinsonian syndrome. Academic Press, New York, pp 645–649

Fuller RW (1983) The brain's three catecholamines. Trends Pharmacol Sci 4: 394–397

Healy D, Leonard BE (1987) Monoamine transport in depression: Kinetics and dynamics. J Aff Dis 12: 91–103

Hertz L, Richardson JS (1984) Is neuropharmacology merely the pharmacology of neurons—or are astrocytes important too? TIPS 7: 272–276

Hwang SM, Weiss S, Segall S (1979) Uptake of L-^{35}S-cystine by isolated rat brain capillaries. J Neurochem 35: 417–424

Johnston JP (1968) Some observations upon a new inhibitor of monoamine oxidase in brain tissue. Biochem Pharmacol 17: 1285–1297

Johnstone EC, Marsh W (1973) Acetylator status and response to phenelzine in depressed patients. Lancet I: 567–570

Knoll J (1981) The pharmacology of selective MAO-inhibitors. In: Youdim MBH, Paykel ES (eds) Monoamine oxidase inhibitors. The state of the art. Wiley, New York, pp 45–61

Matthysse S (1973) Antipsychotic drug actions: a clue to the neuropathology of schizophrenia? Fed Proc 32: 200–205

Moore RY (1982) Catecholamine neuron systems in brain. Ann Neurol 12: 321–327

Murphy DL (1984) Are there diseases attributable to monoamine oxidase abnormalities? In: Tipton KF, Dostert P, Strolin-Benedetti M (eds) Monoamine oxidase and disease. Academic Press, London, pp 321–332

Nyström C, Hällström T (1987) Comparison between a serotonin and a noradrenaline reuptake blocker in the treatment of depressed outpatients. Acta Psychiatr Scand 75: 377–382

Pearson J, Goldstein M, Markey K, Brandeis L (1983) Human brainstem catecholamine neuronal anatomy as indicated by immunocytochemistry with antibodies to tyrosine hydroxylase. Neuroscience 8: 3–32

Rausch WD, Rossmanith W, Gruber J, Riederer P, Jellinger K, Weiser M (1983) Studies on the neurotransmitter binding to pig brain microvessels. J Neural Transm [Suppl] 18: 33–44

Riederer P, Youdim MBH (1986) Monoamine oxidase activity and monoamine metabolism in brains of Parkinsonian patients treated with l-deprenyl. J Neurochem 46: 1359–1365

Rivett AJ, Eddy BJ, Roth JA (1982) Contribution of sulfate conjugation, deamination and O-methylation to metabolism of dopamine and norepinephrine in human brain. J Neurochem 39: 1009–1016

Robinson DS, Nies A, Ravaris CL, Lamborn KR (1973) The monoamine oxidase inhibitor phenelzine in the treatment of depressive anxiety states. Arch Gen Psychiatry 29: 407–413

Roy A, Virkkunen M, Linnoila M (1987) Reduced central serotonin turnover in a subgroup of alcoholics? Prog Neuropsychopharmacol Biol Psychiatry 11: 173–177

Sternberger LA, Hardy PH, Cuculis JJ, Meyer HG (1970) The unlabeled antibody enzyme method of immunohistochemistry. Preparation and properties of soluble antigen-antibody complex (horseradish peroxidase-antihorseradish peroxidase) and its use in identification of spirochetes. J Histochem Cytochem 18: 315–333

Tipton KF, Youdim MBH (1976) Assay of monoamine oxidase. In: Wolstenholme GEW, Knight J (eds) Monoamine oxidase and its inhibition. Excerpta Medica, North-Holland, pp 393–403

Tipton KF, Dostert P, Strolin-Benedetti M (eds) (1984) Monoamine oxidase and disease. Academic Press, London

Walinder J (1983) Combination of tryptophan with MAO inhibitors, tricyclic antidepressants and selective 5-HT reuptake inhibitors. In: Van Praag HM, Mendlewicz J (eds) Management of depressions with monoamine precursors. Karger, Basel, pp 82–93

Westlund KN, Denney RM, Kochersperger LM, Rose RM, Abell CW (1985) Distinct monoamine oxidase A and B populations in primate brain. Science 230: 181–183

Youdim MBH, Finberg JPM (1985) Monoamine oxidase inhibitor antidepressants. In: Grahame-Smith DG (ed) Psychopharmacology 2, part 1. Elsevier, Amsterdam, pp 35–70

Zarifian E (1984) MAO inhibitors and depression. In: Tipton KF, Dostert P, Strolin-Benedetti M (eds) Monoamine oxidase and disease. Academic Press, London, pp 333–339

Anschrift des Verfassers: Dr. Christine Konradi, Klinische Neurochemie, Abteilung für Psychiatrie, Universität Würzburg, Füchsleinstraße 15, D-8700 Würzburg, Bundesrepublik Deutschland.

Monoaminoxidase-B-Hemmung und der "Cheese effect"

M. B. H. Youdim und J. P. M. Finberg

Rappaport Family Research Institute and Department of Pharmacology,
Faculty of Medicine, Technion, Haifa, Israel

Zusammenfassung

Der fehlende "Cheese effect" (Verstärkung der sympathikomimetischen Wirkung von Tyramin) von R-(—)-Deprenyl (selektiver Monoaminoxidase-B-, MAO-B-Hemmer) wurde als eine wesentliche Eigenschaft dieses Hemmers angesehen. Die Entwicklung anderer selektiver MAO-B-Hemmer zeigte jedoch deutlich, daß dies nicht der Fall ist, da der "Cheese effect" mit der selektiven Hemmung der MAO-A, dem für die Noradrenalin-Oxidation in den Neuronen verantwortlichen Enzym, zusammenhängt. Nach Hemmung der neuronalen MAO-A kann Noradrenalin im zytoplasmatischen Pool der Neuronen hohe Spiegel erreichen. Da Tyramin Noradrenalin ins Zytoplasma und nicht in den Extrazellulärraum freisetzt, wird seine Wirkung durch Hemmung der neuronalen MAO-A verstärkt.

Einleitung

Die Verstärkung der sympathikomimetischen Wirkung von in Nahrungsmitteln enthaltenem Tyramin ("Cheese effect") und L-Dopa (L-Dihydroxyphenylalanin) durch nichtselektive Monoaminoxidase-(MAO)-Hemmer ist die wichtigste Nebenwirkung dieser Medikamentengruppe; dies war der Grund, warum diese Wirkstoffe nicht mehr als psychotrope Arzneimittel eingesetzt wurden (Youdim und Finberg, 1982, 1985). Die Auslösung des "Cheese effect" erklärt sich durch die Tatsache, daß Tyramin, ein MAO-Substrat, bei nicht stattfindender Oxidation (Desaminierung), wie dies unter der Therapie mit MAO-Hemmern der Fall ist, von den adrenergen Neuronen aufgenommen wird und gespeichertes Noradrenalin aus seinen Bindungsstellen freisetzt (Blackwell und Marley, 1966). In den späten 60er und den frühen 70er Jahren berichteten Knoll und Magyar (1972) über die ungewöhnliche pharmakologische Eigenschaft eines MAO-Hemmers [E-250, R-(—)-Deprenyl, R-(—)-Selegilin], der keine Verstärkung der sympathikomimetischen Wirkung von Tyramin in pharmakologischen Versuchsmodellen und *in vivo* bewirkt. R-(—)-Deprenyl wirkt der Tyraminwirkung offensichtlich sogar entgegen. Diese Autoren wiesen darauf hin, daß diese Eigenschaft des R-(—)-Deprenyls mit einer Hemmung der Tyraminaufnahme in Zusammenhang stehen könnte. Nach Entdeckung mehrerer MAO-Formen und ihrer selektiven Verteilung in den adrenergen Neuronen mußte diese Hypothese erneut untersucht werden.

Formenvielfalt der MAO

Es wurde schon immer vermutet, daß die MAO nicht eine Einzelentität darstellt, sondern vielmehr aus zahlreichen eng verwandten Enzymen mit unterschiedlichen Substraten und spezifischen Hemmeigenschaften besteht. Bereits 1961 konnten Hardegg und Heilbron mit kinetischen Untersuchungen zeigen, daß Tyramin in der Rattenleber von mindestens zwei Enzymen metabolisiert wird, während bei Serotonin nur ein Enzym beteiligt ist. Dieser Befund wurde von anderen Untersuchern weiter belegt (Youdim und Sourkes, 1965; Squire, 1968) und durch Entdeckung des MAO-Hemmers Clorgylin bewiesen. Johnston (1968) berichtete, daß mittels Clorgylin in verschiedenen Organen einschließlich Gehirn und Leber zwischen zwei MAO-Typen, die als Typ A und Typ B bezeichnet werden, unterschieden werden kann. Die Einteilung der MAO in die beiden Formen beruht auf der Erkenntnis, daß die A-Form Serotonin und Noradrenalin oxidiert und gegenüber einer Hemmung durch Clorgylin hochempfindlich ist. Die B-Form jedoch ist gegenüber einer Hemmung durch diesen Hemmer relativ unempfindlich und oxidiert Benzylamin. Johnston zeigte ferner, daß der relative Anteil der A- und B-Form des Enzyms in den verschiedenen Organen unterschiedlich ist. Tyramin sowie Dopamin werden als Substrate für beide Enzyme betrachtet. Später wurde entdeckt, daß der MAO-Hemmer R-(—)-Deprenyl, der wie Clorgylin den aktiven Propargylrest besitzt, ein selektiver MAO-B-Hemmer ist (Knoll und Magyar, 1972). Es wurde nachgewiesen, daß diese Enzymform im menschlichen Gehirn überwiegt, gegenüber Benzylamin und Dopamin hochaktiv (Collins et al., 1970; Youdim et al., 1972) und auch gegenüber β-Phenylethylamin aktiv ist (Yang und Neff, 1972). Seither konnte in pharmakologischen Untersuchungen und Verhaltensstudien

gezeigt werden, daß im Gehirn durch Clorgylin die Serotonin- und
Noradrenalinspiegel und durch R-(—)-Deprenyl die β-Phenylethyl-
aminspiegel selektiv gesteigert werden können (Neff und Fuentes,
1976; Youdim, 1987). Daher wurde die Funktion dieser Enzyme und
ihrer Substrate erneut einer Beurteilung unterzogen.

Verstärkung der Tyraminwirkung und selektive MAO-A- und MAO-B-Hemmer

Die aufsehenerregenden Berichte (Knoll und Magyar, 1972; Knoll,
1976) über das Fehlen einer Verstärkung der sympathikomimetischen
Tyraminwirkung durch Deprenyl deuteten darauf hin, daß dieser Hemmer entweder eine echte Antityraminwirkung besitzt oder daß dieses
Phänomen mit der örtlichen Verteilung der MAO-A in den Neuronen
zusammenhängt (Jarrott, 1971; Coquil et al., 1973). Der "Cheese effect"
kann sowohl auf neurobiochemischer Ebene als auch klinisch näher
untersucht werden. Wir benutzten den isolierten Samenleiter der Ratte
als sympathisch innerviertes Präparat, um die Veränderung der Reaktion auf Tyramin unter selektiven und nichtselektiven MAO-Hemmern auf neurobiochemischer Ebene zu untersuchen (Finberg et al.,
1980; Finberg und Tenne, 1982; Finberg et al., 1981). Mit Hilfe dieses
Versuchsmodells konnte die Verstärkung der kontraktilen Tyraminwirkung direkt mit dem Grad der Hemmung der MAO-A oder -B
im selben Gewebe korreliert werden. Wir fanden (Finberg und Tenne,
1982), daß die selektive Hemmung der MAO-A um 90% oder mehr
(ohne wesentliche Hemmung der MAO-B) die Tyraminwirkung wirkungsvoll verstärkte, während die selektive Hemmung der MAO-B
durch R-(—)-Deprenyl (75%) nicht mit einer Verstärkung der Tyraminwirkung einherging.

Mit Hilfe des isolierten Gewebepräparats konnten wir außerdem
einige andere pharmakologische Eigenschaften der MAO-Hemmer
zeigen. Die Inkubation des Gewebes mit einer hohen Konzentration
(10 μM) an R-(—)-Deprenyl oder AGN 1135 führte zu einer Unter-
drückung der Reaktion auf Tyramin, wenn der Hemmer im Inku-
bationsbad vorhanden war, nach dem Auswaschen kam es hingegen
zu einer Verstärkung (Finberg et al., 1980, 1981). Diese Verstärkung
kann durch Hemmung sowohl der MAO-A als auch der MAO-B durch
die höhere Konzentration des Hemmers erklärt werden. Die Unter-
drückung der Tyramin-Reaktion in Gegenwart hoher Konzentration

der Hemmer kann entweder durch Hemmung der aktiven Aminaufnahme der Neuronen oder durch Blockade der adrenergen Alpharezeptoren erklärt werden. Nach Ansicht von Knoll (1976) war die Hemmung der Aminaufnahme der Hauptmechanismus der fehlenden Verstärkung der Tyraminwirkung durch R-(—)-Deprenyl. Wir untersuchten daher *in vitro* die Wirkung von R-(—)-Deprenyl und AGN 1135 auf die Aufnahme von ^{3}H-Tyramin, ^{3}H-Metaraminol und ^{3}H-Oktopamin durch den kompletten Samenleiter. AGN 1135 hatte in einer Konzentration von 10 μM keine Wirkung auf die Aufnahme von ^{3}H-Metaraminol, während R-(—)-Deprenyl die Aufnahme um ca. 25% verringerte. Keine der Substanzen beeinflußte signifikant die ^{3}H-Oktopaminaufnahme (Finberg et al., 1980, 1981). Der Grad der Blockierung der Alpharezeptoren durch verschiedene MAO-Hemmer wurde am isolierten und denervierten Samenleiter untersucht. Alle untersuchten Verbindungen bewirkten zu einem gewissen Grad eine Alpharezeptorenblockade (Reihenfolge der Wirkstärke: LY 51641 — R-(—)-Deprenyl — Clorgylin — Tranylcypromin). Diese Studie ermöglichte die Schlußfolgerung, daß die Verstärkung der Tyraminwirkung von der Hemmung der MAO-A, nicht aber der MAO-B abhängt, und daß die tyraminantagonistischen Eigenschaften von R-(—)-Deprenyl und AGN 1135 durch eine reversible Blockade der Alpharezeptoren erklärt werden können.

Verstärkung indirekt wirkender Amine bei der Katze

Knoll (1976) konnte anhand des kardiovaskulären Systems und der Nickhaut der anästhesierten Katze zeigen, daß R-(—)-Deprenyl eine ausgeprägte Verstärkung der durch Phenylethylamin induzierten Kontraktion der Nickhaut bewirkte. Es wurde vermutet, daß dies Folge eines verminderten Stoffwechsels des Amins sei, da die Ausschaltung der Leber (MAO Typ B bei der Katze) aus dem Kreislauf ähnliches bewirkte. Phenylethylamin ist ein indirekt wirkendes Amin, das zum Erreichen der neuronalen Aminvorräte nicht auf die aktive Aufnahme durch die Neuronen angewiesen ist. Es war daher eine interessante Frage, ob die Reaktionen auf Phenylethylamin durch Clorgylin ebenfalls gesteigert werden. Wir fanden (Finberg und Youdim, 1985), daß die Blutdruckanstiege nach Tyramin- und auch nach Phenylethylamingabe durch Clorgylin (2 mg/kg) signifikant verstärkt werden, nicht jedoch durch R-(—)-Deprenyl (10 mg/kg) oder AGN 1135

(1,5 mg/kg). Die kontraktilen Reaktionen der Nickhaut auf Phenyl-ethylamin wurden jedoch durch alle drei Hemmer verstärkt, während die Verstärkung der kontraktilen Reaktionen auf Tyramin keine statistische Signifikanz erreichte. Diese Untersuchung verdeutlicht die unterschiedlichen Reaktionen der glatten Muskulatur des kardiovaskulären Systems und der Nickhaut auf sympathikomimetische Amine, die grundlegenden Ursachen hierfür sind noch unbekannt. Zusätzlich unterstreicht dies die Bedeutung der Hemmung der neuronalen MAO-A für die Wirkungsverstärkung der indirekt wirkenden Sympathikomimetika, denn die Reaktionen auf Phenylethylamin werden durch Clorgylin verstärkt, obwohl der allgemeine systemische Stoffwechsel dieses Amins durch diesen Hemmer nicht wesentlich verändert wird. Das Fehlen einer signifikanten Verstärkung der pressorischen Reaktion nach Tyramin unter AGN 1135 als auch R-(—)-Deprenyl zeigt ferner, daß in vivo eine effektive und praktisch vollständige Hemmung der MAO-B erreicht werden kann, ohne den Blutdruckanstieg nach Tyramin zu verstärken. Es erscheint unwahrscheinlich, daß eines der beiden Medikamente eine signifikante Hemmung der neuronalen Aminaufnahme bewirkt, da der Blutdruckanstieg nach Noradrenalingabe durch keinen der verwendeten MAO-Hemmer verstärkt wurde (Finberg und Youdim, 1985).

Schlußfolgerungen

Aus klinischer Sicht sind wahrscheinlich systemische wie auch neuronale Faktoren an der Verstärkung der Wirkung von oral zugeführtem Tyramin durch MAO-Hemmer beteiligt. Bei Katzen und Hunden wurde nach Behandlung mit nichtselektiven MAO-Hemmern oder Clorgylin über einen Anstieg der Tyraminblutspiegel berichtet (Garcha et al., 1983; Faraj et al., 1977). In sympathischen Neuronen findet die Tyraminaufnahme mit hoher Affinität statt, und die Hemmung der neuronalen MAO durch Clorgylin führt zur gesteigerten Freisetzung von Noradrenalin aus den Nervenendigungen; der Grund ist entweder eine Hemmung der Tyraminoxidation in den Neuronen oder eine Hemmung des Stoffwechsels von Noradrenalin, das durch Tyramin in das Axoplasma freigesetzt wird.

Die selektive Hemmung der MAO-B durch R-(—)-Deprenyl oder AGN 1135 sollte normalerweise nicht zu einer Verstärkung des Blutdruckanstiegs nach Tyramingabe führen; wenn jedoch die Selektivität der Hemmung durch langdauernde Behandlung mit hohen Dosen verloren geht, kann eine signifikante Verstärkung der blutdrucksteigernden Tyraminwirkung auftreten (Sunderland et al., 1985; Simpson et al., 1983). Beim Morbus Parkinson, bei dem eine Dosis von 10 mg R-(—)-Deprenyl als Adjuvans zur Behandlung mit L-Dopa (l-Dihydroxyphenylalanin) verabreicht wird, tritt der "Cheese effect" — wenn überhaupt — nur selten auf (Birkmayer et al., 1975; Birkmayer et al., 1977; Yahr, 1978). Dies läßt sich zum Teil durch die selektive Hemmung der MAO-B in den systemischen Organen und den extrapyramidalen Gehirnregionen erklären (Riederer und Youdim, 1986). Im Dünndarm, in dem vermutlich der größte Anteil des oral aufgenommenen Tyramins metabolisiert wird, überwiegt die A-Form der MAO mit 80% (Squire, 1972). Daher hemmen MAO-B-Hemmer in ihren jeweiligen selektiven Dosen erwartungsgemäß nicht die A-Form des Enzyms, so daß nur sehr wenig Tyramin in den Kreislauf gelangt (Youdim, 1977).

Literatur

Birkmayer W, Riederer P, Ambrozi L, Youdim MBH (1977) Implications of combined treatment with madopar and l-deprenyl in Parkinson's disease. Lancet i: 439–444

Birkmayer W, Riederer P, Youdim MBH, Linauer W (1975) The potentiation of the anti-akinetic effect L-dopa treatment by an inhibitor of MAO-B l-deprenyl. J Neural Transm 36: 303–336

Blackwell B, Marley E (1966) Interactions of cheese and of its constituents and monoamine oxidase inhibitors. Br J Pharmacol 26: 120–141

Collins GGS, Sandler M, Williams ED, Youdim MBH (1970) Multiple forms of human brain mitochondrial monoamine oxidase. Nature 225: 817–820

Coquil JF, Goridis C, Mack G, Neff NA (1973) Monoamine oxidase in rat arteries: evidence for different forms and selective localization. Br J Pharmacol 48: 590–599

Faraj BA, Dayton PG, Camp VM, Wilson JP, Malveaux EJ, Schlant RC (1977) Studies of the fate of tyramine in dogs; the effect of monoamine oxidase inhibition, portafemoral shunt and coronary artery ligation on the kinetics of tyramine. J Pharmacol Exp Ther 200: 384–393

Finberg JPM, Tenne M (1982) Relationship between tyramine potentiation and selective inhibition of monoamine oxidase types A and B in the rat vas deferens. Br J Pharmacol 77: 13–21

Finberg JPM, Tenne M, Youdim MBH (1980) Tyramine antagonistic properties of AGN 1135—an irreversible inhibitor of monoamine oxidase type B. Br J Pharmacol 73: 65–75

Finberg JPM, Tenne M, Youdim MBH (1981) Selective irreversible propargyl derivative inhibitors of monoamine oxidase (MAO) without the cheese effect. In:

Youdim MBH, Paykel ES (eds) Monoamine oxidase inhibitors, the state of the art. Wiley, Chichester, pp 31–43

Finberg JPM, Youdim MBH (1985) Modification of blood pressure and nictitating membrane responses to sympathetic amines by selective monoamine oxidase inhibitors, type A or B, in the cat. Br J Pharmacol 85: 541–546

Garcha G, Imrie PR, Marley E, Thomas DV (1983) Distribution and effects of intestinally administered (^{14}C)-tyramine in cats, modified by monoamine oxidase inhibitors. J Psychiatr Res 17: 75–92

Hardegg W, Heilbron E (1961) Oxidation of tyramine and serotonin by liver mitochondrial monoamine oxidase. Biochim Biophys Acta 51: 553–559

Jarrott B (1971) Occurrence and properties of monoamine oxidase in adrenergic neurons. J Neurochem 18: 7–16

Johnston J (1978) Some observation upon a new inhibitor of monoamine oxidase in brain tissue. Biochem Pharmacol 17: 1285–1297

Knoll J, Magyar K (1972) Some puzzling pharmacological effects of monoamine oxidase inhibitor. Adv Biochem Psychopharmacol 5: 393–408

Neff N, Fuentes JA (1976) The use of selective monoamine oxidase inhibitor drugs for evaluating pharmacological and physiological mechanisms. In: Wolstenholme GEW, Knight J (eds) Monoamine oxidase and its inhibition. Elsevier, Amsterdam, pp 163–179

Riederer P, Youdim MBH (1986) Brain monoamine oxidase activity and monoamine metabolism in Parkinson patients treated with l-deprenyl. J Neurochem 46: 1349–1356

Simpson G, White K, Pi E, Razani J, Sloane RB (1983) Monoamine oxidase inhibition and tyramine sensitivity in l-deprenyl-treated subjects. Psychopharmacol Bull 19: 340–342

Squire R (1968) Additional evidence for the existence of several forms of mitochondrial monoamine oxidase in the mouse. Biochem Pharmacol 17: 1401–1409

Squire R (1972) Multiple forms of monoamine oxidase in intact mitochondria as characterized by selective inhibitors and thermal stability: a comparison of eight mammalian species. Adv Biochem Psychopharmacol 5: 355–370

Sunderland T, Mueller EA, Cohen RM, Jimerson DC, Pickar D, Murphy DL (1985) Tyramine pressor sensitivity changes during deprenyl treatment. Psychopharmacology (Berlin) 34: 117–125

Yahr M (1978) Overview of present treatment of Parkinson's disease. J Neural Transm 43: 227–238

Yang Y-H-T, Neff N (1973) β-Phenylethylamine a specific substrate for type B monoamine oxidase of brain. J Pharmacol Exp Ther 187: 365–371

Youdim MBH (1977) Tyramine and psychiatric disorders. In: Usdin E, Hamburg D, Barchas JD (eds) Neuroregulators and psychiatric disorders. Oxford University Press, New York, pp 57–67

Youdim MBH, Collins GGS, Sandler M, Pare CMB, Bevan Jones AB, Nicholson WJ (1972) Human brain monoamine oxidase: multiple forms and selective inhibition. Nature 236: 225–228

Youdim MBH, Finberg JPM (1982) Monoamine oxidase inhibitor antidepressants. In: Grahame-Smith DG, Hippius H, Winokur G (eds) Psychopharmacology 1. Excerpta Medica, Amsterdam, pp 38–78
Youdim MBH, Finberg JPM (1985) Monoamine oxidase inhibitor antidepressants. In: Grahame-Smith DG, Hippius H, Winokur G (eds) Psychopharmacology 2. Excerpta Medica, Amsterdam, pp 37–71
Youdim MBH, Sourkes TL (1965) The effect of heat, inhibitor and riboflavin deficiency on monoamine oxidase. Can J Biochem 43: 1305–1314

Anschrift des Verfassers: Prof. Dr. M. B. H. Youdim, Department of Pharmacology, Faculty of Medicine, POB 9649, Haifa, Israel.

Selegilin und Prophylaxe des Morbus Parkinson

M. Sandler, J. Willoughby, V. Glover und C. Gibb

Bernhard Baron Memorial Research Laboratories,
Queen Charlotte's Hospital, London, U.K.

Zusammenfassung

Die Verabreichung von 1-Methyl-4-phenyl-1,2,3,6-tetrahydropyridin (MPTP) induziert bei Primaten einschließlich des Menschen ein dem Morbus Parkinson ähnliches Syndrom mit selektiver Degeneration der Substantia nigra. Aufgrund dieser Entdeckung scheint es möglich, daß Umweltgifte oder endogene Toxine den idiopathischen Morbus Parkinson verursachen könnten. MPTP wird von der Monoaminoxidase B (MAO-B) zu seinem neurotoxischen Metaboliten 1-Methyl-4-phenylpyridin (MPP$^+$) oxidiert. Die toxische Wirkung von MPTP wird durch Vorbehandlung mit dem MAO-B-Hemmer Selegilin [R-(—)-Deprenyl] aufgehoben. Wir haben eine Reihe von Strukturanaloga zu MPTP (Tetrahydropyridine, wobei einige am Phenylring substituiert sind) als mögliche Alternativsubstrate für MAO-B überprüft. Das interessanteste Substrat, Ethyl-MTP-carboxylat, besitzt keinen Phenylring.

MAO-B wurde im Gehirn von Ratte und Krallenaffe histochemisch genau lokalisiert. Beim Krallenaffen fand sich eine erhebliche Aktivität in der nigro-striären Bahn; im Vergleich dazu besaß die Ratte nur einen niedrigen MAO-B-Basisspiegel. Diese Ergebnisse könnten zum Teil erklären, warum der Krallenaffe gegenüber MPTP empfindlicher reagiert als die Ratte.

Einleitung

Die Verabreichung von 1-Methyl-4-phenyl-1,2,3,6-tetrahydropyridin (MPTP) induziert bei Primaten einschließlich des Menschen ein dem Morbus Parkinson ähnliches Syndrom mit selektiver Degeneration der Substantia nigra (Chiueh et al., 1985). Nager sind gegenüber der Wirkung dieses Toxins weit weniger empfindlich (Chiueh et al., 1984). Der den neurotoxischen Effekten von MPTP zugrundeliegende Mechanismus ist nicht vollständig aufgeklärt. Bei allen untersuchten Tierarten einschließlich des Menschen (Glover et al., 1986 a) ist jedoch die enzymatische Oxidation von MPTP durch die Monoaminoxidase B (MAO-B) zu 1-Methyl-4-phenyl-2,3-dihydropyridin (MPDP$^+$) eine Voraussetzung für seine toxischen Wirkungen. MPDP$^+$ wird anschließend in ein Gemisch aus MPTP und 1-Methyl-4-phenyl-pyridin (MPP$^+$) umgewandelt (zur Übersicht siehe Glover et al., 1986 b; Sandler et al., 1987). MPP$^+$ scheint dabei der toxische Teil zu sein (Chiba et al., 1985; Chiueh et al., 1985; Langston et al., 1984; Markey et al., 1984). Die toxische Wirkung von MPTP kann durch vorherige Verabreichung des MAO-B-Hemmers Selegilin [R-(—)-Deprenyl] aufgehoben werden (Cohen et al., 1985). Diese Befunde lassen daran denken, daß der Morbus Parkinson durch ähnlich wirkende, MPTP-artige Verbindungen verursacht sein könnte (Marsden und Sandler, 1986). Somit ist es denkbar, daß Selegilin die Progression der Erkrankung deutlich verlangsamen kann. Tatsächlich beobachteten Birkmayer et al. (1985) unter einer Langzeittherapie mit dem Medikament eine Verlängerung der Überlebenszeit.

Um diesen Hypothesen weiter nachzugehen, untersuchten wir als mögliche MAO-Substrate eine Reihe von MPTP-Analoga. Die MPTP-Analoga wurden mit Hilfe von zwei kolorimetrischen Tests untersucht, wobei die MAO aus den Mitochondrien von Rattenlebern stammten. Ein Testansatz basierte auf der Messung von Wasserstoffperoxid, einem Endprodukt der MAO-Reaktion, der andere beruhte auf der Reduktion von Tetrazolium-Nitro-Blau (TNB) zu Formazan bei der oxidativen Desaminierung seiner Substrate durch MAO. Weitere Einzelheiten dieser Methoden wurden von Gibb et al. (1987) beschrieben.

MAO substrates

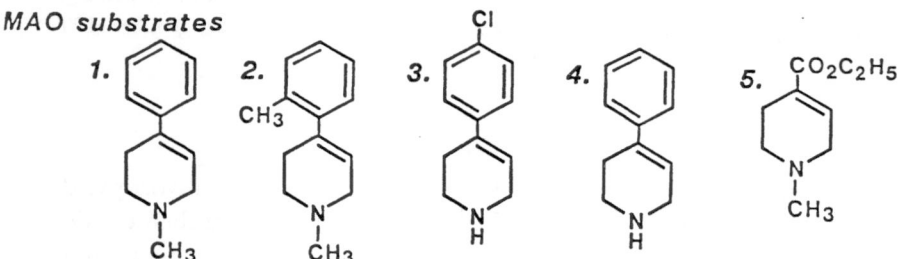

Abb. 1. Strukturelle Voraussetzungen für eine als MAO-Substrat geeignete Verbindung. **1** 1-Methyl-4-phenyl-1,2,3,6-tetrahydropyridin (MPTP); **2** 1-Methyl-4-(2-methylphenyl)-1,2,3,6-tetrahydropyridin (2Me-MPTP); **3** 4-(p-Chlorophenyl)-1,2,3,6-tetrahydropyridin (Cl-PTP); **4** 4-Phenyl-1,2,3,6-tetrahydropyridin (PTP); **5** Ethyl-l-methyl-1,2,3,6-tetrahydro-4-pyridin-carboxylat (ethyl-MTP-carboxylat)

Tabelle 1. Prozentuale Hemmung der MAO-Aktivität durch Selegilin bei Verwendung neuer Substrate; angegeben sind die zugehörigen K_m- und V_{max}-Werte

Substrat	% Hemmung Selegilin 10^{-6} M	Scheinbarer K_m-Wert (mM)	V_{max} (% von MPTP)
MPTP	88,4	0,11	100
Tyramin	44,2	NB	NB
2'-Me-MPTP	56,8*	0,07	97
PTP	87,1	1,08	66
Cl-PTP	52,9**	0,89	64
Ethyl-MTP-carboxylat	93,0	0,12	10

Die Spezifität neuer Substrate für MAO-B ergibt sich aus der prozentualen Hemmung der Aktivität durch Selegilin. Alle Messungen, mit Ausnahme von MPTP und Tyramin, wurden mit der Substratkonzentration von 1,0 mM durchgeführt. Bei MPTP und Tyramin wurden Konzentrationen von 0,4 mM verwendet. Die Hemmwerte wurden als Mediane berechnet. Es wurde jeweils der U-Test nach Mann-Whitney durchgeführt; die p-Werte geben die Signifikanz im Vergleich zur Hemmung der MPTP-Oxidation an (* $p < 0,05$; ** $p < 0,001$; n = 8). Die scheinbaren Michaeliskonstanten (K_m) und die maximalen Reaktionsgeschwindigkeiten (V_{max}) wurden mit Hilfe der linearen Regressionsanalyse aus Lineweaver-Burke-Diagrammen berechnet. Folgende Korrelationskoeffizienten wurden ermittelt: MPTP r = 0,99, p < 0,001; 2-Me-MPTP r = 0,99, p < 0,001; PTP r = 0,96, p < 0,01; Cl-PTP r = 0,96, p < 0,01; Ethyl-MTP-carboxylat r = 0,91, p < 0,02. NB = nicht bestimmt. Abkürzungen siehe Legende zu Abb. 1.

Die meisten Verbindungen einschließlich des Narkotikums Pethidin und zweier Gruppen endogener Verbindungen (Tetrahydro-β-carboline und Tetrahydroisochinoline) zeigten keine Aktivität. Dagegen wurden 4 neue Analoga als MAO-Substrate entdeckt, sie sind in der Abb. 1 zusammengestellt. Nur eines der 4 Substrate (2-Methyl-MPTP) reagierte in beiden Tests, während die drei übrigen Verbindungen nur im TNB-Test Aktivität zeigten. Die in Tabelle 1 aufgeführten Ergebnisse zeigen die Spezifität der Analoga für MAO-A oder MAO-B im TNB-Test. Bei PTP, Cl-PTP und Ethyl-MTP-carboxylat (Erläuterung der Abkürzungen siehe Überschrift zu Abb. 1) scheint es sich um gemischte Substrate zu handeln, obgleich sie in erster Linie von MAO-B metabolisiert werden. Die mit 2-Methyl-MPTP erhaltenen Ergebnisse waren zunächst verwirrend, da seine Oxidation im Peroxidase-Test durch 10^{-6} M Selegilin vollständig inhibiert wurde.

Anhand dieser Ergebnisse läßt sich feststellen, daß eine als MAO-

Substrat geeignete Verbindung folgende strukturellen Voraussetzungen erfüllen muß. Die Verbindungen dürfen keine vollständig gesättigten oder ungesättigten Pyridinringe enthalten; die Phenylgruppe kann substituiert sein oder fehlen, und die N-Methylgruppe kann ebenfalls fehlen. Weiterhin liegen uns vorläufige Daten darüber vor (in dieser Arbeit nicht enthalten), daß Analoga, deren N-Methylgruppe durch lange Kohlenstoffketten substituiert ist, weiterhin als Substrate für MAO geeignet sind. Diese Ergebnisse unterstützen mehrere Schlußfolgerungen von Heikkila et al. (1985 a). Der wichtigsten Befund war jedoch, daß die Phenylgruppe abgespalten werden kann (vgl. Ethyl-MTP-carboxylat), so daß zahlreiche MPTP-artig wirkende Pyridinanaloga möglich sind.

Anhand der über die Analoga gewonnenen Daten ergaben sich sowohl Anhaltspunkte als auch Fragen bezüglich der Herkunft dieser Moleküle (aus der Umwelt oder endogen), die für die Degeneration der Substantia nigra, wie sie beim idiopathischen Morbus Parkinson beobachtet wird, verantwortlich sind. Drei der Analoga sind offensichtlich gemischte Substrate für MAO-A und MAO-B, während MPTP ein nahezu reines MAO-B-Substrat darstellt. Aufgrund dessen darf jedoch nicht angenommen werden, daß jedes neue MPTP-analoge Substrat nur von MAO-B oxidiert wird. Es ist auch stets daran zu denken, daß sich der idiopathische Morbus Parkinson langsam im Laufe des Lebens entwickelt und nicht auf die schnelle und verhängnisvolle Weise wie die durch MPTP induzierte Parkinsonismus. Falls eine MPTP-ähnliche Verbindung in der Ätiologie der idiopathischen Krankheit eine Rolle spielt, ist es durchaus denkbar, daß sie wesentlich weniger potent ist als die Referenzverbindung. Unsere kinetischen Daten (Tabelle 1) zeigen, daß 2-Methyl-MPTP zwar ähnliche V_{max}- und K_m-Werte wie MPTP besitzt, PTP, Cl-PTP und Ethyl-MTP-carboxylat besitzen jedoch entweder eine viel höhere K_m oder eine niedrigere V_{max}. Bradbury et al. (1985) konnten zeigen, daß die kontinuierliche Infusion von PTP in die Substantia nigra der Ratte über 4 Tage zu geringen Verlusten von Dopamin und 3,4-Dihydrophenylessigsäure im Striatum führt, dagegen aber nicht die unter der Infusion von MPTP oder MPP^+ beobachteten ausgeprägten motorischen Störungen hervorruft.

Natürlich müssen nicht alle von MAO metabolisierten MPTP-Analoga toxisch sein. MPP^+ kann von den Dopamin-Uptakesystemen aufgenommen (Chiba et al., 1985; Javitch et al., 1985) und in den neuronalen Zellkörpern angereichert werden. Es gibt auch Hinweise darauf, daß das in dopaminergen Neuronen vorhandene MPP$^+$ von den Mitochondrien aufgenommen wird und daß seine Wirkung auf eine Hemmung der mitochondrialen Oxidationsprozesse zurückzuführen ist (Heikkila et al., 1985 b; Ramsay und Singer, 1986; Ramsay et al., 1986). Wir wissen bisher nicht, ob die Stoffwechselprodukte dieser MPTP-Analoga auf ähnliche Weise wirken können.

Für das Verständnis der potentiellen in-vivo-Effekte dieser MPTP-Analoga im Primatengehirn benötigen wir umfassende Kenntnisse über die Verteilung der MAO-B im Gehirn. Seit vielen Jahren ist bekannt, daß MAO-B, anders als bei der Ratte, im menschlichen Gehirn überwiegt (Murphy und Donnelly, 1974). Diese Ergebnisse wurden bestätigt, und es konnte gezeigt werden, daß der Neurotransmitter Dopamin im menschlichen Striatum vornehmlich durch MAO-B metabolisiert wird (Glover et al., 1977). Unsere Ergebnisse haben weiterhin gezeigt, daß dies auch für das Gehirn des Klammeraffen gilt; hier ist die Relation der Aktivität von MAO-A zu MAO-B bei Verwendung von Tyramin als Substrat 1 : 12; bei der Ratte beträgt dieses Verhältnis 5 : 4 (Willoughby et al., 1987 b). Das Verständnis der funktionellen Rolle von MAO-B im MPTP-Stoffwechsel setzt eine präzise Lokalisation der MAO-B im Gehirn voraus. Neuerdings wurden immunohistochemische Techniken unter Verwendung von monoklonalen Antikörpern zur Erfassung der MAO-B im Gehirn der Ratte (Levitt et al., 1982) und der Primaten (Westlund et al., 1985) eingesetzt; hiermit gelang die Identifizierung von MAO-B innerhalb von serotoninergen Zellkörpern. Dennoch scheint es wahrscheinlich, daß mit diesen Techniken möglicherweise nur die Bereiche mit der höchsten MAO-Aktivität erfaßt wurden; in bestimmten Bereichen, die bei invitro-Bestimmungen (Glover et al., 1980) bekanntermaßen eine signifikante MAO-Aktivität zeigen, gelang der Nachweis von MAO mit diesen Methoden nicht.

Daher wurde MAO-B histochemisch (Willoughby et al., 1987 a, b) mit einer alternativen gekoppelten Peroxidasetechnik (Ryder et al., 1979) lokalisiert, wobei Benzylamin und Tyramin als Substrate und Clorgylin und Selegilin als selektive Inhibitoren dienten. Beim Klammeraffen fanden sich eine intensive Anfärbung der MAO-B in der nigro-striären Bahn sowie eine geringe Basisfärbung. Die Bereiche mit der intensivsten Anfärbung waren die Substantia nigra (A$_9$) (Abb. 2), der Nucleus caudatus und das Putamen. Andere Bereiche der nigro-

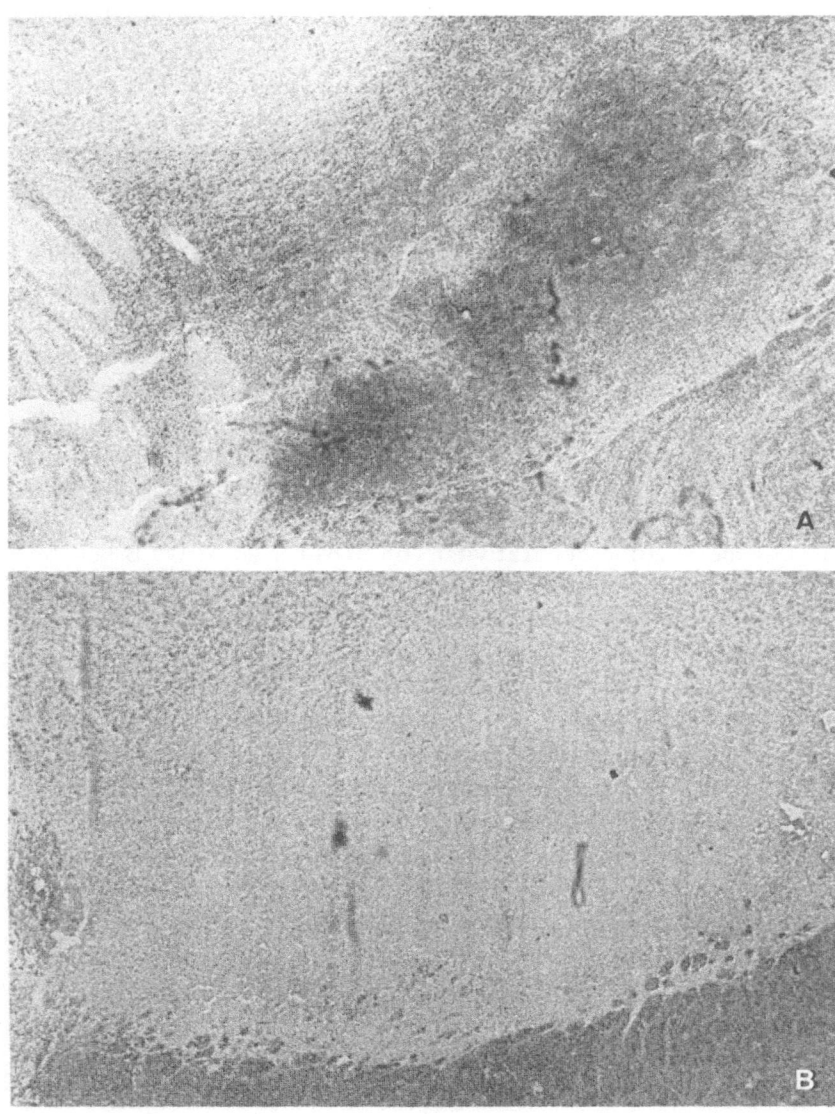

Abb. 2. Substantia nigra im Gehirn des Krallenaffen in Kranzschnitten von 30 µm nach Färbung mit Benzylamin (Vergrößerung × 47) und mit (**B**) bzw. ohne (**A**) vorherige Inkubation in 10^{-6} M Selegilin

striären Bahn, wie das ventrale Tegmentum (A_{10}) und der dorsolaterale Hypothalamus, färbten sich mit mittlerer Intensität an. Im Gehirn der Ratte fand sich jedoch nur im ventralen Tegmentum (A_{10}) und im dorsolateralen Hypothalamus eine Anfärbung, die intensiver war als die niedrige MAO-B-Basisintensität. Der Krallenaffe besitzt somit in der nigro-striären Bahn eine beträchtlich höhere MAO-B-Aktivität als die Ratte.

Nach bisheriger Kenntnis sind Primaten die einzigen Tiere, die nach MPTP-Verabreichung eine Zellverarmung in der Substantia nigra und ein bleibendes neurologisches Defizit erleiden (Jenner et al., 1984; Chiueh et al., 1984, 1985); andere Tierspezies, insbesondere Nager, sind gegenüber den toxischen Wirkungen dieser Substanz weit weniger empfindlich (Chiueh et al., 1984). Rainbow et al. (1985) wiesen darauf hin, daß dieser Unterschied zwischen den Spezies auf einer unterschiedlichen MAO-Aktivität innerhalb der nigro-striären Bahn beruhen könnte. Nakamura und Vincent (1986) konnten zeigen, daß die Umwandlung von MPTP zu MPP^+ nur in den serotoninergen und noradrenergen Neuronen der Ratte stattfindet, was auf einen möglichen Mangel an MAO-B in den dopaminergen Neuronen der nigro-striären Bahn hinweist. Unsere Ergebnisse bestätigen den beträchtlichen Unterschied der MAO-B-Konzentration in der nigro-striären Bahn zwischen Krallenaffe und Ratte. Wenn daher ein aus der Umwelt stammendes oder endogenes MPTP-Analogon ursächlich an der Entstehung des Morbus Parkinson beteiligt ist, kann Selegilin dessen Wirkung durchaus blockieren und die Progression der Krankheit zum Stillstand bringen. Es liegt nahe, daß die Frühdiagnose, vielleicht sogar noch im präsymptomatischen Krankheitsstadium, künftig für die Behandlung dieser Krankheit eine Schlüsselrolle spielen wird (Sandler, 1986).

Danksagung

Wir danken der Parkinson's Disease Society und dem Ministerium für Landwirtschaft, Fischerei und Ernährung für ihre Unterstützung.

Literatur

Birkmayer W, Knoll J, Riederer P, Youdim MBH, Hars V, Marton J (1985) Increased life expectancy resulting from addition of L-deprenyl to Madopar treatment in Parkinson's disease: a long term study. J Neural Transm 64: 113–127

Bradbury AJ, Costall B, Domeney AM, Testa B, Jenner PG, Marsden CD (1985) The toxic actions of MPTP and its metabolite MPP$^+$ are not mimicked by analogues of MPTP lacking an N-methyl moiety. Neurosci Lett 61: 121–126

Chiba K, Trevor AJ, Castagnoli N (1985) Active uptake of MPP$^+$, a metabolite of MPTP, by brain synaptosomes. Biochem Biophys Res Comm 128: 1228–1233

Chiueh CC, Burns RS, Markey SP, Jacobowitz DM, Kopin IJ (1985) Primate model of parkinsonism: selective lesion of nigrostriatal neurons by 1-methyl-4-phenyl-1,2,3,6-tetrahydropyridine produces an extrapyramidal syndrome in rhesus monkeys. Life Sci 36: 213–218

Chiueh CC, Markey SP, Burns RS, Johannessen JH, Jacobowitz DM, Kopin IJ (1984) Neurochemical and behavioral effects of 1-methyl-4-phenyl-1,2,3,6-tetrahydropyridine (MPTP) in rat, guinea pig and monkey. Psychopharmacol Bull 20: 548–553

Cohen G, Pasik P, Cohen B, Leist A, Mytilineou C, Yahr MD (1985) Pargyline and deprenyl prevent the neurotoxicity of 1-methyl-4-phenyl-1,2,3,6-tetrahydropyridine (MPTP) in monkeys. Eur J Pharmac 106: 209–210

Gibb C, Willoughby J, Glover V, Sandler M, Testa B, Jenner P, Marsden CD (1987) Analogues of MPTP as MAO substrates: a second ring is not necessary. Neurosci Lett 76: 316–322

Glover V, Elsworth JD, Sandler M (1980) Dopamine oxidation and its inhibition by (—)-deprenyl in man. J Neural Transm [Suppl] 16: 163–172

Glover V, Gibb C, Sandler M (1986) Monoamine oxidase B (MAO B) is the major catalyst of 1-methyl-4-phenyl-1,2,3,6-tetrahydropyridine (MPTP) oxidation in human brain and other tissues. Neurosci Lett 64: 216–220

Glover V, Gibb C, Sandler M (1986) The role of MAO in MPTP toxicity—a review. J Neural Transm [Suppl] 20: 65–76

Glover V, Sandler M, Owen F, Riley GJ (1977) Dopamine is a monoamine oxidase B substrate in man. Nature 265: 80–81

Heikkila RE, Manzino L, Cabbat FS, Duvoisin RC (1985 a) Studies on the oxidation of the dopaminergic neurotoxin 1-methyl-4-phenyl-1,2,3,6-tetrahydropyridine by monoamine oxidase B. J Neurochem 45: 1049–1054

Heikkila RE, Nicklas WJ, Vyas I, Duvoisin RC (1985 b) Dopaminergic toxicity of rotenone and the 1-methyl-4-phenylpyridinium ion after their stereotaxic administration to rats: implication for the mechanism of 1-methyl-4-phenyl-1,2,3,6-tetrahydropyridine toxicity. Neurosci Lett 62: 389–394

Javitch JA, D'Amato RJ, Strittmatter SM, Snyder SH (1985) Parkinsonism-inducing neurotoxin, N-methyl-4-phenyl-1,2,3,6-tetrahydropyridine: uptake of the metabolite N-methyl-4-phenylpyridine by dopamine neurons explains selective toxicity. Proc Natl Acad Sci USA 82: 2173–2177

Jenner P, Rupniak NMJ, Rose S, Kelley E, Kilpatrick G, Lees A, Marsden CD (1984) 1-Methyl-4-phenyl-1,2,3,6-tetrahydropyridine-induced parkinsonism in the common marmoset. Neurosci Lett 50: 85–90

Langston JW, Irwin I, Langston EB, Forno LS (1984) The importance of the "4–5" double bond for neurotoxicity in primates of the pyridine derivative MPTP. Neurosci Lett 50: 289–294

Levitt P, Pintar JE, Breakefield XO (1982) Immunocytochemical demonstration of monoamine oxidase B in brain astrocytes and serotonergic neurons. Proc Natl Acad Sci USA 79: 6385–6389

Markey SP, Johannessen JN, Chiueh CC, Burns RS, Herkenham MA (1984) Intraneuronal generation of a pyridinium metabolite may cause drug-induced parkinsonism. Nature 311: 464–467

Marsden CD, Sandler M (1986) The MPTP story: an introduction. J Neural Transm [Suppl] 20: 1–3

Murphy DL, Donnelly CH (1974) Monoamine oxidase in man: enzyme characteristics in human platelets, plasma and other human tissues. Adv Biochem Psychopharmacol 12: 71–86

Nakamura S, Vincent SR (1986) Histochemistry of MPTP oxidation in the rat brain site of synthesis of the parkinsonism-inducing toxin MPP^+. Neurosci Lett 65: 321–325

Rainbow TC, Parsons B, Wieczorek CM, Manaker S (1985) Localisation in rat brain of binding sites for parkinsonian toxin MPTP. Similarities with (^{3}H) pargyline binding to monoamine oxidase. Brain Res 330: 337–342

Ramsay RR, Dadgar J, Trevor A, Singer TP (1986) Energy-driven uptake of N-methyl-4-phenylpyridine by brain mitochondria mediates the neurotoxicity of MPTP. Life Sci 39: 581–588

Ramsay RR, Singer TP (1986) Energy dependent uptake of N-methyl-4-phenyl-pyridinium the neurotoxic metabolite of 1-methyl-4-phenyl-1,2,3,6-tetrahydropyridine by mitochrondria. J Biol Chem 261: 7585–7587

Ryder TA, MacKenzie ML, Pryse-Davies J, Glover V, Lewinsohn R, Sandler M (1979) A coupled peroxidatic oxidation technique for the histochemical localization of monoamine oxidase A and B and benzylamine oxidase. Histochemistry 62: 93–100

Sandler M (1986) (—)-Deprenyl in perspective: prophylaxis for Parkinson's disease. J Neural Transm [Suppl] 20: 107–115

Sandler M, Glover V, Gibb C, Willoughby J (1987) MPTP: the monoamine oxidase connection. In: Jenner P (eds) Neurotoxins and their pharmacological implications. Raven Press, New York (in Druck)

Westlund KN, Denny RM, Kochersperger LM, Rose RM, Abell CW (1985) Distinct monoamine oxidase A and B populations in primate brain. Science 230: 181–183

Willoughby J, Glover V, Sandler M (1987 a) Histochemical localisation of monoamine oxidase A and B in the rat brain. J Neural Transm (in Druck)

Willoughby J, Glover V, Sandler M, Jenner P, Marsden D (1987 b) Monoamine oxidase distribution in the nigrostriatal pathway of the marmoset: implications for MPTP toxicity. Manuskript in Vorbereitung

Anschrift des Verfassers: Prof. Dr. M. Sandler, Bernhard Baron Memorial Research Laboratories, Queen Charlotte's Hospital, Goldhawk Road, London W6OXG, U.K.

R-(—)-Deprenyl (Selegilin, Movergan®) fördert die Aktivität der nigro-striären dopaminergen Neuronen

J. Knoll

Abteilung für Pharmakologie, Semmelweis-Universität für Medizin, Budapest, Ungarn

Zusammenfassung

Die kontinuierliche Verabreichung kleiner Dosen (0,25 mg/kg/Tag) von R-(—)-Deprenyl fördert aufgrund des außerordentlich charakteristischen und komplexen pharmakologischen Wirkungsspektrums die Aktivität der nigro-striären dopaminergen Neuronen.

R-(—)-Deprenyl
  ist ein sehr potenter und selektiver Hemmer der MAO vom Typ B;
  hemmt die Wiederaufnahme von Dopamin;
  hemmt die Dopamin-Autorezeptoren;
  steigert die Scavenger-Funktion.

1. Die Behandlung mit R-(—)-Deprenyl vermindert signifikant die Aktivität cholinerger Interneuronen. In einer Reihe von Experimenten zeigte sich, daß der Acetylcholin-Gehalt (ACh) im Striatum unbehandelter Ratten 0,69 nmol/mg Protein betrug, während er nach zweiwöchiger Vorbehandlung mit R-(—)-Deprenyl signifikant höher war (0,86 nmol/mg Protein). Die fraktionierte Geschwindigkeitskonstante (K_b) des ACh-Ausstroms aus den cholinergen Interneuronen des Striatums nahm in der mit R-(—)-Deprenyl behandelten Gruppe signifikant von $9,1 \pm 0,8$ auf $6,2 \pm 0,55$ ab.

2. Die durch R-(—)-Deprenyl induzierte Zunahme des dopaminergen Tonus im Striatum wurde durch Messungen der Aktivität der nigro-striären dopaminergen Neuronen nachgewiesen. Während das Striatum unbehandelter Ratten $52,7 \pm 1,6$ nmol/g Dopamin (DA) enthielt und die Turnoverrate (TR_{DA}) $13,7 \pm 1,3$ nmol/g/h betrug, enthielt das Striatum vorbehandelter Ratten (0,25 mg/kg R-(—)-Deprenyl täglich über 28 Tage) signifikant höhere DA-Mengen ($81,77 \pm 5,7$ nmol), und der Turnover stieg signifikant auf $24,44 \pm 1,1$.

Mit Hilfe der Glowinski-Iversen-Methode fanden wir, daß aus den Striata unbehandelter Ratten nach KCl-Stimulation $200,0 \pm 25,8$ pmol/g/min DA freigesetzt wurde, während bei über drei Wochen mit R-(—)-Deprenyl vorbehandelten Ratten die nach Stimulation aus den Striata freigesetzte DA-Menge signifikant auf $1452,2 \pm 183,1$ pmol/g/min anstieg.

3. R-(—)-Deprenyl hemmt die Aufnahme von Dopamin in das nigro-striäre dopaminerge Neuron. In einer weiteren Reihe von Experimenten fanden wir, daß in-

nerhalb von 5 Minuten 420 ± 21 pmol/g Protein ^{3}H-DA in Striatumschnitte unbehandelter Ratten aufgenommen wurden. Die vorherigen Behandlung der Ratten mit 0,25 mg/kg R-(—)-Deprenyl täglich über zwei Wochen reduzierte die DA-Aufnahme signifikant auf 284 ± 28 pmol/mg Protein.

4. In einer neuen Reihe von Experimenten fanden wir, daß aus den Striata unbehandelter Ratten nach Strophanthin-Stimulation 404,2 ± 36,2 pmol/g/min ACh ausgeschieden wurden, während aus den präparierten Striata von mit 6-Hydroxydopamin (6-OHDA) vorbehandelten Ratten 811,4 ± 49,2 pmol/g/min freigesetzt wurden (p ≤ 0,001).

R-(—)-Deprenyl unterdrückte in einer Rattengruppe, die über 21 Tage mit 0,25 mg/ kg R-(—)-Deprenyl vorbehandelt worden war, die Wirkung von 6-OHDA vollständig. Aus den Striata wurden nach Stimulation nur 451,8 ± 51,3 pmol/g/min ACh freigesetzt.

Durch Messung der spezifischen Bindung von ^{3}H-Propylnorapomorphin an die Striatummembran von Ratten, die in unseren Experimenten 169,7 ± 7,0 fmol/mg Protein betrug, konnte außerdem gezeigt werden, daß R-(—)-Deprenyl das nigrostriäre dopaminerge Neuron vor der neurotoxischen Wirkung von 6-OHDA schützt. Nach Behandlung mit 6-OHDA stieg die spezifische Bindung des Liganden signifikant auf 197,9 ± 10,9 fmol/mg Protein, was darauf hinweist, daß der postsynaptische DA-Rezeptor infolge der durch 6-OHDA induzierten Degeneration der nigro-striären dopaminergen Neuronen überempfindlich ist. Bei Ratten, die vor der 6-OHDA-Verabreichung mit 0,25 mg/kg R-(—)-Deprenyl über drei Wochen vorbehandelt wurden, blieb die Bindung des Liganden jedoch unverändert (169,6 ± 6,4 pmol/mg Protein).

5. Es zeigte sich, daß die Behandlung mit R-(—)-Deprenyl das nigro-striäre dopaminerge Neuron bei Affen vor den hochspezifischen neurotoxischen Wirkungen von 1-Methyl-4-phenyl-1,2,3,6-tetrahydropyridin (MPTP) bewahrt.

6. R-(—)-Deprenyl ist bisher der einzige klinisch angewandte MAO-B-Hemmer, der keinen „Cheese effect" besitzt. Die Sicherheit von R-(—)-Deprenyl beruht auf seiner Fähigkeit, die Tyraminaufnahme in katecholaminerge Nervenendigungen der glatten Gefäßmuskulatur zu hemmen.

Die in den Bereichen A 9 und A 10 sowie in der Zona compacta der Substantia nigra reichlich vorhandenen Dopamin-Zellkörperchen produzieren so große Dopaminmengen, daß das Striatum, in dem die Neuronen enden, den höchsten Dopamingehalt im Gehirn aufweist. Die physiologische Rolle des im Striatum freigesetzten Dopamins besteht in der kontinuierlichen Hemmung der Freisetzung von Acetylcholin (ACh) aus den cholinergen Zwischenneuronen des Nucleus caudatus.

Einleitung

Nach heutigem Wissen ist das nigro-striäre dopaminerge Neuron das am schnellsten alternde Neuron im Gehirn. Der Dopamingehalt des Nucleus caudatus nimmt beim über 45 Jahre alten Menschen pro Lebensjahrzehnt um 13% ab; wenn das Striatum mehr als 70% seines Dopamingehaltes verloren hat, treten Symptome des Parkinsonismus auf.

Die altersabhängige Abnahme des Dopamingehaltes der Basalganglien erklärt, warum der Morbus Parkinson in den ersten Lebensjahrzehnten extrem selten auftritt, nur bei 10% der Patienten begann die Krankheit vor dem 50. Lebensjahr. Regionalen Prävalenzstudien (Pollock und Hornabrook, 1966; Martilla, 1974; Dupont, 1977) zufolge entwickelten etwa 0,1% der über 40jährigen Bevölkerung einen Morbus Parkinson. Die Prävalenz nimmt mit dem Alter steil zu. In einer finnischen Studie (Martilla, 1974) ergab sich in der Altersgruppe zwischen 40 und 44 Jahren eine Prävalenz von 22,7 pro 100 000, während in der Altersgruppe zwischen 70 und 74 Jahren 796,9 pro 100 000 erkrankt waren.

Die Krankheit scheint eine Art selektive, stark beschleunigte, vorzeitige Alterung des nigro-striären dopaminergen Systems darzustellen, bei der der Dopamingehalt dieses Neurons innerhalb kurzer Zeit auf weniger als 10% des Normalwertes vor Erkrankung zurückgeht.

Mit hoher Wahrscheinlichkeit ist Dopamin selbst die Substanz, die für die altersabhängigen Veränderungen verantwortlich ist. Die wohlbekannten wichtigsten Dopaminstoffwechselwege zur Inaktivierung dieses Transmitters sind die durch MAO bzw. COMT katalysierte oxidative Desaminierung und O-Methylierung. Hinsichtlich der altersabhängigen Degeneration der nigro-striären dopaminergen Neuronen könnten jedoch Metaboliten, die aus anderen Abbauwegen als der oxidativen Desaminierung oder O-Methylierung stammen, wegen ihrer zytotoxischen Natur von primärer Bedeutung sein.

Vor etwa 60 Jahren wurde ein unbedeutender Abbauweg für Dopa entdeckt, bei dem ein Indolderivat, Dopachrom, produziert wird. Von den bei der Produktion der Indolderivate entstehenden Intermediärprodukten sind die am Ring hydroxylierten Substanzen, 6-OH-Dopa und 6-OH-Dopamin (beide werden *in vivo* erzeugt) die potentesten Neurotoxine. Die Autooxidation von 6-OH-Dopa und 6-OH-Dopamin führt zur Entstehung von toxischen freien Radikalen, dem Peroxidradikal (O_2^-), dem Hydroxylradikal ($^\cdot$OH) und Wasserstoffperoxid (H_2O_2).

Andererseits werden Dopa und Dopamin zu Chinonen oxidiert, die rasch mit den Elektronen-Donatoren innerhalb der Neuronen reagieren und irreversibel an Proteine gebunden werden.

Somit produziert die komplexe Autooxidation der großen Dopa- und Dopaminmengen im Striatum ständig beträchtliche Mengen an toxischen freien Radikalen und hochreaktiven Chinonen, die zu einer permanenten Gefahr für die nigro-striären dopaminergen Neuronen werden; diese müssen ihre natürlichen Abwehrmaßnahmen mobilisieren, um sich gegen die schädlichen Wirkungen der toxischen Nebenprodukte des Dopaminstoffwechsels zu schützen. Es ist heute allgemein anerkannt, daß Alterspigment einen biologischen Marker für die Einwirkung freier Radikale auf die Zelle darstellt, wobei die Zelle zwar Schaden nahm, aber die schädlichen Substanzen erfolgreich ausstoßen und die Schadensprodukte absondern konnte (zur Übersicht siehe Sohal, 1981).

Neuromelanin, das durch Polymerisation der Oxidationsprodukte von Dopamin mit dem offensichtlichen Ziel entsteht, die Abfallprodukte in der Substantia nigra des Menschen endzulagern, ist das sichtbare Zeichen der erfolgreichen Selbstverteidigung der Neuronen gegen freie Radikale und Chinone, die aus dem Dopaminstoffwechsel stammen.

Die langsame Ablagerung von Neuromelanin in der Substantia nigra des Menschen steht in guter Übereinstimmung mit dieser Auffassung. Graham (1978) stellte fest, daß bis zum Alter von 6 Jahren zu wenig Neuromelanin in der Substantia nigra des Menschen vorhanden ist, um es mit bloßem Auge erkennen zu können. Mit Hilfe der Zytophotometrie wiesen Mann et al. (1977) beim Menschen eine lineare Zunahme der Pigmentierung der Substantia nigra zwischen 18 Monaten und 60 Jahren nach. Graham (1979) berechnete mit Hilfe der Morphometrie, daß das intraneuronale Pigmentvolumen in direkter Relation zum Alter linear zunimmt. Er fand, daß im 8. Lebensjahrzehnt die Pigmentmenge doppelt so groß ist wie im 4. Lebensjahrzehnt.

Wir dürfen annehmen, daß der unvermeidliche, relativ langsame, natürliche Alterungsprozeß der nigro-striären dopaminergen Neuronen durch spezifische endogene Neurotoxine verursacht wird, die aus dem Dopaminstoffwechsel stammen, und daß der Morbus Parkinson eine Art vorzeitige rasche Alterung dieses Systems infolge von Toxinen unbekannter Herkunft sein könnte. Wie es auch immer sei, es scheint vernünftig, Medikamente zu entwickeln, die gegen die selbst produzierten Neurotoxine Schutz bieten und die altersabhängigen Veränderungen im nigro-striären dopaminergen Neuron verlangsamen. Dies gilt umso mehr, als der Morbus Parkinson bekanntlich noch nicht heilbar ist. Keine der zur Behandlung dieser Krankheit eingesetzten Substanzen einschließlich Levodopa, das heute als bestes verfügbares Therapeutikum dieser Krankheit gilt, kann die Progredienz aufhalten.

Tabelle 1. Signifikante Zunahme der Dopaminmenge (DA), die unter Ruhebedingungen oder nach KCl-Stimulation aus dem exstirpierten Striatum von Ratten freigesetzt wurde, die über drei Wochen mit subkutanen Injektionen von 0,25 mg/kg R-(—)-Deprenyl pro Tag vorbehandelt worden waren

Behandlung	n	DA-Freisetzung		DOPAC-Freisetzung	
		Ruhe	KCl-Stimulation	Ruhe	KCl-Stimulation
Kochsalz	10	91,1 ± 7,2	200,0 ± 26,8	258,3 ± 18,5	291,5 ± 29,5
Deprenyl	6	500,3 ± 30,6*	1 451,2 ± 103,1*	71,8 ± 10,1*	120,8 ± 36,3

Die Kontrollen wurden mit Kochsalzlösung behandelt (0,1 ml/100 g/Tag über drei Wochen). Die Striata wurden nach der Methode von Glowinski und Iversen (1966) 4 Stunden nach der letzten Kochsalz- bzw. Deprenyl-Injektion entnommen, halbiert und in Krebs-Lösung gelegt. DA und DOPAC wurden mit der HPLC mit elektrochemischem Nachweis bestimmt. Die Werte sind in pmol/g/min angegeben. * $p < 0,05$. Stimulation mit 20 nmol/l KCl. Einzelheiten der Methodik siehe Kerecsen et al., 1985.

Ziel dieser Studie ist es, zu zeigen, daß R-(—)-Deprenyl die Aktivität der nigro-striären dopaminergen Neuronen auf einmalige Weise fördert, indem es diese Neuronen gegen die toxischen Wirkungen der hochselektiven Neurotoxine 6-OHDA und MPTP schützt und das Leben von Ratten verlängert.

Experimentelle Beweise dafür, daß eine ausreichend lange Verabreichung von kleinen Deprenyl-Dosen die Aktivität der nigro-striären dopaminergen Neuronen fördert

Wie die Tabelle 1 zeigt, scheiden die Striata von Ratten, die mit 0,25 mg/kg Deprenyl täglich über drei Wochen behandelt wurden, im Ruhezustand 5mal und nach Stimulation mit KCl 7mal mehr DA aus als die Striata von Ratten, die mit 0,1 ml/100 g Kochsalzlösung behandelt wurden. Die Striata wurden 24 Stunden nach der letzten Kochsalz- bzw. Deprenyl-Injektion entnommen.

Die in Tabelle 2 aufgeführten Daten, die die gesteigerte DA-Utilisation im Striatum von mit Deprenyl behandelten Ratten beweisen, stimmen vollständig mit dem Befund überein, daß Deprenyl die Impulsfrequenz der nigro-striären dopaminergen Neuronen erhöht, wie die Tabelle 1 zeigt. Nach diesen Daten bewirkt die Deprenyl-Behandlung eine signifikante Zunahme des DA-Umsatzes. Die Zunahme des

Tabelle 2. Signifikante Zunahme des Dopamin-Turnovers (DA) in exstirpierten Striata von Ratten, die über vier Wochen mit subkutanen Injektionen von 0,25 mg/kg R-(—)-Deprenyl pro Tag vorbehandelt worden waren

Behandlung	DA-Gehalt pmol/g	Fraktionierte Geschwindigkeits- konstante des DA-Ausstroms, k_b (Stunde^{-1})	Dopamin- umsatz TR_{DA} (nmol/g/h)
Kontrolle	52,7 ± 1,6	0,26	13,7 ± 1,3
Deprenyl 14 × 0,25 mg/kg s. c.	60,3 ± 2,2*	0,34	20,4 ± 0,9*
Kontrolle	66,47 ± 1,4	0,15	9,91 ± 0,5
Deprenyl 28 × 0,25 mg/kg s. c.	81,77 + 5,7*	0,30	24,44 ± 1,1*

Die Kontrollen wurden mit Kochsalzlösung behandelt (0,1 ml/100 g/Tag über vier Wochen). Die Striata wurden nach der Methode von Glowinski und Iversen (1966) 24 Stunden nach der letzten Kochsalz- bzw. Deprenyl-Injektion entnommen. Der Dopaminumsatz wurde nach einer früher von uns beschriebenen Methode (Zsilla et al., 1981) bestimmt.
* $p < 0,05$.

DA-Umsatzes im Striatum beruht auf einer Erhöhung der fraktionierten Geschwindigkeitskonstante des DA-Ausstroms und der signifikanten Erhöhung des Dopamingehaltes.

Die Förderung der striatalen dopaminergen Neurotransmission durch Langzeitbehandlung ist hochspezifisch. Bezüglich Noradrenalin ergaben sich eine signifikante Abnahme des Umsatzes und eine unveränderte Konzentration dieses Amins im Hirnstamm (Zsilla und Knoll, 1982); bei mit 0,25 mg/kg Deprenyl täglich über zwei Wochen behandelten Tieren konnte keine Veränderung des Umsatzes von Serotonin nachgewiesen werden (Zsilla et al., 1986).

Unser Befund, daß der ACh-Ausstrom aus den cholinergen Neuronen des Nucleus caudatus in exstirpierten Striata von mit 0,25 mg/kg Deprenyl täglich über zwei Wochen vorbehandelten Ratten signifikant vermindert war, belegt weiterhin den erhöhten dopaminergen Tonus im Striatum von mit Deprenyl behandelten Ratten (Tabelle 3).

Analyse der Wirkungsmechanismen, deren Zusammenspiel das einmalige pharmakologische Profil von Deprenyl ausmacht

Deprenyl ist die erste Verbindung, die nachweislich die MAO vom Typ B selektiv blockiert (Knoll und Magyar, 1972). Deprenyl ist

Tabelle 3. Signifikante Abnahme des Acetylcholinausstroms (ACh) aus dem Striatum von Ratten, die über zwei Wochen mit subkutanen Injektionen von 0,25 mg/kg R-(—)-Deprenyl pro Tag vorbehandelt worden waren

Behandlung	ACh-Gehalt (nmol/mg Protein)	Fraktionierte Geschwindig-keitskonstante des ACh-Ausstroms, k_b (Stunde^{-1})
Kontrolle	0,69 ± 0,06	9,10 ± 0,80
Deprenyl 14 × 0,25 mg/kg s. c.	0,86 ± 0,04*	6,2 ± 0,55*

Die Kontrollen wurden mit Kochsalzlösung behandelt (0,1 ml/100 g/Tag über zwei Wochen). Die Striata wurden nach der Methode von Glowinski und Iversen (1966) 24 Stunden nach der letzten Kochsalz- bzw. Deprenyl-Injektion entnommen. Vor der Entnahme des Striatums wurde 9 Minuten lang ($^2H_4$)-Phosphorylcholin (15 µmol/kg/min) in die Schwanzvene infundiert. Der ACh-Gehalt und die fraktionierte Geschwindigkeitskonstante (k_b) des ACh-Ausstroms aus dem Striatum wurden nach Racagni et al. (1974) bestimmt.
* p < 0,05

außerdem die international anerkannte Referenzsubstanz für die selektive Hemmung der MAO-B beim Menschen und bei verschiedenen Tierspezies, und es besitzt eine bemerkenswerte therapeutische Breite. Wir konnten *in vivo* bei 4 Spezies (Maus, Ratte, Katze und Hund) die MAO-B-Aktivität im Gehirn durch subkutane Verabreichung von 0,17—0,31% der LD$_{50}$ selektiv blockieren (Knoll, 1978 c). Bei der Ratte betrug die höchste Deprenyl-Dosis, die die MAO-B-Aktivität blockierte und die MAO-A-Aktivität aus funktioneller Sicht unbeeinträchtigt ließ, 0,25—0,5 mg/kg. In höheren Dosen beginnt Deprenyl die MAO-A-Aktivität beträchtlich zu hemmen. Wir konnten außerdem zeigen, daß die tägliche Verabreichung von 0,25 mg/kg Deprenyl über 21 Tage die Selektivität der MAO-B-Hemmung nicht veränderte (Ekstedt et al., 1979).

Eine einzige Injektion von 0,25 mg/kg, die für die Blockade der MAO-B-Aktivität im Gehirn ausreicht, besitzt keine nennenswerten Effekte auf die Aktivität der nigro-striären dopaminergen Neuronen. Um die besonderen Deprenyl-induzierten Veränderungen der Aktivität des striären dopaminergen Systems (siehe Tabellen 1, 2 und 3) nachweisen zu können, ist die tägliche Verabreichung von 0,25 mg/kg Deprenyl über zwei bis vier Wochen nötig. Wir konnten die Deprenyl-induzierten Veränderungen im Zentralnervensystem weder mit einer langdauernden Verabreichung von Pargylin, einem semiselektiven MAO-B-Hemmer, noch mit sehr ähnlichen Strukturanaloga zu Deprenyl, wie TZ-650 und U-1424, die bezüglich der Hemmung der MAO-B nachweislich ebenso selektiv wie Deprenyl sind, hervorrufen. Deprenyl besitzt wegen des Zusammenspiels einer Reihe von Wirkungsmechanismen, von denen die Fähigkeit zur selektiven Hemmung von MAO-B nur *ein* wichtiger Teil ist, ein einmaliges pharmakologisches Profil.

Nach unseren früheren Untersuchungen (zur Übersicht siehe Knoll, 1976, 1978 c, 1981, 1982, 1983, 1985, 1986 a, b, c) stellen die selektive Hemmung der MAO-B, die Hemmung der Dopaminaufnahme und die Förderung der Scavenger-Funktion wohl die wichtigsten Mechanismen dar. Die Hemmung der präsynaptischen Dopaminrezeptoren und die Akkumulation von Deprenyl-Metaboliten im Hirngewebe, die zur Dopaminfreisetzung aus den Neuronen führt, spielten dagegen — wenn überhaupt — nur untergeordnete Rollen bei der Entstehung der Deprenyl-induzierten Steigerung des dopaminergen Tonus im Striatum.

Die Bedeutung der selektiven Hemmung der MAO-B für das pharmakologische Profil von Deprenyl

MAO-B ist ein überwiegend extraneuronales Enzym, das sich in der Neuroglia befindet. Da nur wenige oder keine Synapsenverbindungen im Neostriatum vorhanden sind, ist die Kommunikation zwischen den nigro-striären dopaminergen Neuronen und den cholinergen Interneuronen im Nucleus caudatus hauptsächlich nichtsynaptisch. Dies bedeutet, daß sich die im Striatum ständig ausgeschiedenen Dopaminmoleküle diffus ausbreiten und dabei eine beträchtliche Strecke zurücklegen müssen, um ihre Zielzellen zu erreichen. Ihre Chance, unmetabolisiert am Ziel anzukommen, hängt im wesentlichen von der MAO-B-Konzentration in der Glia ab. Die altersabhängige selektive Zunahme der MAO-B-Aktivität im Gehirn könnte einen wichtigen Faktor für die altersabhängige Abnahme des dopaminergen Tonus im Striatum darstellen. Daher muß die selektive Blockade der MAO-B-Aktivität im Striatum an der Deprenyl-induzierten Förderung der striären dopaminergen Aktivität einen wichtigen Anteil haben.

Die Bedeutung der Aufnahmehemmung
biogener Amine in katecholaminergen Neuronen
für das pharmakologische Profil von Deprenyl

R-(—)-Deprenyl hemmt die Aufnahme von Monoaminen in die Nervenendigungen von katecholaminergen Neuronen; dieser Effekt ist von der MAO-hemmenden Eigenschaft der Verbindung unabhängig.

Knoll et al. konnten 1967 erstmals zeigen, daß Deprenyl *in vivo* und *in vitro* die Noradrenalin-freisetzende Wirkung von Tyramin in der glatten Muskulatur stark hemmt; dies wurde in einer Reihe von Arbeiten eingehend untersucht (Knoll et al., 1968; Knoll, 1976, 1978 a, 1978 b, 1978 c; Knoll und Magyar, 1972). R-(—)-Deprenyl erwies sich bei verschiedenen Tests am isolierten glatten Muskel bezüglich der Hemmung der Tyraminaufnahme in die noradrenergen Nervenendigungen als hochwirksam (z. B. Nickhaut der Katze, Streifen der zentralen Ohrarterie und des Hauptstamms der Pulmonalarterie des Kaninchens, Vas deferens der Ratte).

Es zeigte sich, daß Deprenyl die Noradrenalinaufnahme in Nervengewebe hemmt. Dies wurde erstmals im Jahre 1972 von Knoll und Magyar an Kortexschnitten der Maus gezeigt und in Untersuchungen am Rattenkortex bestätigt (Braestrup et al., 1975). Simpson (1978) gelang der direkte Beweis, daß R-(—)-Deprenyl auch die Noradrenalinaufnahme in das Herzgewebe hemmt.

R-(—)-Deprenyl hemmt nachweislich die Dopaminaufnahme in isolierte Striatumschnitte der Ratte (Einzelheiten siehe Knoll, 1978 c; Harsing et al., 1979).

Die tägliche Verabreichung von 0,25 mg/kg Deprenyl über zwei Wochen hemmte die Dopaminaufnahme im Striatum nachhaltig. Dies verdeutlicht die Tabelle 4.

Das Striatum wurde 24 Stunden nach der letzten Injektion entnommen. Eine einzelne Deprenyl-Injektion war unwirksam.

Es ist von großer praktischer Bedeutung, daß Deprenyl im Gegensatz zu den in der Medizin eingesetzten MAO-Hemmern die Tyraminaufnahme hemmt. Bekanntlich stellt der „Cheese effect" die ernsteste Nebenwirkung der in klinischem Gebrauch befindlichen MAO-Hemmer dar. Die Verstärkung der pressorischen Tyraminwirkung ist wahrscheinlich die Hauptursache gefährlicher hypertensiver Reaktionen, die bei mit MAO-Hemmern behandelten Patienten nach dem Verzehr bestimmter Nahrungsmittel mit einem hohen Gehalt an freien

Tabelle 4. Persistenz der inhibierten Dopaminaufnahme in das Striatum von Ratten, die über zwei Wochen mit subkutanen Injektionen von 0,25 mg/kg R-(—)-Deprenyl pro Tag vorbehandelt worden waren

Behandlung	n	^{3}H-DA-Aufnahme (pmol/mg Protein/5 min)
Serie 1. Striatum wurde 1 Stunde nach der letzten Injektion entnommen		
Einzelinjektion von Kochsalz	8	474 ± 31
Einzelinjektion von R-(—)-Deprenyl	8	364 ± 29*
Kochsalz täglich über 2 Wochen	8	420 ± 21
R-(—)-Deprenyl täglich über 2 Wochen	8	284 ± 23*
Serie 2. Striatum wurde 24 Stunden nach der letzten Injektion entnommen		
Einzelinjektion von Kochsalz	8	430 ± 66
Einzelinjektion von R-(—)-Deprenyl	8	469 ± 45
Kochsalz täglich über 2 Wochen	16	462 ± 32
R-(—)-Deprenyl täglich über 2 Wochen	16	359 ± 31*

Die Striatum-Schnitte wurden aus den entnommenen Striata nach der Methode von Glowinski und Iversen (1966) präpariert. Einzelheiten der Methode siehe Zsilla et al., 1986.
* $p < 0,05$

Aminen (z. B. Käse, Hefeprodukte, Bohnen, Chiantiweine, Salzheringe, Geflügelleber usw.) auftreten. Diese „Cheese-Reaktion" brachte die MAO-Hemmer in erheblichen Mißkredit und schränkte ihre therapeutische Anwendung ein, da sorgfältige ärztliche Kontrolle erforderlich war. Heute ist allgemein anerkannt, daß die potentiellen toxischen Effekte dieser Hemmer ausgeprägter und schwerwiegender sind als die aller anderen Psychopharmakagruppen. Der von Blackwell (1963) erstmals beschriebene „Cheese effect" ist offenbar in erster Linie eine Folge der Hemmung des intestinalen Enzyms.

R-(—)-Deprenyl besitzt diesen ungünstigen Effekt aus zweierlei Gründen nicht: es hemmt die Tyraminaufnahme, und als selektiver Hemmer der MAO-B läßt es (im therapeutischen Dosisbereich) die MAO-Aktivität des Intestinums praktisch unverändert (zur Übersicht siehe Knoll, 1983).

Wir führten den Pulmonalarterienstreifen des Kaninchens als Versuchsmodell für die Prüfung und den Vergleich des Tyramin-poten-

Tabelle 5. Vier strukturell unterschiedliche, selektive MAO-B-Hemmer, die die Tyraminwirkung auf die glatte Gefäßmuskulatur verstärken

Struktur	Codename	als MAO-B-Hemmer ein-geführt von
	TZ-650	Knoll 1978
	J-508	Knoll et al. 1978
	MDL-72145	Bey et al. 1984
	RO-16-6491	Kettler et al. 1985

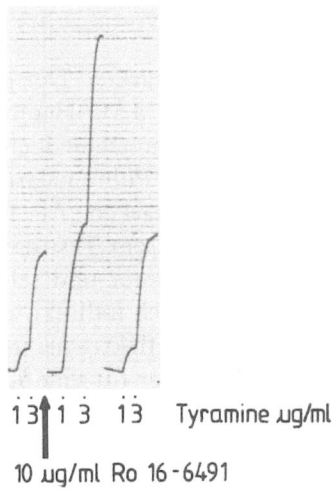

13 1 3   13   Tyramine ᵤg/ml

10 ᵤg/ml Ro 16-6491

Abb. 1. Verstärkung der noradrenalinfreisetzenden Wirkung von Tyramin durch RO 16-6491 am isolierten Pulmonalarterienstreifen des Kaninchens

zierenden Effektes von MAO-B-Hemmern auf die glatte Gefäßmuskulatur ein. Dieser Test ermöglicht die Vorhersage ihrer therapeutischen Sicherheit bei der Anwendung am Menschen.

Wie erwartet fanden wir, daß die nicht-selektiven MAO-Hemmer (Tranylcypromin, Phenelzin, Isocarboxazid, Nialamid) ebenso wie die A-selektiven MAO-Hemmer (Clorgylin und Lilly 51641) die Tyr-

Tabelle 6. Wirkung von Dopamin auf die Freisetzung von Acetylcholin (ACh) aus isolierten Striatumschnitten von unbehandelten und mit 6-Hydroxydopamin (6-OHDA) vorbehandelten Ratten

Behandlung		In-vitro-Konzentration von Dopamin (mol/l)	Durch Ouabain (2×10^{-6} mol/l) induzierte ACh-Freisetzung (pmol/g/min)	Signifikanz
In vivo	In vitro			
Kochsalz	keine	—	366,7 ± 57,3 (5)	—
Kochsalz	Dopamin	$2,6 \times 10^{-4}$	591,0 ± 52,5 (5)	1:2 0,02
6-OHDA	keine	—	706,0 ± 60,0 (5)	1:3 0,001
6-OHDA	Dopamin	$2,6 \times 10^{-4}$	372,9 ± 93,8 (4)	3:4 0,05

Mittelwert ± SEM, zweiseitiger t-Test, Anzahl der Experimente in Klammern. Die Experimente wurden am 5. Tag nach intraventrikulärer Kochsalz- bzw. 6-OHDA-Injektion (250 µg in 20 µl) durchgeführt.

aminwirkung im Test deutlich verstärken. Der gleiche Befund ergab sich jedoch auch mit B-selektiven MAO-Hemmern. Tabelle 5 zeigt vier selektive MAO-B-Hemmer unterschiedlicher Struktur, die allesamt die Tyraminwirkung auf den Pulmonalarterienstreifen des Kaninchens höchst wirkungsvoll verstärken. Als Beispiel ist in Abb. 1 die Wirkung von Ro-16-6491 in diesem Test dargestellt.

Deprenyl, das einerseits ein potenter und selektiver Hemmer der MAO-B ist und andererseits die durch indirekt wirkende Monoamine induzierte Noradrenalinfreisetzung effektiv hemmt, stellt gegenwärtig den einzigen sicheren MAO-Hemmer für eine Langzeittherapie dar.

Sind Veränderungen der Scavenger-Funktion an der durch Deprenyl-Langzeittherapie induzierten Schutzwirkung auf das nigro-striäre dopaminerge Neuron beteiligt?

Wie von uns in einer Reihe von Arbeiten (Vizi et al., 1977; Knoll, 1978 c; Harsing et al., 1979) gezeigt werden konnte, können die physiologischen Folgen der dopaminergen Regulation im Nucleus caudatus durch Messung der basalen und Strophanthin-stimulierten ACh-Freisetzung bei der Ratte aufgezeigt werden.

Tabelle 6 zeigt die erhebliche Zunahme der ACh-Freisetzungsgeschwindigkeit aus isolierten Striatum-Schnitten von mit 6-Hydroxydopamin (6-OHDA) vorbehandelten Ratten. Die Strophanthin-stimulierte ACh-Freisetzung aus isolierten Striatum-Schnitten betrug 366,7 pmol/g/min, während aus Schnitten von mit 6-OHDA behandelten Ratten 706 pmol/g/min ACh freigesetzt wurden. Dies ist ein klarer Beweis dafür, daß die nigro-striären dopaminergen Neuronen bei der Kontrolle der ACh-Freisetzung im Nucleus caudatus eine limitierende Rolle spielen.

Dopamin ($2,6 \times 10^{-4}$ M) erhöhte die ACh-Freisetzung aus dem isolierten Striatum unbehandelter Ratten signifikant. Dieser Effekt beweist die Bedeutung des präsynaptischen Dopamin-„Autorezeptors" für die lokale Feedback-Kontrolle der Dopaminfreisetzung. Über diese Autorezeptoren hemmt exogenes Dopamin die Freisetzung des Transmitters aus den nigro-striären dopaminergen Nervenendigungen. Folglich wird die ACh-Freisetzung erhöht.

Dopamin hemmt jedoch die ACh-Freisetzung aus Striatum-Schnitten der mit 6-OHDA vorbehandelten Ratten stark. Tabelle 6 zeigt, daß die stark erhöhte ACh-Freisetzung aus Striatum-Schnitten von mit 6-OHDA behandelten Ratten (706 pmol/g/min) durch Zugabe von $2,6 \times 10^{-4}$ M Dopamin auf den Normalwert gesenkt werden konnte. Die ACh-Menge (372,9 pmol/g/min), die aus dem Striatum von mit 6-OHDA behandelten Ratten in Gegenwart von Dopamin freigesetzt wurde, war gleich groß wie die aus Striatum-Schnitten unbehandelter Ratten freigesetzte Menge (366,7 pmol/g/min). Die starke Hemmwirkung von Dopamin auf die ACh-Freisetzung im Striatum von mit 6-OHDA behandelten Tieren ist ein überzeugender Beweis für die Existenz zweier Arten von Dopaminrezeptoren im Nucleus caudatus: einem präsynaptischen Autorezeptor an den dopaminergen Nervenendigungen und einem postsynaptischen Dopaminrezeptor an den cholinergen Interneuronen. Nach chemischer Schädigung der nigro-striären dopaminergen Neuronen fehlen die Dopamin-Autorezeptoren, und exogen zugeführtes Dopamin wirkt auf die postsynaptischen Dopaminrezeptoren an den cholinergen Interneuronen des Nucleus caudatus, deren Stimulation die ACh-Freisetzung hemmt.

Beim Morbus Parkinson ist die Situation ähnlich. Der Verlust nigro-striärer dopaminerger Neuronen führt zu einer ungehemmten ACh-Freisetzung im Striatum (wie in unserem Modell), und exogen zugeführtes Dopamin (in Form der Vorstufe Levodopa verabreicht) hemmt die ACh-Freisetzung.

Wir konnten in einer Reihe von Arbeiten zeigen, daß Deprenyl das

Striatum vor den toxischen Effekten von 6-OHDA absolut schützt (Knoll, 1978, 1986 a, b, c).

R-(—)-Deprenyl erwies sich bei dreiwöchiger Verabreichung in der niedrigen, die MAO-B selektiv blockierenden Tagesdosis von 0,25 mg/ kg als hochwirksam, wenn 6-OHDA 24 Stunden nach der letzten Injektion von R-(—)-Deprenyl verabreicht wurde. Die gleiche Behandlung mit 0,25 mg/kg Clorgylin täglich über drei Wochen beeinflußte die Wirkung von 6-OHDA nicht.

In einer weiteren Reihe von Experimenten fanden wir, daß die Striata unbehandelter Ratten nach Strophanthin-Stimulation $404,2 \pm 36,2$ pmol/g/min ACh ausschieden, während die Striata von mit 6-OHDA vorbehandelten Ratten $811,4 \pm 49,2$ pmol/g/min ACh freisetzten ($p \leqslant 0,001$). In einer Gruppe von Ratten, die vor der Behandlung mit 6-OHDA über 21 Tage 0,25 mg/kg Deprenyl erhalten hatten, wurden aus den Striata nach Stimulation $451,8 \pm 51,3$ pmol/ g/min ACh freigesetzt; dies zeigt, daß Deprenyl die nigro-striären dopaminergen Neuronen vollständig vor den neurotoxischen Wirkungen von 6-OHDA schützte.

Es ist hinreichend bekannt, daß die Degeneration dopaminerger Neuronen zu einer Überempfindlichkeit des postsynaptischen Dopaminrezeptors führt. Wir untersuchten daher die Wirkung wiederholter R-(—)-Deprenyl-Injektionen auf die Bindungskapazität des Dopaminrezeptors bei mit 6-OHDA behandelten Ratten (Zsilla et al., 1986). Die Ergebnisse zeigt die Tabelle 7. Die tägliche subkutane Verabreichung von 0,25 mg/kg R-(—)-Deprenyl beseitigte die durch Vorbehandlung mit 6-OHDA induzierte Überempfindlichkeit des Rezeptors

Tabelle 7. Wirkung von täglichen Injektionen von 0,25 mg/kg R-(—)-Deprenyl über 3 Wochen subkutan auf die spezifische Bindung von 3 nM ^{3}H-Propylnorapomorphin an der Striatummembran von mit 6-Hydroxydopamin (6-OHDA) vorbehandelten Ratten

	Gebunden (fmol/mg Protein)
Scheinbehandlung	$169,7 \pm 7,0$
6-OHDA	$197,9 \pm 10,9*$
6-OHDA + Deprenyl	$169,9 \pm 6,4$

Die Bindungsversuche wurden nach Creese et al. (1979) durchgeführt. Die unspezifische Bindung wurde in Gegenwart von (+)Butaclamol bestimmt.
*$p < 0,05$.

völlig. Da R-(—)-Deprenyl in niedriger Konzentration die Ligandenbindung des Dopaminrezeptors nicht verändert, erhärten die in Tabelle 7 aufgeführten Daten die Schlußfolgerung, daß R-(—)-Deprenyl die nigro-striären dopaminergen Neuronen vor der neurotoxischen Wirkung von 6-OHDA schützt.

Was nun den Wirkungsmechanismus dieser Protektion anbelangt, so können die Blockade der MAO-B, die Hemmung der Aufnahme von 6-OHDA in die Neuronen, die Förderung der Scavenger-Funktion und die verbesserte Entfernung freier neurotoxischer Radikale an dem hochwirksamen Schutz durch R-(—)-Deprenyl beteiligt sein.

Das spezifische Neurotoxin 1-Methyl-4-phenyl-1,2,3,6-tetrahydropyridin (MPTP), das erwiesenermaßen innerhalb kurzer Zeit beim Menschen und beim Affen schwere Parkinson-Symptome hervorruft, stellt ein neues Versuchsmodell zur Untersuchung des Morbus Parkinson dar. MPTP wird von der MAO-B oxidiert, und das (die) während der Oxidation entstandene(n) Intermediärprodukt(e) vernichtet (vernichten) die nigro-striären dopaminergen Neuronen.

Cohen et al. (1984) konnten zeigen, daß R-(—)-Deprenyl in nigrostriären dopaminergen Neuronen eines Affenstammes (Macaca fascicularis) die neurotoxische Wirkung von MPTP ebenfalls aufhebt. Diesen Affen wurden an 4 aufeinanderfolgenden Tagen 0,35 mg freie MPTP-Base/kg intravenös injiziert; 11—12 Tage nach der letzten Dosis wurden der Dopamin- und Homovanillinsäure(HVS)-Gehalt im Caudatuskopf sowie die ^{3}H-Dopaminaufnahme in die Synaptosomen gemessen. Während der Nucleus caudatus der Kontrolltiere $11,4 \pm 1,0\,\mu g/g$ Dopamin und $9,1 \pm 0,7\,\mu g/g$ HVS enthielt und $0,53 \pm 0,14\,pmol/mg$ ^{3}H-Dopamin in die Synaptosomen aufgenommen wurden, betrug der Dopamin- und HVS-Gehalt der mit MPTP behandelten Affen praktisch Null, außerdem fanden sich keine Anzeichen einer DA-Aufnahme in die Synaptosomen. Jedoch waren die Affen gegen die neurotoxische MPTP-Wirkung geschützt, denen über 4 Tage 10 mg freie Base/kg R-(—)-Deprenyl als Sättigungsdosis und anschließend bis zum Ende des Experiments tägliche Erhaltungsdosen von 2 mg/kg i. m. injiziert wurden, wobei MPTP ab der 4. Sättigungsdosis 2 h nach R-(—)-Deprenyl injiziert wurde.

Sowohl der DA-Gehalt des Nucleus caudatus ($11,4 \pm 1,4\,\mu g/g$) als auch die DA-Aufnahme in die aus dem Gewebe präparierten Synaptosomen ($0,53 \pm 0,14\,pmol/mg$ Gewebe) blieben völlig unverändert.

Aufgrund unserer pharmakologischen Daten und zum bestmögli-

chen Schutz der nigro-striären dopaminergen Neuronen schlugen wir
bereits früher vor, die lebenslange R-(—)-Deprenyl-Behandlung der
Parkinson-Patienten in einem frühen Krankheitsstadium und als Be-
gleittherapie zu anderen Medikamenten ernsthaft in Betracht zu ziehen
(Knoll, 1983).

Die Schutzwirkung von Deprenyl gegenüber der durch 6-OHDA
und MPTP induzierten Neurotoxizität unterstützt diese Auffassung.

Mögliche Hemmung präsynaptischer DA-Rezeptoren und Beeinflussung anderer monoaminerger Rezeptoren durch Deprenyl

R-(—)-Deprenyl besitzt keine signifikanten Hemmwirkungen auf postsynaptische Noradrenalin- oder Serotoninrezeptoren, falls keine extrem
hohen Konzentrationen, die ohne praktische Bedeutung sind, angewandt werden (Knoll, 1976).

Sehr hohe R-(—)-Deprenyl-Dosen zeigten eine Interaktion mit Dopaminrezeptoren und hemmen bei der Ratte die Wirkung von Apo-
morphin (Knoll, 1978 c). Für eine derartige Wirkung an den postsynaptischen Dopaminrezeptoren *in vivo* müssen 40- bis
100mal höhere Dosen eingesetzt werden, als zur selektiven Hemmung
der MAO-B benötigt werden. Daraus darf geschlossen werden, daß
R-(—)-Deprenyl im therapeutischen Dosisbereich die Funktion der
postsynaptischen Monoaminrezeptoren unbeeinflußt läßt. Aufgrund
der Tatsache, daß R-(—)-Deprenyl eine Affinität zu den Dopaminrezeptoren besitzt und die Bindung an diese zu einer Blockierung der
Rezeptoren führt, wurde jedoch postuliert, daß die Substanz sogar in
therapeutischen Dosen die präsynaptischen Dopaminrezeptoren, die
bekanntermaßen gegenüber Inhibitoren empfindlicher sind, hemmen
könnte. Da die präsynaptischen Dopaminrezeptoren als Regulatoren
der Dopaminfreisetzung dienen, könnte die Hemmung dieser Rezeptoren einen zusätzlichen Faktor für die Förderung der dopaminergen
Modulation durch R-(—)-Deprenyl darstellen (Knoll, 1978 c).

Tägliche R-(—)-Deprenyl-Injektionen im MAO-B-selektiven Do-
sisbereich (1 µmol/kg, s. c.) schwächten die Noradrenalin-abhängige
Stimulation der kortikalen Adenylcyclase ab und verminderten die
Anzahl der Erkennungsstellen für β-adrenerge Rezeptorliganden im
Gehirn. Eine derartige Wirkung wird typischerweise durch Antide-
pressiva hervorgerufen und ist in keiner Weise spezifisch für R-(—)-

Deprenyl, denn der semiselektive MAO-B-Hemmer Pargylin (2,5 μmol/kg/Tag über drei Wochen) wirkte ähnlich (Zsilla et al., 1983).

R-(—)-Deprenyl übte jedoch eine gänzlich einmalige Wirkung aus, die Pargylin nicht zeigt: es erhöhte die Anzahl der ^{3}H-Imipramin-Erkennungsstellen (Zsilla et al., 1983), die physiologische Bedeutung dieses Befundes ist jedoch noch unklar.

Diese Deprenyl-Wirkung wurde vor kurzem auch bei Mäusen beschrieben (Severson und Anderson, 1986).

Können Deprenyl-Metaboliten im Gehirn akkumulieren und die Katecholaminfreisetzung erhöhen?

Wir konnten in früheren Studien (Knoll und Magyar, 1972; Knoll, 1976, 1979 a) zeigen, daß R-(—)-Deprenyl per se keine katecholaminfreisetzende Wirkung besitzt: es kann sogar, wie z. B. im Herzmuskel, den Noradrenalinausstrom aus den Nervenendigungen hemmen. Die Wirkung von R-(—)-Deprenyl auf die Freisetzung von Katecholaminen *in vivo* ist jedoch zu beachten, da die Propargyl-Gruppe anscheinend in der Leber gespalten wird, und Amphetamin und Metamphetamin die Hauptmetaboliten von R-(—)-Deprenyl sind (Reynolds et al., 1978); allerdings handelt es sich dabei mit hoher Wahrscheinlichkeit um pharmakologisch weniger aktive, linksdrehende Formen dieser Verbindungen.

Da wir die Wirkungen von R-(—)-Deprenyl gewöhnlich 24 Stunden nach der letzten Injektion des Medikamentes messen, können nur Spuren des unveränderten Moleküls bzw. der Metaboliten im Organismus vorhanden sein, weil R-(—)-Deprenyl und seine Metaboliten innerhalb eines Tages praktisch vollständig ausgeschieden werden (Magyar et al., 1971). Allerdings kann die Möglichkeit einer Retention von winzigen Mengen der Metabolite von R-(—)-Deprenyl im Gehirngewebe, die eine geringe, kontinuierliche Dopamin- bzw. Noradrenalinfreisetzung bewirken könnten, nicht völlig ausgeschlossen werden. Die Vermutung, daß Spuren von amphetaminähnlichen R-(—)-Deprenyl-Metaboliten an den komplexen pharmakologischen Wirkungen des Medikaments mitbeteiligt sind (Karoum et al., 1982), steht nicht unbedingt im Widerspruch zu den übereinstimmenden experimentellen und klinischen Beobachtungen, daß amphetaminähnliche Symptome während langfristiger Verabreichung der üblichen Tagesdosen von R-(—)-Deprenyl völlig fehlen. Aber selbst wenn wir die

Möglichkeit einer Kumulation kleinster Mengen amphetamin-ähnlicher Metaboliten von R-(—)-Deprenyl nicht ausschließen und auch deren freisetzende Wirkung in Betracht ziehen, darf man nicht vergessen, daß offensichtlich die allgemein bekannte Akkumulation von Phenylethylamin, einem in Spuren vorkommenden endogenen Amin mit höherer Katecholamin-freisetzender Potenz als Amphetamin, den Releasing Effekt beachtlicher Spuren von R-(—)-Deprenyl-Metaboliten bei mit diesem Mittel behandelten Tieren und Menschen übersteigt.

Da die Förderung der dopaminergen Modulation im Gehirn durch R-(—)-Deprenyl anscheinend von größter therapeutischer Bedeutung ist, überprüften wir, inwieweit die Akkumulation von amphetaminähnlichen Metaboliten an dieser Wirkung beteiligt ist.

Wie Tabelle 2 zeigt, steigerte die tägliche Verabreichung von 0,25 mg/kg R-(—)-Deprenyl über 28 Tage den Umsatz von Dopamin im Rattenstriatum signifikant.

Im Gegensatz zu R-(—)-Deprenyl senkte Amphetamin den Dopamingehalt im Striatum signifikant, und sogar der Turnover wies eine abnehmende Tendenz auf (Zsilla et al., 1983). Amphetamin beeinflußte den Noradrenalin-Umsatz im Hirnstamm auf ähnliche Weise wie R-(—)-Deprenyl. Daraus könnten wir schließen, daß die Metaboliten von R-(—)-Deprenyl bei der durch dieses Medikament induzierten Förderung der dopaminergen Modulation im Gehirn keine wesentliche Rolle spielen.

Tierexperimente, die die Annahme unterstützen, daß eine langfristige Verabreichung von Deprenyl die im alternden Gehirn infolge von Dopaminmangel sich verschlechternden Funktionen bessern kann, und eine diese Auffassung erhärtende klinische Beobachtung

Die sexuelle Aktivität männlicher Ratten stellt eine quantitativ meßbare, dopaminabhängige Funktion dar, die mit zunehmendem Alter nachläßt.

Anhand dieses Modells (Knoll et al., 1983) konnten wir zeigen, daß die kontinuierliche Verabreichung kleiner R-(—)-Deprenyl-Dosen die sexuelle Vitalität alter männlicher Ratten signifikant steigerte.

Unsere Arbeitshypothese, daß die Behandlung mit R-(—)-Deprenyl die Beeinträchtigung dopaminabhängiger Funktionen effektiv aufheben kann (Knoll, 1981, 1982, 1983), wird durch eine Reihe noch nicht abgeschlossener Experimente wesentlich unterstützt. Im Jahre 1985 begannen wir mit Experimenten zur Untersuchung des Einflusses von Deprenyl auf die Überlebenszeit. Wir wählten männliche, sexuell träge CFY-Ratten aus. Bezüglich methodischer Einzelheiten der Auswahl und Untersuchung verweisen wir auf frühere Veröffentlichungen (Knoll et al., 1983; Dallo et al., 1986). Wir begannen die Tests zur Messung der sexuellen Aktivität der Ratten im 8. Lebensmonat. Die Ratten wurden unter standardisierten Bedingungen gehalten. Die sexuelle Leistungsfähigkeit der Ratten wurde einmal in der Woche getestet. Die bei vier aufeinanderfolgenden Tests gezeigte Leistungsfähigkeit diente als Grundlage für die Auswahl. Männliche Tiere, die während der 4 aufeinanderfolgenden Tests (Auswahlperiode) trotz erfolgreicher Einführung nicht mehr als eine Ejakulation hatten, wurden als sexuell träge selektiert. Nach der Auswahlperiode (8. Lebensmonat) wurden 16 männliche Ratten für die erste Versuchsreihe ausgewählt. Die Tiere wurden auf zwei Gruppen zu je 8 (G_1 und G_2) verteilt. Die Behandlung der Gruppen begann im 9. Lebensmonat. Die Gruppe 1 (G_1) wurde mit Kochsalzlösung (0,1 ml/100 g/Tag s.c.) und die Gruppe 2 (G_2) mit Deprenyl (0,25 mg/kg/Tag s.c.) behandelt. Die einmal wöchentlichen Tests der sexuellen Leistungsfähigkeit wurden fortgesetzt. Abb. 2 zeigt die Überlebensdauer der Ratten in beiden Gruppen bis zum 24. Lebensmonat. Der Unterschied in der Überlebensrate ist auffallend. Bis zum Ende des zweiten Jahres verloren wir 5 Ratten aus G_1 und nur eine Ratte aus G_2. Dies scheint zu beweisen, daß die langfristige Behandlung mit Deprenyl die Lebensspanne der Ratten verlängert. Die Untersuchung ist noch nicht abgeschlossen, die Beobachtung der überlebenden Tiere wird fortgesetzt.

Abb. 3 zeigt zu Vergleichszwecken die sexuelle Leistungsfähigkeit der beiden Gruppen 10 und 16 Monate nach kontinuierlicher Behandlung der Tiere mit Kochsalzlösung bzw. Deprenyl. Es ist offensichtlich, daß die sexuelle Leistungsfähigkeit in der mit Deprenyl behandelten Gruppe viel besser ist als in der mit Kochsalzlösung behandelten Gruppe; dies stimmt mit unseren früheren Befunden sehr gut überein. Es handelt sich dabei um vorläufige Ergebnisse; um die günstige Wirkung der Deprenyl-Langzeittherapie auf die Langlebigkeit zu sichern, sind weitere Untersuchungen erforderlich. Derartige Experimente sind derzeit im Gange.

Die Ergebnisse der Tierexperimente entsprechen der klinischen

Month of age	Group 1: Eight rats treated with saline								Group 2: Eight rats treated with (–)deprenyl							
	1	2	3	4	5	6	7	8	1	2	3	4	5	6	7	8
9 th																
10 th	■															
11 th																
12 th																
13 th		■														
14 th			■													
15 th				■												
16 th																
17 th																
18 th																
19 th												■				
20 th																
21 st																
22 nd																
23 rd				■												
24 th																

Abb. 2. Überlebenszeit sexuell träger männlicher CFY-Ratten, die ab dem 9. Lebensmonat mit Kochsalzlösung (0,1 ml/100 g/Tag s.c.) bzw. R-(—)-Deprenyl (0,25 mg/kg/Tag s.c.) behandelt wurden. ■ gestorben

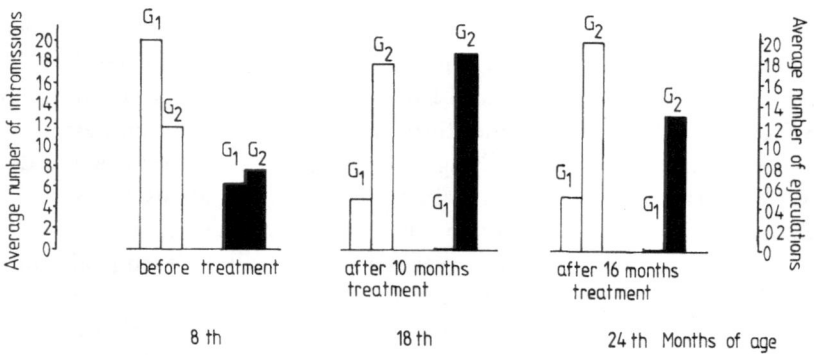

8 th   18 th   24 th Months of age

Abb. 3. Sexuelle Leistungsfähigkeit träger männlicher CFY-Ratten vor und nach Langzeitbehandlung mit Kochsalzlösung (0,1 ml/100 g/Tag s.c.) bzw. R-(—)-Deprenyl (0,25 mg/kg/Tag s.c.). Die Auswahl der sexuell trägen Ratten und die einmal wöchentliche Testung ihrer sexuellen Aktivität erfolgten nach der von Dallo et al. (1986) beschriebenen Methode. □ Ejakulation, ■ Einführung. G_1 mit Kochsalzlösung behandelte Gruppe 1, G_2 mit Deprenyl behandelte Gruppe 2

Beurteilung, nach der sich beim Morbus Parkinson eine Verbesserung der Lebenserwartung durch zusätzliche Behandlung mit R-(—)-Deprenyl neben Madopar zeigte (Birkmayer et al., 1983).

Birkmayer und Mitarbeiter haben die Verlängerung der Lebenserwartung infolge zusätzlicher Behandlung mit R-(—)-Deprenyl zu Madopar beim Morbus Parkinson nachgeprüft (Birkmayer et al., 1985). An dieser Studie nahmen 941 Parkinson-Patienten teil (377 mit Monotherapie gegenüber 564 mit Kombinationstherapie), die während der letzten 15 Jahre behandelt wurden. Zum Vergleich der Lebenserwartung zwischen den Behandlungsgruppen wurde die Sterbetafelanalyse herangezogen. Diese zeigte, daß die Gabe von R-(—)-Deprenyl zusätzlich zur herkömmlichen Madopar-Behandlung zu einer signifikanten Zunahme der Lebenserwartung der Patienten führte, unabhängig davon, ob signifikante demographische Unterschiede zwischen beiden Gruppen in Betracht gezogen wurden oder nicht. Die mittlere Überlebenszeit unter Kombinationstherapie mit R-(—)-Deprenyl und Madopar verlängerte sich in der Altersgruppe unter 65 Jahren um 11 Monate ($p \leqslant 0,01$), in der Altersgruppe zwischen 65 und 75 Jahren um 16 Monate ($p \leqslant 0,01$) und in der Altersgruppe über 76 Jahre um 25 Monate ($p \leqslant 0,01$).

Die Tatsache, daß R-(—)-Deprenyl die neurotoxischen Wirkungen sowohl von OHDA als auch von MPTP verhindert, legt nahe, daß die höhere Lebenserwartung infolge der zusätzlichen Gabe von R-(—)-Deprenyl mit einer verlangsamten Degeneration der dopaminergen Neuronen erklärt werden kann. Bisher ist kein anderes Antiparkinson-Mittel bekannt, das diese Eigenschaft aufweist.

Werden experimentelle Daten und theoretische Überlegungen gemeinsam betrachtet, so scheint es wahrscheinlich, daß diese unvermeidbaren, altersabhängigen, morphologischen und biochemischen Veränderungen, die beim alternden Menschen zu einer progredienten Abnahme der dopaminergen Aktivität führen, schwere funktionelle Konsequenzen haben. Es liegt nun an der medizinischen Wissenschaft, eine geeignete Strategie zur Langzeitbehandlung zu entwickeln, die das Ziel hat, den durch DA-Mangel im alternden Gehirn hervorgerufenen Problemen vorzubeugen oder ihnen zumindest teilweise entgegenzuwirken.

Literatur

Bey P, Fozard J, McDonald IA, Palfreyman MG, Zreika M (1984) MDL 72145: a potent and selective inhibitor of MAO type B. Br J Pharmacol 81: 50 P

Birkmayer W, Knoll J, Riederer P, Youdim MBH (1983) (—)Deprenyl leads to prolongation of L-Dopa efficacy in Parkinson's disease. Mod Probl Pharmacopsychiatry 19: 170–176

Birkmayer W, Knoll J, Riederer P, Hars V, Marton J (1985) Improvement of life expectancy due to l-deprenyl addition to Madopar treatment in Parkinson's disease: a longterm study. J Neural Transm 64: 113–127

Blackwell B (1963) Hypertensive crisis due to monoamine oxidase inhibitors. Lancet i: 849–851

Braestrup C, Andersen H, Randrup A (1975) The monoamine oxidase B inhibitor deprenyl potentiates phenylethylamine behavior in rats without inhibition of catecholamine metabolite formation. Eur J Pharmacol 34: 181–187

Carlsson A (1975) Receptor-mediated control of dopamine metabolism. In: Usdin E, Bunney jr WE (eds) Pre- and postsynaptic receptors. Marcel Dekker, New York, pp 49–65

Cohen G, Pasik P, Cohen B, Leist A, Mytilineou C, Yahr MD (1984) Pargyline and deprenyl prevent the neurotoxicity of 1-methyl-4-phenyl-1,2,3,6-tetrahydropyridine (MPTP) in monkeys. Eur J Pharmacol 106: 209–210

Creese I, Padgett I, Fazzini E, Lopez F (1979) ^{3}H-propyl-norapomorphine: a novel agonist ligand for central dopamine receptors. Eur J Pharmacol 56: 411–412

Dallo J, Lekka N, Knoll J (1986) The ejaculatory behavior of sexually sluggish male rats treated with (—)deprenyl, apomorphine, bromocriptine and amphetamine. Pol J Pharmacol Pharm 38: 251–255

Dupont E (1977) Epidemiology of Parkinsonism. In: Worm-Petersen J, Bottcher J (eds) Symposium on parkinsonism. MSD, Denmark, pp 65–75

Ekstedt B, Magyar K, Knoll J (1979) Does the B form selective monoamine oxidase inhibitor lose selectivity by long term treatment? Biochem Pharmacol 28: 919–912

Glowinski J, Iversen LL (1966) Regional studies of catecholamines in the rat brain. 1. The disposition of ^{3}H-norepinephrine, ^{3}H-dopamine and ^{3}H-DOPA in various regions of the brain. J Neurochem 13: 655–669

Graham DG (1978) Oxidative pathways for catecholamines in the genesis of neuromelanin and cytotoxic quinones. Molec Pharmacol 14: 333–343

Graham DG (1979) On the origin and significance of neuromelanin. Arch Pathol Lab Med 103: 359–362

Hårsing LG Jr, Magyar K, Tekes A, Vizi ES, Knoll J (1979) Inhibition by deprenyl of dopamine uptake in rat striatum: a possible correlation between dopamine uptake and acetylcholine release inhibition. Pol J Pharmacol Pharm 31: 297–307

Karoum F, Chuang L-W, Eisler T, Calne DB, Leibowitz MR, Quitkin FM, Klein DF, Wyatt RJ (1982) Metabolism of (—)deprenyl to amphetamine and methamphetamine may be responsible for deprenyl's therapeutic benefit: a biochemical assessment. Neurology 32: 503

Kerecsen L, Kalàsz H, Tarcali J, Fekete J, Knoll J (1985) Measurement of DA and DOPAC release from rat striatal preparation *in vitro* using HPLC with electrochemical detection. In: Kalàsz H, Ettre LS (eds) Chromatography, the state of the art. Akadémiai Kiadó, Budapest, pp 195–203

Kettler R, Keller HH, Bonetti EP, Wyss PC, Da Prada M (1985) Ro 16-6491: a new highly selective and reversible MAO-B inhibitor (abstr). J Neurochem 44 [Suppl]: S 94

Knoll J (1976) Analysis of the pharmacological effect of selective monoamine oxidase inhibitors. In: Wolstenholme GEW, Knight J (eds) Monoamine oxidase and its inhibition. Elsevier/North Holland, Amsterdam, Ciba Foundation Symposium, 39 (new series), pp 131–161

Knoll J (1978 a) The pharmacology of selective irreversible monoamine oxidase inhibitors. In: Seiler N, Jung MJ, Koch-Waser J (eds) Enzyme-activated irreversible inhibitors. Elsevier/North-Holland, Amsterdam, pp 253–269

Knoll J (1978 b) On the dual nature of monoamine oxidase. Horizons Biochem Biophys 5: 37–64

Knoll J (1978 c) The possible mechanism of action of (—)deprenyl in Parkinson's disease. J Neural Transm 43: 177–198

Knoll J (1979) Structure-activity relationships of the selective inhibitors of MAO-B. In: Singer TP, Von Korff RW, Murphy DL (eds) Monoamine oxidase: structure, function and altered functions. Academic Press, New York, pp 431–445

Knoll J (1981) The pharmacology of selective MAO inhibitors. In: Youdim MBH, Paykel ES (eds) Monoamine oxidase inhibitors—the state of the art. Wiley, New York, pp 45–61

Knoll J (1982) Selective inhibition of B type monoamine oxidase in the brain: a drug strategy to improve the quality of life in senescence. In: Keverling-Buisman JA (ed) Strategy of drug research. Elsevier/North-Holland, Amsterdam, pp 107–135

Knoll J (1983) Deprenyl (selegiline): the history and its development and pharmacological action. Acta Neurol Scand [Suppl] 95: 57–80

Knoll J (1985) The facilitation of dopaminergic activity in the aged brain by (—) deprenyl. A proposal for a strategy to improve the quality of life in senescence. Mech Ageing Dev 30: 109–122

Knoll J (1986 a) Role of B-type monoamine oxidase inhibition in the treatment of Parkinson's disease. In: Shah NS, Donald HG (eds) Movement disorders. Plenum Press, New York, pp 53–81

Knoll J (1986 b) The pharmacology of (—)deprenyl. J Neural Transm [Suppl] 22: 75–89

Knoll J (1986 c) Striatal dopamine, aging and (—)deprenyl. In: Borsy J, Kerecsen L, György L (eds) Dopamine aging and diseases. Proc 4th Congr Hung Pharm Soc, Budapest 1983, vol 3, sec 5. Pergamon Press, Akadémiai Kiadó, Budapest, pp 7–26

Knoll J, Magyar K (1972) Some puzzling effects of monoamine oxidase inhibitors. Adv Biochem Psychopharmacol 5: 393–408

Knoll J, Vizi ES, Somogyi G (1967) A phenylisopropylmethyl-propinylamine (E-250) tyraminantagonista hatasa. MTA V Oszt Közl 18: 33–37

Knoll J, Vizi ES, Somogyi G (1968) Phenylisopropylmethyl-propinylamine (E-250), a monoamine oxidase inhibitor antagonizing effects of tyramine. Arzneimittelforschung 18: 109–112

Knoll J, Ecsery Z, Magyar K, Sátory E (1978) Novel (—)deprenyl derived selective inhibitors of B-type monoamine oxidase. The relation of structure of their action. Biochem Pharmacol 27: 1739–1747

Knoll J, Yen TT, Dalló J (1983) Long-lasting, true aphrodisiac effect of (—)deprenyl in sluggish old male rats. Mod Probl Pharmacopsychiatry 19: 135–153

Magyar K, Skolnik J, Knoll J (1971) Radiopharmacological analytical studies with Deprenyl ^{14}C. In: Leszkovszky V (ed) Conferentia hungarica pro therapia et investigatione in pharmacologia. Akadémiai Nyomda, Budapest, pp 103–109

Mann DMA, Yates PO, Barton CM (1977) Neuromelanin and RNA in cells of substantia nigra. J Neuropath exp Neurol 36: 379–383

Martilla R (1974) Epidemiological, clinical and virus-serological studies of Parkinson's disease. Reports from the Department of Neurology, University of Turku, Finland

Pollock M, Hornabrook RW (1966) The prevalence, natural history and dementia in Parkinson's disease. Brain 89: 429

Racagni G, Cheney DL, Trabucchi M, Wang C, Costa E (1974) Measurement of acetylcholine turnover rate in discrete areas of rat brain. Life Sci 15: 1961–1975

Reynolds GP, Elsworth JD, Blau K, Sandler M, Lees AJ, Stern GM (1978) Deprenyl is metabolized to methamphetamine and amphetamine in man. Br J Clin Pharmacol 6: 542–544

Severson JA, Anderson B (1986) Chronic antidepressant treatment and mouse brain ^{3}H-imipramine binding. J Neurosci Res 16: 429–438

Simpson LL (1978) Evidence that deprenyl, a type B monoamine oxidase inhibitor, is an indirectly acting sympatomimetic amine. Biochem Pharmacol 27: 1591–1595

Sohal RS (1981) Age pigments. Elsevier/North-Holland, Amsterdam

Vizi ES, Hársing LG, Knoll J (1977) Presynaptic inhibition leading to disinhibition of acetylcholine release from interneurons of the caudate nucleus: effects of dopamine, μb-endorphin, and D-Ala^2-Pro^3-enkephalinamide. Neuroscience 2: 953–961

Zsilla G, Knoll J (1982) The action of (—)deprenyl on monoamine turnover rate in rat brain. Adv Biochem Psychopharmacol 31: 211–217

Zsilla G, Knoll B, Knoll J (1981) The action of single and repeated doses of p-bromo-methamphetamine on the monoamine content and turnover rate in rat brain. Neuropharmacology 20: 833–838

Zsilla G, Brabaccia ML, Gandolfi O, Knoll J, Costa E (1983) (—)Deprenyl a selective MAO "B" inhibitor increases (^{3}H) imipramine binding and decreases β-adrenergic receptor function. Eur J Pharmacol 89: 111–117

Zsilla G, Földi P, Held G, Székely AM, Knoll J (1986) The effect of repeated doses of (—)deprenyl on the dynamics of monoaminergic transmission. Comparison with clorgyline. Pol J Pharmacol Pharm 38: 57–67

Anschrift des Verfassers: Prof. Dr. J. Knoll, Abteilung für Pharmakologie, Semmelweis-Universität für Medizin, Nagyvárad tér 4, H-1089 Budapest, Ungarn.

II. Behandlung des Morbus Parkinson — Frühstadium

Besitzt R-(—)-Deprenyl möglicherweise eine Schutzwirkung beim Morbus Parkinson?

J. W. Tetrud und J. W. Langston

Institute for Medical Research, San José, Kalifornien, USA

Zusammenfassung

Der selektive Monoaminoxidase-Hemmer (MAO-B-Hemmer) L-Deprenyl (Eldepryl®, Jumex®, Movergan®, Selegilin) hat sich bei der Behandlung des Morbus Parkinson als Adjuvans bewährt. Seit kurzem wird erwogen, daß Deprenyl möglicherweise den Verlauf des Morbus Parkinson durch eine Verlangsamung der Progression wirksam beeinflussen könnte. Diese „neue therapeutische Strategie" beruht auf unterschiedlichen Beweisführungen, die in 3 Kategorien einzuordnen sind: Theoretisch, experimentell und empirisch. Einzelheiten einer noch laufenden doppelblinden, Placebokontrollierten, prospektiven klinischen Studie einer Therapie mit Deprenyl bei Patienten mit unbehandeltem Morbus Parkinson in der Frühphase werden hier vorgelegt. Diese Studie dient der direkten Prüfung der Hypothese, daß Deprenyl die natürliche Entwicklung dieser Krankheit günstig beeinflussen könnte. Durch eine genaue Prüfung dieser neuen Hypothese könnten sich wesentliche Auswirkungen auf die gegenwärtigen Behandlungskonzepte und die therapeutische Beherrschung des Morbus Parkinson ergeben.

Einleitung

Der Morbus Parkinson ist eine langsam fortschreitende neurologische Störung, die nach den bisherigen Kenntnissen nicht geheilt werden kann. Zu den Hauptsymptomen der Erkrankung gehören Bradykinesie, Tremor und Rigor, aber es gibt noch zahlreiche andere klinische Merkmale. Der erste entscheidende Durchbruch bei der symptomatischen Behandlung basierte auf der Vermutung, daß den Krankheitssymptomen ein Dopamin-Mangel im Zentralnervensystem (ZNS) zugrundeliegen könnte (Carlsson, 1959). Im darauffolgenden Jahr konnten Ehringer und Hornykiewicz (1960) im Gehirn von Parkinson-Patienten, die aufgrund dieser Erkrankung verstorben waren, tat-

sächlich einen solchen Mangel nachweisen (Ehringer und Hornykiewicz, 1960). Aufgrund dieser Beobachtung wurden bald Patienten mit
dieser Erkrankung mit der Dopamin-Vorstufe L-Dopa behandelt (Barbeau, 1960; Birkmayer und Hornykiewicz, 1961). Diese Behandlungs-
form wurde letztendlich von Cotzias et al. (1969) durchgesetzt; sie ist
immer noch die wichtigste Grundlage der Therapie des Morbus Parkinson. Als Adjuvans werden zahlreiche Pharmaka einschließlich Anticholinergika, Amantadin und Dopamin-Agonisten (Burton und
Calne, 1984) eingesetzt. Neuerdings gehört auch L-Deprenyl zu dieser
Indikationsgruppe (Knoll et al., 1965; Birkmayer et al., 1977; Stern
et al., 1978; Lees et al., 1977). Seit der Einführung dieser Pharmaka
wurde die operative Behandlung des Morbus Parkinson in Form einer
ventro-lateralen Thalamotomie weitgehend verlassen, obgleich sie bei
bestimmten Patienten unter strenger Indikationsstellung immer noch
eine therapeutische Alternative darstellt (Ohye et al., 1981). Praktisch
alle medikamentösen Therapieformen lassen jedoch im Laufe der Zeit
in ihrer Wirksamkeit nach, und es treten zunehmend starke Nebenwirkungen auf, die sogar dosislimitierend sein können.

Da die heutigen therapeutischen Möglichkeiten nach wie vor begrenzt sind, wäre eine Möglichkeit zur medikamentösen Beeinflussung
des Krankheitsverlaufs besonders wünschenswert. Dies gilt vor allem
bei einer Krankheit wie dem Morbus Parkinson, da hier die meisten
Patienten bei der Erstkonsultation nur eine leichte Symptomatik aufweisen. Den Patienten könnte mit einer Frühbehandlung ein relativ
normales Leben ermöglicht werden, wenn ein solches Präparat die
Progression der Krankheit tatsächlich verhindern würde. In jüngster
Zeit richtet sich das Interesse zunehmend auf die MAO-Hemmer, die
möglicherweise über eine derartige Schutzwirkung verfügen (Lewin,
1986). Für dieses recht einmalige therapeutische Konzept gibt es 3
grundlegende Erwägungen.

Theoretische Grundlagen

Eine Erklärung für den Untergang dopaminerger Neuronen in der
Substantia nigra im Verlauf des Morbus Parkinson beruht auf theo-
retischen Überlegungen über den Dopamin-Stoffwechsel. Mehrere
Wissenschaftler gehen davon aus, daß sich bei der Oxidation des
Dopamins Wasserstoffperoxid und möglicherweise freie Radikale bil-
den, die wahrscheinlich zum Untergang nigro-striärer Neuronen füh-

ren (Cohen, 1983; Barbeau, 1984). Im nigro-striären System finden
sich die höchsten Dopamin-Konzentrationen des ZNS (Carlsson,
1959), womit die besondere Empfindlichkeit der nigro-striären Neuronen auf diese Form oxidativer Belastung erklärt werden könnte.
Jedes Ereignis, das zu einer allmählichen [z. B. Altern (McGeer et al.,
1977)] oder plötzlichen [z. B. toxischer Insult (Calne und Langston,
1983)] Verminderung der normalen Anzahl nigraler Neuronen führt,
würde die Situation noch mehr verschlechtern, da Kompensations-
mechanismen der verbleibenden Neuronen zu einer Zunahme des Do-
pamin-Umsatzes führen würden. Dadurch würden die verbleibenden
Neuronen einer vermehrten oxidativen Belastung ausgesetzt werden,
die einen Circulus vitiosus in Gang setzen, der den weiteren Zell-
untergang im nigro-striären System noch beschleunigt. Beweise, die
diese Hypothese unterstützen, wurden kürzlich von Cohen (1983),
Barbeau (1984) und Calne und Langston (1983) vorgelegt.

Aus dieser Hypothese ergibt sich theoretisch auch die Befürchtung,
daß gewisse Therapieformen, die zu einer vermehrten Bildung von
Dopamin führen (z. B. Therapie mit Dopamin-Vorstufen) den Untergang der nigralen Zellen beschleunigen könnten. Jedenfalls bietet diese
Hypothese, obwohl sie noch nicht verifiziert ist, eine Erklärung für
das fortschreitende Absterben der Neuronen der Substantia nigra. Die
MAO-Hemmung ist gegenwärtig der einzige therapeutische Ansatz,
mit dessen Hilfe eine unmittelbare Verzögerung dieses Prozesses erreicht werden dürfte, da Dopamin durch MAO-B oxidiert wird (Johnston, 1968).

Empirische Grundlagen

Der zweite Beleg der Hypothese, daß durch die MAO-Hemmung eine
protektive Wirkung erreicht werden kann, stammt aus den empirischen
Daten. Diese wurden bei Patienten mit Morbus Parkinson gewonnen,
die mit einer Kombination von Deprenyl, einem selektiven MAO-B-
Hemmer, und L-Dopa behandelt wurden. 1983 berichteten Birkmayer
et al. über ihre Erfahrungen bei 381 Parkinson-Patienten, die mit Deprenyl als Adjuvans-Therapie und L-Dopa behandelt wurden. Die
zusätzliche Verabreichung von Deprenyl im Vergleich zu der Patientengruppe unter L-Dopa-Monotherapie führte zu einer Verlängerung
der Lebenserwartung. In einer späteren Auswertung von über 900
Patienten berichteten diese Forscher über ein ähnliches Ergebnis (Birkmayer et al., 1985). Diese Daten dürften den ersten empirischen Nach-

weis dafür bieten, daß die Hemmung der MAO-B die Progression der Erkrankung tatsächlich verlangsamt. Nach Ansicht dieser Autoren könnte eine solche Therapie sogar den Untergang der nigralen Zellen beim Morbus Parkinson verhindern.

Diese klinischen Studien sind möglicherweise die erste Dokumentation über eine Substanz, die eine protektive Wirkung beim Morbus Parkinson besitzt. Einschränkend muß jedoch gesagt werden, daß es sich hier um retrospektive Studien handelt. Somit wäre es voreilig, allein aus diesen Daten den Schluß zu ziehen, daß Deprenyl tatsächlich einen solchen Schutz bewirkt. Vielmehr dienen diese Befunde als Ausgangspunkt für eine sorgfältige kontrollierte prospektive Untersuchung.

Experimentelle Grundlagen

Das neueste Argument für die Prüfung von Deprenyl beim Morbus Parkinson zeichnete sich ab, als eine Gruppe von Heroin-abhängigen in Nord-Kalifornien plötzlich schwere Parkinson-Erscheinungen entwickelte (Langston et al., 1983). Bei diesen jungen Drogenabhängigen entstand ein Krankheitsbild, das, abgesehen vom Alter und plötzlichem Ausbruch der Erkrankung, praktisch nicht vom idiopathischen Morbus Parkinson zu unterscheiden war (Ballard et al., 1985). Wir wissen heute, daß die Substanz 1-Methyl-4-phenyl-1,2,3,6-tetrahydropyridin (MPTP) war, ein Nebenprodukt bei der Synthese eines stark wirkenden Meperidin-Analogons (Langston et al., 1983). MPTP wirkt hochtoxisch auf die Neuronen der Zona compacta innerhalb der Substantia nigra und verursacht ein irreversibles und typisches Parkinson-Syndrom sowohl beim Menschen (Davis et al., 1979; Langston et al., 1983; Ballard et al., 1985) als auch bei Primaten (Burns et al., 1983; Langston et al., 1984 a; Jenner et al., 1984).

Eine direkte Beziehung zwischen MPTP (oder ähnlichen Substanzen) und dem Morbus Parkinson ist noch nicht nachgewiesen worden, jedoch bestehen zwischen dem MPTP-induzierten Parkinson und der idiopathischen Erkrankung auffallende Ähnlichkeiten. Hierzu gehören die neurologischen Erscheinungen des Syndroms (Ballard et al., 1985; Tetrud und Langston, 1986), das Ansprechen auf eine Therapie (Langston und Ballard, 1984) und die unter Langzeit-Therapie mit L-Dopa beobachteten typischen Komplikationen (Langston und Ballard, 1984). Bei Versuchstieren wurde eine auffallende Verarmung des striären

Dopamin-Gehaltes wie beim Morbus Parkinson beobachtet (Burns et al., 1983; Heikkila et al., 1984; Wallace et al., 1984; Hallmann et al., 1984). Besonders interessant sind weitere Ähnlichkeiten, die im neuropathologischen Bereich festgestellt wurden. In einer neuen Studie über den MPTP-induzierten Parkinsonismus bei Totenkopf-Äffchen (Forno et al., 1986) wurde nicht nur eine Schädigung der Neuronen innerhalb der Substantia nigra gefunden, sondern auch eine deutliche Beeinträchtigung des Locus coeruleus (allerdings geringgradiger als in der Substantia nigra). Dieser Befund entspricht genau demjenigen, der für Morbus Parkinson typisch ist. Außerdem wurden eosinophile intraneuronale Einschlußkörper, die an Lewy-Körper erinnern, bei sehr alten Tieren festgestellt (Forno et al., 1986). So erscheint eine noch größere Ähnlichkeit des MPTP-Modells mit dem Morbus Parkinson gegeben zu sein, als ursprünglich angenommen wurde (Lewin, 1986).

Da das MPTP-Modell und der Morbus Parkinson zunehmend mehr Ähnlichkeit zeigen, hat die Untersuchung des Wirkungsmechanismus dieser Substanz besonderes Interesse gefunden. Heute ist bekannt, daß MAO-B eine kritische Rolle spielt bei der Umwandlung von MPTP in dessen vermutlich toxischen Metaboliten, das 1-Methyl-4-phenyl-pyridin-Ion (MPP$^+$) (Chiba et al., 1984) über die Intermediärsubstanz, das 1-Methyl-4-phenyl-2,3-dihydropyridin-Ion (MPDP$^+$) (Chiba et al., 1985). MPP$^+$ ist ein positiv geladenes quartäres Amin; es wird wahrscheinlich über das Dopamin-Uptake-System in die Neuronen der Substantia nigra aufgenommen und führt damit zu einer Zellschädigung (Javitch und Snyder, 1985). Aufgrund der Beobachtung, daß MAO-B bei dieser Biotransformation von Bedeutung ist, haben wir den MAO-Hemmer Pargylin an Primaten untersucht, um festzustellen, ob die toxischen Wirkungen von MPTP auf die Substantia nigra verhindert werden können (Langston et al., 1984 b). Die Wirkungen von Pargylin waren eindrucksvoll. Die MAO-Hemmung verhinderte das Entstehen eines Parkinson-Syndroms, das nach systemischer Verabreichung entsprechender MPTP-Dosen typischerweise auftritt, und außerdem fehlte das neuropathologische Bild der Zellschädigung in der Substantia nigra völlig. Cohen und Mitarbeiter (1985) zeigten, daß mit dem selektiven MAO-B-Hemmer Deprenyl eine ähnliche Wirkung erzielt werden kann. Durch MAO-Hemmung konnte auch am Striatum der Maus die Dopamin-Verarmung nach MPTP verhindert werden (Heikkila et al., 1984; Markey et al., 1984).

Somit kann der durch MPTP induzierte Parkinson, das bisher beste
Modell des idiopathischen Morbus Parkinson, durch eine MAO-Hemmung völlig verhindert werden. Außerdem weisen sowohl neuroche-
mische Befunde als auch Verhaltens-Parameter darauf hin, daß es sich
bei MAO-B um das entscheidende Enzym handelt. Diese Beobachtungen haben eine Reihe von Forschern veranlaßt, auf die eventuelle
Bedeutung von MAO-B für die Vulnerabilität nigraler Neuronen beim
Morbus Parkinson hinzuweisen.

Prüfung der Hypothese

Die oben dargelegten verschiedenen Beweisführungen haben uns veranlaßt, anhand einer klinischen Studie die Hypothese zu untersuchen,
ob eine langfristige MAO-Hemmung protektive Wirkungen auf die
Progression des Morbus Parkinson haben könnte. Diese Entscheidung
wurde stark beeinflußt durch die Tatsache, daß der selektive MAO-
B-Hemmer Deprenyl nahezu keinen blutdruckerhöhenden Effekt besitzt, wie er durch Tyramin-haltige Nahrungsmittel ausgelöst werden
kann. Diese schwerwiegende Nebenwirkung, durch die der Einsatz
nichtselektiver MAO-Hemmer eingeschränkt wird, beruht bekanntlich
auf einer MAO-A-Hemmung, wodurch Tyramin der oxidativen Desaminierung entgeht (Knoll, 1983). In diesem Fall kann die Noradre-
nalin-Freisetzung aus den Nervenendigungen und dem Nebennieren-
mark durch Tyramin stimuliert werden, so daß eine schwere Hyper-
tonie auftritt (Baldessarini, 1980). Außerdem hat sich gezeigt, daß
Deprenyl praktisch keine nennenswerten unerwünschten Nebenwirkungen, selbst in Kombination mit L-Dopa, besitzt (Birkmayer et al.,
1977; Birkmayer, 1983; Elsworth et al., 1978; Lees et al., 1977; Stern
et al., 1978; Birkmayer et al., 1983).

Für unsere Studie wurden nicht vorbehandelte Patienten im Frühstadium des Morbus Parkinson (Stadium 1 und 2 nach Hoehn und
Yahr) ausgewählt. Damit wollten wir ausschließen, daß die vermutete
Wirkung der Deprenyl-Therapie durch gleichsinnig wirkende Anti-
parkinsonmittel maskiert oder auch nur beeinflußt wird. Des weiteren
besitzen Patienten im Frühstadium der Erkrankung wahrscheinlich
eine größere Anzahl funktionsfähiger dopaminerger Zellen in der Substantia nigra als Patienten im späteren Stadium. Falls also durch Deprenyl eine Schutzwirkung erzielt wird, müßte theoretisch seine Wirksamkeit bei einem solchen Patientenkollektiv deutlicher in Erscheinung

treten. Diese prospektive Studie wird doppel-blind durchgeführt und vergleicht die Deprenyl-Wirkungen mit denen eines Placebos. Nach Aufnahme in die Studie werden die Patienten nach dem Zufallsprinzip entweder einer Deprenyl- oder einer Placebo-Behandlung zugeordnet und 2 Jahre lang behandelt. Wir begannen mit der Aufnahme von Patienten am 1. März 1986, und Ende Januar 1987 hatten 44 Patienten die Studie begonnen. Als Endpunkt der Untersuchung gilt, daß eine Antiparkinson-Medikation erforderlich wird, falls dies vor Ablauf der 2-Jahres-Frist der Fall sein sollte. Der Beginn einer Antiparkinson-Medikation wird dann beschlossen, wenn Patient und Studienleiter eine solche Behandlung übereinstimmend für gerechtfertigt halten. Der/Die Patient/in wird nach einer einmonatigen Wash-out-Phase nachuntersucht, während der er/sie keinerlei Medikation (weder Prüfsubstanz noch andere Medikamente) erhält.

Die Beurteilung der Patienten erfolgt mit einer Reihe von Standard-Testverfahren zur Prüfung der Basalganglienfunktion. Als Hauptbeurteilungsschema wird die modifizierte Columbia-Scale (Montgomery, 1984) mit der Bezeichnung "Unified Parkinsonism Rating Scale" (UPRS) eingesetzt (Fahn et al., in Druck). Diese Rating Scale besteht aus 42 Kriterien, die in 4 Kategorien eingeteilt sind. Die erste Kategorie (Position 1—4) erfaßt Symptome, die auf einer Veränderung des Erlebnisbereichs beruhen, z. B. Gedächtnisverlust, Halluzinationen, Depression und Antriebsarmut. Die zweite Kategorie (Position 5—17) erfaßt Symptome, die Ausdruck der Beeinträchtigungen des täglichen Lebens sind, z. B. Sprachstörungen, Schreibschwierigkeiten, Gehbeschwerden, Schwierigkeiten beim Zerkleinern von Nahrungsmitteln, Schwierigkeiten beim Umdrehen im Bett und Tremor. Die dritte Kategorie (Position 18—31) erfaßt die Befunde der körperlichen Untersuchung nach Beurteilung durch den behandelnden Neurologen. Diese Kriterien beziehen sich auf den Schweregrad des Parkinsonismus des Patienten und erfassen z. B. Mimik, Sprache, Tremor, Rigor, Bradykinesie und Haltungsstabilität. Die vierte Kategorie (Position 32—42) erfaßt die möglichen Nebenwirkungen der medikamentösen Behandlung einschließlich End-of-dose-Akinese, Wearing-off und Freezing-Effekte. Die Positionen 1—31 werden mit einem Punkte-Score von 0—4 entsprechend dem Schweregrad des Befundes bewertet.

Neben dem UPRS-Score werden zur Auswertung die Hoehn- und Yahr-Skala (Hoehn und Yahr, 1966) und die Bewertung der "activities of daily living" (Alltagsaktivitäten) in Prozent (Schwab und England,

1969) durch die Patienten herangezogen. Wir erfassen auch die Bradykinesie mit Hilfe von zwei einfachen Aufgaben: erstens dem „Web-
ster-Step-Second-Test", einem Kurztest zur Beurteilung der Zeit, die
der Patient benötigt, um von einem Stuhl aufzustehen, 15 Fuß weit
zu gehen, sich umzudrehen, zurückzugehen und sich hinzusetzen, mul-
tipliziert mit der Anzahl der zurückgelegten Schritte; und zweitens
des „Purdue Pegboard Bimanual Test", mit dem die Anzahl von Stiften
gemessen wird, die ein Patient mit beiden Händen gleichzeitig innerhalb von 30 Sekunden in eine genormte Stecklochplatte einsetzt. Die
grobe Messung mentaler Veränderungen während der Studie erfolgt
nach dem „Mini Mental State"-Standard.

Schließlich wird regelmäßig bei jedem Besuch eine Video-Aufnahme von der körperlichen Untersuchung gemacht. Diese 2- oder
3minütige Video-Aufnahme dient der Erfassung des Gesichtsaus-
drucks, der Stimmamplitude, des Tremors, der Haltung und der Bradykinesie. Zusätzlich zu der Basalganglien-Testbatterie werden im
Rahmen der Nachuntersuchungen EKG, Blutbild und Blutchemie
nach 1, 4, 9, 14, 19, 24 und 25 Monaten überprüft.

Wenn wir uns für den Beginn einer konventionellen Antiparkinson-
Therapie entscheiden, sind folgende Faktoren ausschlaggebend:

1. drohender Verlust oder starke Beeinträchtigung der Arbeitsfä-
higkeit;

2. drohender Verlust oder starke Beeinträchtigung der Fähigkeit
zur Durchführung häuslicher Tätigkeiten;

3. Körperhaltung mit einem Score von 2 und mehr Punkten nach
der Unified Parkinson Rating Scale (UPRS);

4. Gang-Score von 3 oder mehr Punkten nach UPRS;

5. Hoehn- und Yahr-Score von 3 und mehr.

In dieser Studie soll die Wirksamkeit von Deprenyl als protektive
Monotherapie geprüft werden, außerdem befindet sich eine größere
multizentrische Studie in der Planung zwecks Beurteilung von Vitamin-E und Deprenyl mit Hilfe einer 4 × 4-Faktor-Studie (Lewin,
1985). Die Wahl von Vitamin-E für eine solche Untersuchung beruht
darauf, daß es bekanntlich ein Fänger freier Radikale ist (Nandy, 1983).

Vorbeugung — eine Zukunftsstrategie der Forschung?

Obgleich Deprenyl als Prophylaktikum beim Morbus Parkinson noch
eingehend geprüft werden muß, glauben wir, daß die Verfolgung

solcher „präventiver Strategien" heute noch dringender notwendig ist
als je zuvor. Dies beruht auf neueren Erkenntnissen, wonach es möglich sein könnte, den Morbus Parkinson vor dem Auftreten seiner
Symptome zu diagnostizieren (Calne et al., 1985). Mit Hilfe der Po-
sitronen-Emissionstomographie (PET) wurde bei 6 jungen Heroinab-
hängigen mit einer anamnestisch gesicherten MPTP-Exposition aber
ohne Zeichen eines Parkinson festgestellt, daß bei ihnen der mittlere
striäre Dopamin-Gehalt deutlich unter dem der gesunden Kontrollgruppe lag (Calne et al., 1985). Da bei diesen Patienten fast mit Sicherheit angenommen werden kann, daß eine subklinische Schädigung
der Substantia nigra vorliegt, könnte es sich bei diesem Befund um
die erstmalige Entdeckung eines „präklinischen Parkinson" handeln.
    Falls ein Morbus Parkinson präklinisch erkannt werden kann und
sich Deprenyl oder eine andere Substanz im Sinne einer Verlangsamung oder eines Stillstands der Krankheit als wirksam erweist, dann
bestünde tatsächlich die Möglichkeit, die klinische Manifestation der
Krankheit zu verhindern. Zwar stellt dies eine langfristige Strategie
dar, die noch weit von ihrer Realisierung entfernt ist, aber die Forschung beschäftigt sich gegenwärtig intensiv mit diesen beiden wesentlichen Aspekten des Problems. Aufgrund des derzeitigen Auf-
wandes des PET-Scannings als Forschungsinstrument wäre es natürlich zum gegenwärtigen Zeitpunkt nicht zweckmäßig, dieses Verfahren
für ein Screening der möglicherweise von dieser Krankheit betroffenen
Bevölkerungsgruppen (z. B. Menschen über 40 Jahre) einzusetzen.
Andererseits ist es angesichts der schnellen Weiterentwicklung der
Methoden zur Darstellung des Gehirns vorstellbar, daß das PET-
Scanning oder vielleicht die Kernspin-Tomographie eines Tages zur
Messung des striären Dopamins im Rahmen eines Screenings zur Verfügung steht. Hoffentlich werden in einer nicht zu fernen Zukunft
Antworten zum ersten Teil unserer Überlegungen zur Verfügung ste-
hen; d. h. ob Deprenyl tatsächlich den Verlauf des Morbus Parkinson
verlangsamen kann oder nicht. Sollte Deprenyl oder irgend eine andere
noch nicht geprüfte Substanz die Erwartung erfüllen, daß die Progression der Erkrankung verhindert werden kann, dann wären wir
sicherlich unserem noch nicht erreichten Ziel, der Prophylaxe des
Morbus Parkinson, um einen Schritt näher gekommen.

Danksagung

Diese Arbeit wurde unterstützt durch United Parkinson Foundation, Retirement Research Foundation, Institute for Medical Research, Somerset Pharmaceuticals, Inc. und NIEHS Grant R01 ES03697-03.

Literatur

Baldessarini R J (1980) Drugs and the treatment of psychiatric disorders. In: Gilman AG, Goodman LS, Gilman A (eds) The pharmacological basis of therapeutics, 6th edn. Macmillan, New York, chap 19, pp 427–430

Ballard P, Tetrud JW, Langston JW (1985) Permanent human parkinsonism due to 1-methyl-4-phenyl-1,2,3,6-tetrahydropyridine (MPTP): seven cases. Neurology 35: 949–956

Barbeau A (1960) Biochemistry of Parkinson's disease. Excerpta Medica Int Cong Series 3: 152–153

Barbeau A (1984) Etiology of Parkinson's disease: a research strategy. Can J Neurol Sci 11: 24–28

Birkmayer W (1983) Deprenyl (selegiline) in the treatment of Parkinson's disease. Acta Neurol Scand 68 [Suppl] 95: 103–106

Birkmayer W, Hornykiewicz O (1961) Der L-3-dioxyphenylalanin (L-DOPA)-Effekt bei der Parkinson-Akinese. Wien Klin Wochenschr 73: 787–788

Birkmayer W, Riederer P, Ambrozi L, Youdim MBH (1977) Implications of combined treatment with Madopar and L-deprenyl in Parkinson's disease. Lancet ii: 439–443

Birkmayer W, Knoll J, Riederer P, Youdim MBH (1983) (—)Deprenyl leads to prolongation of L-dopa efficacy in Parkinson's disease. Mod Probl Pharmacopsychiatry 19: 170–176

Birkmayer W, Knoll J, Riederer P, Youdim MBH, Hars V, Marton J (1985) Increased life expectancy resulting from addition of L-deprenyl to Madopar treatment in Parkinson's disease: a longterm study. J Neural Transm 64: 113–127

Burns RS, Chiueh CC, Markey SP, Ebert MH, Jacobowitz D, Kopin IJ (1983) A primate model of Parkinson's disease: Selective destruction of substantia nigra, pars compacta dopaminergic neurons by N-methyl-4-phenyl-1-2,3,6-tetrahydropyridine. Proc Natl Acad Sci USA 80: 4546–4550

Burton K, Calne DB (1984) Pharmacology of Parkinson's disease. In: Jankovic J (ed) Neurologic clinics—movement disorders. WB Saunders, Philadelphia, pp 461–472

Calne DB, Langston JW (1983) Aetiology of Parkinson's disease. Lancet ii: 1457–1459

Calne DB, Langston JW, Martin WRW, Stoessel AJ, Ruth TJ, Adam MJ, Pate BD, Schulzer M (1985) Positron emission tomography after MPTP: Observations relating to the cause of Parkinson's disease. Nature 317: 246–248

Carlsson A (1959) The occurrence, distribution and physiologic role of catecholamines in the nervous system. Symposium on Catecholamines, Bethesda, MD, October 16–18, 1958. Pharmacol Rev 11: 490

Chiba K, Trevor AJ, Castagnoli N Jr (1984) Metabolism of the neurotoxic tertiary amine, MPTP, by brain monoamine oxidase. Biochem Biophys Res Commun 120: 574–578

Chiba K, Peterson LA, Castagnoli KP, Trevor AJ, Castagnoli N Jr (1985) Studies on the molecular mechanism of bioactivation of the selective nigrostriatal toxin 1-methyl-4-phenyl-1,2,3,6-tetrahydropyridine (MPTP). Drug Metab Dispos 13: 342–347

Cohen G (1983) The pathobiology of Parkinson's disease: Biochemical aspects of dopamine neuron senescence. J Neural Transm [Suppl] 19: 89–103

Cohen G, Pasik P, Cohen B, Leist A, Mytilineou C, Yahr MD (1985) Pargyline and deprenyl prevent the toxicity of 1-methyl-4-phenyl-1,2,3,6-tetrahydropyridine (MPTP) in monkeys. Eur J Pharmacol 106: 209–210

Cotzias GC, Papavasiliou PS, Gellene R (1969) Modification of parkinsonism-chronic treatment with L-dopa. N Engl J Med 280: 337–345

Davis GC, Williams AC, Markey SP, Ebert MH, Caine ED, Reichert CM, Kopin IJ (1979) Chronic parkinsonism secondary to intravenous injection of meperidine analogues. Psychiatry Res 1: 249–254

Ehringer H, Hornykiewicz O (1960) Verteilung von Noradrenalin und Dopamin (3-Hydroxytyramin) im Gehirn des Menschen und ihr Verhalten bei Erkrankungen des Extrapyramidalen Systems. Wien Klin Wochenschr 72: 1236–1239

Elsworth JD, Glover V, Reynolds GP, Sandler M, Lees AJ, Phuapradit P, Shaw KM, Stern GM, Kumar P (1978) Deprenyl administration in man: a selective monoamine oxidase B inhibitor without the "cheese effect". Psychopharmacology 57: 33–38

Fahn S, Elton RL, Members of the UPDRS development committee (1987) Unified Parkinson's disease, rating scale. In: Fahn S, Marsden CD, Calne DB, Lieberman A (eds) MacMillan health care information, Florham Park, NJ. Recent developments in Parkinson's disease, vol 2.

Forno LS, Langston JW, DeLanney LE, Irwin I, Ricaurte GA (1986) Locus ceruleus lesions and eosinophilic inclusions in MPTP-treated monkeys. Ann Neurol 20: 449–455

Hallman H, Olsen L, Jonsson G (1984) Neurotoxicity of the meperidine analog N-methyl-4-phenyl-1,2,3,6-tetrahydropyridine on brain catecholamine neurons in the mouse. Eur J Pharmacol 97: 133–136

Heikkila RE, Manzino L, Duvoisin RC, Cabbat FS (1984) Protection against the dopaminergic neurotoxicity of 1-methyl-4-phenyl-1,2,3,6-tetrahydropyridine (MPTP) by monoamine oxidase inhibitors. Nature 311: 467–469

Hoehn MMM, Yahr MD (1967) Parkinsonism: onset, progression and mortality. Neurology 17: 427–442

Javitch JA, Snyder SH (1985) Uptake of MPP$^+$ by dopamine neurons explains selectivity of parkinsonism-inducing neurotoxin MPTP. Eur J Pharmacol 106: 455–456

Jenner P, Rupniak NH, Rose S, Kelly E, Kilpatrick G, Lees A, Marsden CD (1984) 1-Methyl-4-phenyl-1,2,3,6-tetrahydropyridine induced parkinsonism in the common marmoset. Neurosci Lett 50: 85–90

Johnston JP (1968) Some observations upon a new inhibitor of monoamine oxidase in brain tissue. Biochem Pharmacol 17: 1285–1297

Knoll J (1983) Deprenyl (selegiline): the history of its development and pharmacological action. Acta Neurol Scand 68 [Suppl] 95: 57–80

Knoll J, Ecery Z, Kelemen K, Nievel J, Knoll B (1965) Phenylisopropylmethylpropinylamine (E-250), a new spectrum psychic energizer. Arch Int Pharmacodyn Ther 155: 154

Langston JW, Ballard P (1984) Parkinsonism induced by 1-methyl-4-phenyl-1,2,3,6-tetrahydropyridine (MPTP): implications for treatment and the pathogenesis of Parkinson's disease. Can J Neurol Sci 11: 160–165

Langston JW, Ballard P, Tetrud JW, Irwin I (1983) Chronic parkinsonism in humans due to a product of meperidine-analog synthesis. Science 219: 979–980

Langston JW, Forno LS, Rebert CS, Irwin I (1984 a) Selective nigral toxicity after systemic administration of 1-methyl-4-phenyl-1,2,3,6-tetrahydropyridine (MPTP) in the squirrel monkey. Brain Res 292: 390–394

Langston JW, Irwin I, Langston EB, Forno LS (1984 b) Pargyline prevents MPTP-induced parkinsonism in primates. Science 225: 1480–1482

Lees AJ, Shaw KM, Kohout LJ, Stern GM, Elsworth JD, Sandler M, Youdim MBH (1977) Deprenyl in Parkinson's disease. Lancet i: 791–795

Lewin R (1985) Clinical trial for Parkinson's disease? Science 230: 527–528

Lewin R (1986) Age factors loom in parkinsonian research. Science 234: 1200–1201

Markey SP, Johannessen JN, Chiueh CC, Burns RS, Herkenham MA (1984) Intraneuronal generation of a pyridinium metabolite may cause drug-induced parkinsonism. Nature 311: 464–467

McGeer PL, McGeer EG, Suzuki JS (1977) Aging and extrapyramidal function. Arch Neurol 34: 33–35

Montgomery GK (1984) Parkinson's disease and the Columbia scale. Neurology 34: 5578–5580

Nandy K (1983) Aging neurons and pharmacological agents. In: Cervos-Navarro J, Sarkander HI (eds) Brain aging: neuropathology and neuropharmacology. Raven Press, New York (Ageing, vol 21, pp 410–413)

Ohye C, Hirai T, Miyazaki M, Shibazaki T, Nakajima H (1981) Vim thalamotomy for the treatment of various kinds of tremor. Appl Neurophysiol 45: 275–280

Schwab RS, England AC (1969) Projection technique for evaluating surgery in Parkinson's disease. In: Gillingham FJ, Donaldson MC (eds) Third symposium on Parkinson's disease. E & S Livingstone, Edinburgh, pp 152–157

Stern GM, Lees AJ, Sandler M (1978) Recent observations on the clinical pharmacology of (—)deprenyl. J Neural Transm 43: 245–252

Tetrud JW, Langston JW (1986) Early parkinsonism in humans due to MPTP exposure. Neurology 36 (Suppl 1): 308

Wallace RA, Boldry R, Schmittgen T, Millder D, Uretsky N (1984) Effect of 1-methyl-4-phenyl-1,2,3,6-tetrahydropyridine (MPTP) on monoamine neurotransmitters in mouse brain and heart. Life Sci 35: 285–291

Anschrift des Verfassers: Dr. J. W. Tetrud, Institute for Medical Research, 2260 Clove Drive, San José, CA 95128, USA.

Eignen sich somatosensorisch, motorisch und visuell evozierte Potentiale nach einfacher und gepaarter Stimulation als Test für die Frühdiagnose des Morbus Parkinson?

J. Jörg und H. Gerhard

Abteilung für Neurologie, Universität Lübeck, Bundesrepublik Deutschland

Zusammenfassung

Die Diagnose des Morbus Parkinson ist mit neurophysiologischen Methoden bisher nicht möglich. Aus diesem Grunde untersuchten wir die somatosensorisch evozierten Potentiale des Nervus medianus und visuell evozierte Potentiale (SEP und VEP) nach einfacher und gepaarter Stimulation. Die VEPs wurden mit Hilfe einer speziellen Stimulationstechnik und die motorisch evozierten Potentiale (MEP) mittels spinaler und transkranieller Stimulation untersucht.

Beim Morbus Parkinson unterscheiden sich die absoluten und relativen Refraktärzeiten des kortikalen N_1-Peaks der SEPs nicht von denen gesunder Personen. Nach einfacher Stimulation waren die kortikalen N_{20}-Latenzen nur in 2 von 17 Fällen verlängert. In 8 von 10 Fällen war die zentrale Leitungszeit normal. Die SEP-Peaks des Hirnstamms waren ebenfalls normal und es bestand keine Korrelation zwischen der Symptomatologie und den Ergebnissen der SEP-Messungen.

Die Werte der motorisch evozierten Potentiale (MEP) ergaben bei allen Patienten eine normale zentrale motorische Leitungszeit von 5,0 msec. Bei 30% der Patienten zeigten die VEP-Werte unabhängig vom klinischen Zustand oder Alter eine signifikante Verlängerung der P_2-Latenz. Nach Anwendung spezieller visueller Stimulationstechniken fanden sich jedoch keine häufigeren P_2-Veränderungen. Im Gegensatz zur guten klinischen Wirkung konnte bei 14 von 19 Patienten mit einer End-of-dose-Akinesie die P_2-Verzögerung unter Langzeittherapie mit L-Dopa und Deprenyl nicht gebessert werden.

Einleitung

Die Untersuchung der Refraktärzeit stellt eine brauchbare Methode zum Nachweis einer segmentalen Demyelinisierung im peripheren oder zentralen Nervensystem dar (Jörg, 1984). Beim Morbus Parkinson wurde eine Verzögerung der visuell evozierten Potentiale beschrieben, die Frühdiagnose des Morbus Parkinson mit Hilfe neurophysiologischer Methoden ist jedoch noch nicht möglich. Aus diesem Grunde untersuchten wir vom Nervus medianus die somatosensorisch evozierten Potentiale und spezielle visuell evozierte Potentiale (SEP und VEP) nach einfacher und gepaarter Stimulation. In wenigen Fällen war es außerdem möglich, die motorisch evozierten Potentiale (MEP) nach Stimulation des Kortex und des Rückenmarks zu prüfen (Gerhard und Jörg, 1986).

Weiterhin wurde in dieser Studie geprüft, ob zwischen neurophysiologischen Befunden, klinischen Symptomen und Wirkung der Deprenyltherapie eine Korrelation besteht.

Material und Methoden

Der N. medianus wurde am Handgelenk mittels Oberflächenelektroden stimuliert; die *SEPs* wurden über der zum Stimulationsort kontralateralen Kortexregion der Hand (C/$P_{3 \text{ oder } 4}$ — $F_{3 \text{ oder } 4}$), am kontralateralen Proc. mastoideus, am Dornfortsatz des zweiten Halswirbels und am Erbschen Punkt registriert. Nach einfacher Stimulation wurden die gepaarten Stimuli mit unterschiedlichen Intervallen zwischen den Stimuli (50—1 msec) gesetzt. Die Peaks der SEP werden als N_1, P_1, N_2, P_2 bezeichnet. Die Refraktärzeit des ersten negativen N_1-Peaks (als N_9, N_{12}, N_{14} oder N_{20} bezeichnet) wurde am Erbschen Punkt, am zweiten Halswirbel, am Hirnstamm (Mastoid) und am kontralateralen Kortex bestimmt.

Die *VEPs* wurden mit an den Positionen O_z und F_z angebrachten Kopfhautelektroden registriert. Stimuliert wurde mit der sogenannten „Schachbrettstimulation" im gesamten Gesichtsfeld sowie im kleinen Fovea-Gesichtsfeld und mit vertikalem sowie horizontalem Streifenmuster. In wenigen Fällen bestimmten wir die visuelle Refraktärzeit nach Schachbrettmusterstimulation.

Die motorisch evozierten Potentiale (MEP) wurden an den Daumenballenmuskeln nach transkranieller und spinaler Stimulation mit einem Digitimer bestimmt. Die Stimulationsorte befanden sich auf der kontralateralen Seite der Kopfhaut, wobei die Anode über der motorischen Kortexregion der Hand und die spinale Elektrode am Halswirbel 6/7 angebracht waren.

Material: In einer ersten Versuchsreihe wurden die SEPs des kontralateralen Kortex bei 42 Normalpersonen im Alter zwischen 15 und 72 Jahren (27 Frauen, 15 Männer) untersucht. Die Stimulation des N. medianus wurde 17mal mit einfachen und gepaarten Stimuli auf beiden Seiten durchgeführt. In einer zweiten Versuchsreihe wurden bei 16 Freiwilligen (Alter zwischen 15 und 40 Jahren) die Nn. mediani am rechten Handgelenk einfach oder gepaart stimuliert, wobei die Registrierung am Erbschen Punkt, am Dornfortsatz des zweiten Halswirbels, am Proc. mastoideus (A_1) und an C/P_3 erfolgte. Bei 24 Patienten mit Morbus Parkinson (17 Frauen, 7 Männer) im Alter zwischen 55 und 89 Jahren untersuchten wir die Schachbrett-VEPs und die Medianus-SEPs am oberen Halsmark, am Proc. mastoideus und an der kontralateralen Kopfhaut.

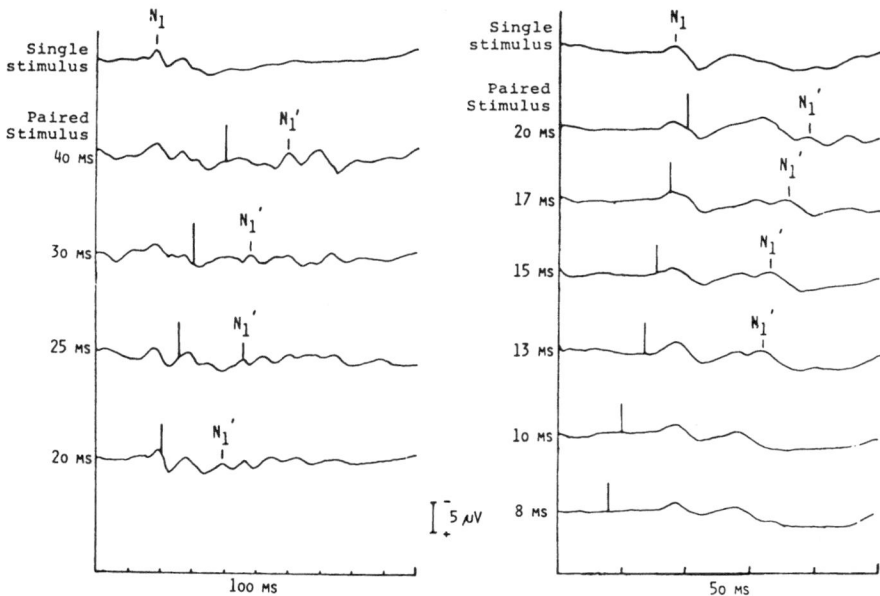

Abb. 1. SEP nach einfacher und gepaarter Stimulation des rechten Nervus medianus einer Normalperson. Die zerebrale Refraktärzeit wurde für die N_1-Latenz bestimmt

Immer wurde auch die zentrale Leitungszeit gemessen. Die kortikale Refraktärzeit konnten wir nur in 7 Fällen bestimmen, in den anderen Fällen war dieses Verfahren zu belastend und nahm zu viel Zeit in Anspruch.

Bei 5 Normalpersonen und 5 Patienten prüften wir die beschriebene spezielle visuelle Stimulationstechnik und die MEP-Untersuchung.

Ergebnisse

Bei Normalpersonen erhielten wir nach einfacher Stimulation an allen Ableitungsstellen die für jede Position definierten *Medianus-SEPs* mit typischen Latenzen und Amplituden; die N_1-Latenzen am Kortex betrugen $20,0 \pm 1,6$ msec, am Mastoid $15,3 \pm 1,3$ msec, an der Halswirbelsäule $12,8 \pm 1,2$ msec und am Erbschen Punkt $10,9 \pm 0,9$ msec. Zwischen Latenz und Alter bestand keine signifikante Korrelation. Die *absolute Refraktärzeit* der N_1-Latenz betrug am Erbschen Punkt $1,25$ msec, am zweiten Halswirbel $2,13$ msec, am Hirnstamm $11,5$ msec und an der Kortexregion der Hand $13,6$ msec. Die absoluten Refraktärzeiten (RT) aller 4 Ableitungsstellen unterschieden sich signifikant ($p < 0,05$).

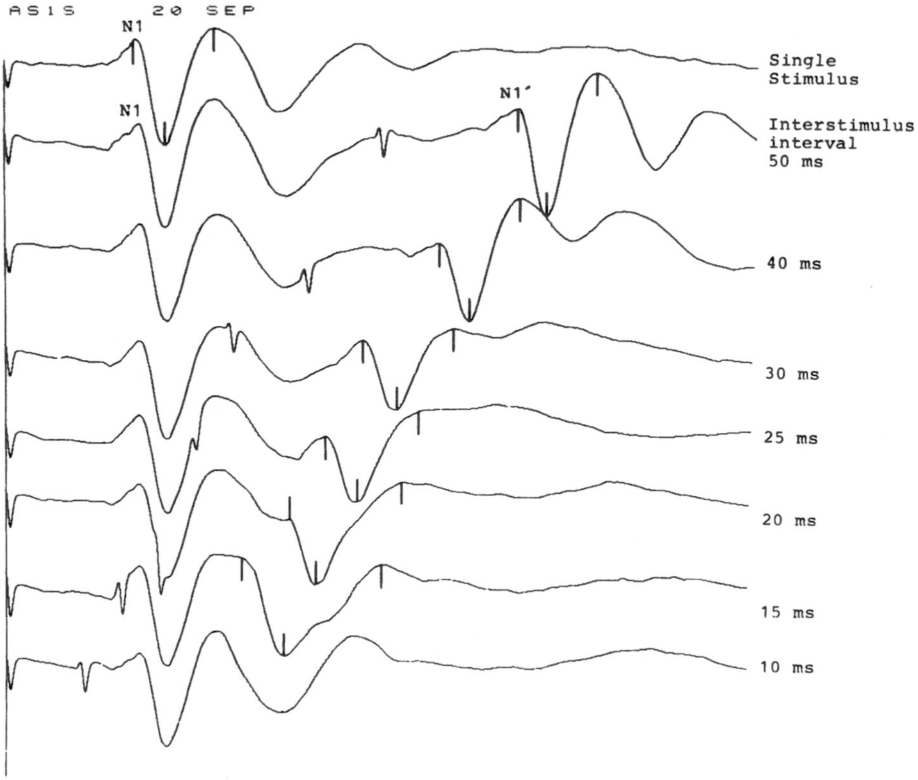

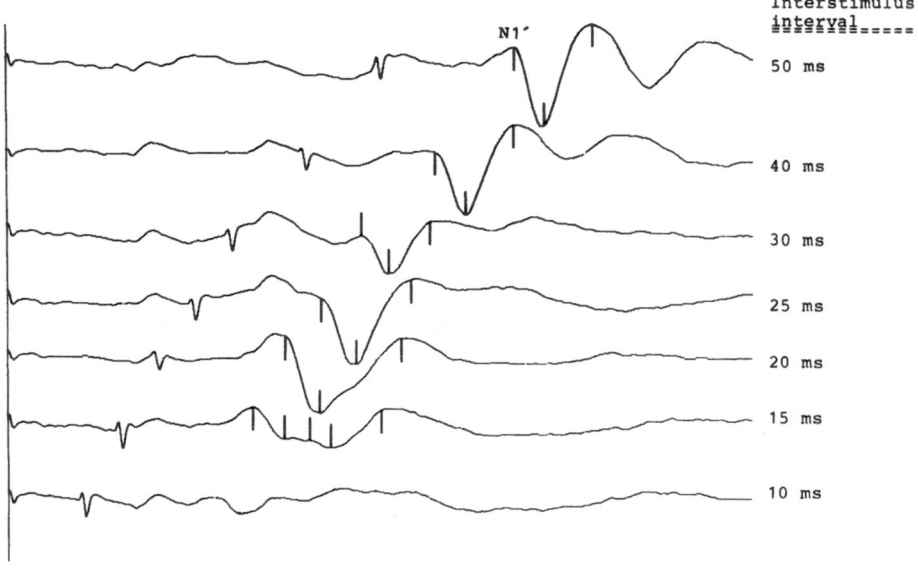

Abb. 2a

Abb. 2b

Abb. 2. Kortikales SEP des rechten Nervus medianus einer 64jährigen Patientin mit Morbus Parkinson (I.P., w.) (Untersuchungsdauer 100 msec). SEP nach einfacher und gepaarter Stimulation ohne (**a**) und mit (**b**) Subtraktionstechnik

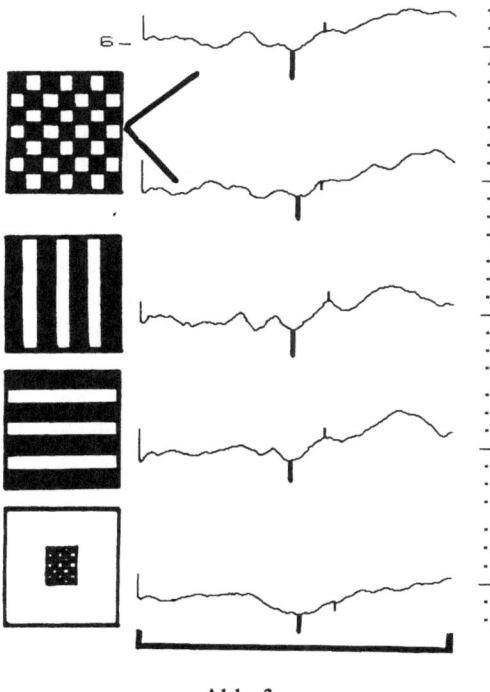

Abb. 3a

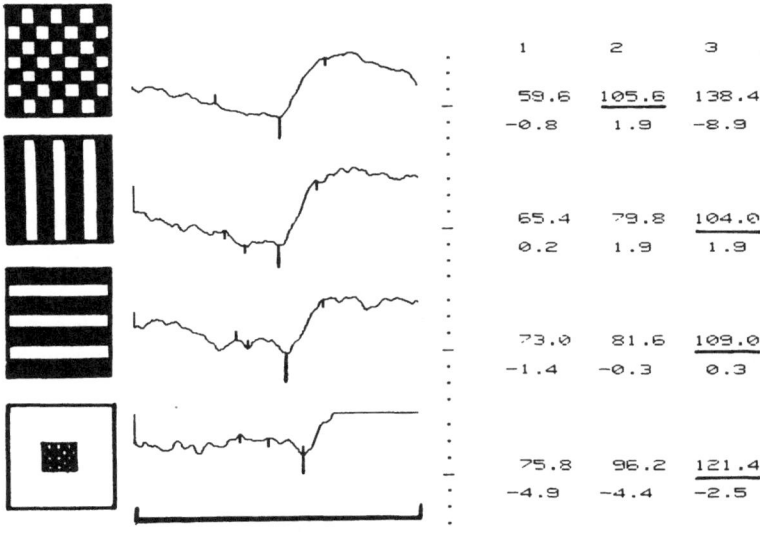

	1	2	3
	59.6	105.6	138.4
	-0.8	1.9	-8.9
	65.4	79.8	104.0
	0.2	1.9	1.9
	73.0	81.6	109.0
	-1.4	-0.3	0.3
	75.8	96.2	121.4
	-4.9	-4.4	-2.5

Abb. 3b

Abb. 3. VEP einer 50jährigen Normalperson (H.H., m.) und eines Parkinsonpatienten (H. Sch., m., Alter 76 Jahre) (Untersuchungsdauer 200 msec). Beide Fälle (**a** und **b**) veranschaulichen die spezielle visuelle Stimulation

Beim *Morbus Parkinson* unterschieden sich die absolute und relative RT des kortikalen N_1-Peaks nicht von denen gesunder Personen. Nach einfacher Stimulation waren die Latenzen des kortikalen N_{20}-Peaks nur in 2 von 17 Fällen verlängert (25,4 bzw. 23,3 msec), in einem Fall bestand die sehr seltene Kombination eines Parkinsonsyndroms mit einer multiplen Sklerose (MS). Die zentrale Leitungszeit konnten wir 10mal bestimmen, 8mal fanden wir dabei normale Werte. In den meisten Fällen waren auch die Latenzen und Amplituden am zweiten Halswirbel und am Hirnstamm sowie die Intervalle zwischen den Peaks an der Halswirbelsäule und am Mastoid bzw. am Mastoid und am Kortex ebenso normal wie die Unterschiede zwischen linker und rechter Seite. Es bestand keine Korrelation zwischen der Symptomatologie, z. B. Hemiparkinsonismus (n = 6) oder On-off-Phänomen (n = 2), und den SEP-Werten. Bei Einstellung der Untersuchungsdauer auf 200 msec fanden sich nach dem ersten SEP-Komplex auch keine veränderten Peaks oder Amplituden.

Bei der Messung der VEPs mit Hilfe der Schachbrettstimulation im gesamten Gesichtsfeld waren die Latenzen von P_2 und N_3 bei Patienten mit Morbus Parkinson gegenüber Kontrollpersonen beträchtlich verlängert (P_2 bei Normalpersonen auf beiden Seiten 98,4 ± 6,3 msec, P_2 bei Parkinsonpatienten rechts 110,4 ± 9,8 msec, links 110,8 ± 10,1 msec). In 5 von 15 Fällen war die P_2-Latenz beider Augen länger als 112 msec, d. h. pathologisch. Zwischen der Schachbrettstimulation und der Stimulation mit horizontalen und vertikalen Liniengittern ergaben sich bezüglich der P_2-Latenzen keine signifikanten Unterschiede. Lediglich die P_2-Latenzen waren nach Stimulation der Fovea länger als nach Stimulation des gesamten Gesichtsfeldes, zwischen gesunden Personen und Parkinsonpatienten bestanden jedoch keine Unterschiede.

Mit Hilfe der *motorisch evozierten Potentiale (MEP)* wurde die zentrale motorische Leitungszeit mit 5,0 ± 0,4 msec bestimmt; zwischen Normalpersonen und 5 Patienten mit Morbus Parkinson fanden sich ebenfalls keine Unterschiede.

Zusammenfassend läßt sich feststellen, daß nur die P_2-Latenzen der VEPs beim Morbus Parkinson häufig pathologisch sind, aber nicht in allen Fällen Abweichungen zeigen. Die angewandte Methode besitzt somit beim Parkinsonismus keinen diagnostischen Wert.

Wegen einer End-of-dose-Akinesie (n = 19) bzw. einem On-off-Phänomen (n = 5) wurden 24 Patienten mit täglich 10 mg *Deprenyl* behandelt. Bei 14 Patienten mit End-of-dose-Akinesie beobachteten wir eine gute Besserung, und in 7 der 14 Fälle war außerdem eine Dosisreduktion von Levodopa möglich.

Nur bei zwei Patienten mit On-off-Phänomen ließ sich ein positiver Einfluß von Deprenyl nachweisen. Im Gegensatz zur klinischen Wirkung waren die VEPs vor und während der Deprenylbehandlung unverändert.

Diskussion

Anders als bei der MS oder bei Rückenmarkstumoren besitzen die SEPs und die motorisch evozierten Potentiale (MEP) beim Morbus Parkinson keinen diagnostischen Wert. Wir konnten bei den 7 Fällen, bei denen die kortikalen N_{20}-Peaks untersucht wurden, auch keine Veränderungen der zerebralen Refraktärzeit finden.

Verglichen mit den SEPs und zentralen Leitungszeiten von Normalpersonen waren die VEPs von Parkinsonpatienten häufig verzögert; dieser Befund ist vom klinischen Zustand und Alter unabhängig und bereits in der Literatur beschrieben (Sollazo, 1985; Enzensberger und Fischer, 1986; Nightingale et al., 1986). Nightingale et al. (1986) wiesen darauf hin, daß die abnormen VEPs bei Parkinsonpatienten zumindest zum Teil durch eine biochemische und elektrophysiologische Störung in der Retina bedingt sein könnten; diese Hypothese ist jedoch nicht bewiesen. Unsere VEP-Daten zeigen eine signifikante Zunahme der mittleren P_{100}-Latenz nicht nur nach Schachbrettstimulation des gesamten Gesichtsfeldes, sondern auch nach Stimulation der Fovea oder Stimulation mit horizontalen bzw. vertikalen Strichmustern. Diese spezielle visuelle Stimulation erbrachte jedoch nicht mehr Informationen als die Schachbrettstimulation.

Unsere Daten erhärten frühere Berichte über VEP-Verzögerungen beim Morbus Parkinson (Sollazo, 1985). Da die P_2-Verzögerung jedoch nur bei 30% der Patienten im pathologischen Bereich liegt, besitzen diese Ergebnisse keinen diagnostischen Wert.

Sollazo (1985) fand ausschließlich beim primären Parkinsonismus eine Besserung der P_{100}-Verzögerung nach akuter und chronischer Dopatherapie; andere Autoren (Enzensberger und Fischer, 1986) fanden vor und unter Dopatherapie keine VEP-Veränderungen. Wir untersuchten mit Dopa behandelte Patienten vor und unter chronischer Deprenyltherapie; wir fanden eine klinische Besserung, aber keine Besserung der P_{100}-Verzögerung.

Literatur

Enzensberger W, Fischer PA (1986) Hirnelektrische Befunde bei Parkinson-Patienten im Langzeitverlauf. In: Fischer PA (ed) Spätsyndrome der Parkinson-Krankheit. Editiones Roche, pp 159–171

Gerhard H, Jörg J (1986) Motor conduction time of tractus corticospinalis by spinal stimulation. Z EEG-EMG 17: 197–200

Jörg J (1984) Praktische SEP-Diagnostik. Enke, Stuttgart

Jörg J, Gerhard H (1987) Median somatosensory evoked potentials to single and double stimulation in normal subjects and in Parkinson's disease. In: Barber C, Blum Th (eds) Evoked potentials III. Butterworth (im Druck)

Nightingale S, Mitchell KW, Howe JW (1986) Visual evoked cortical potentials and pattern electroretinograms in Parkinson's disease and control subject. J Neurol Neurosurg Psychiat 49: 1280–1287

Sollazo D (1985) Influence of L-dopa/carbidopa on pattern reversal VEP: behavioural differences in primary and secondary parkinsonism. Electroencephalogr Clin Neurophysiol 61: 236–242

Anschrift des Verfassers: Prof. Dr. J. Jörg, Leiter der Abteilung für Neurologie, Universität Lübeck, D-2400 Lübeck, Bundesrepublik Deutschland.

Erfassung der Symptome des Morbus Parkinson mit apparativen Methoden

P. H. Kraus[1], P. Klotz[2], A. Fischer[2] und H. Przuntek[1]

[1] Neurologische Universitätsklinik, St.-Josef-Hospital, Bochum, Bundesrepublik Deutschland
[2] Neurologische Universitätsklinik und Poliklinik der Universität Würzburg, Bundesrepublik Deutschland

Zusammenfassung

Die gebräuchlichen klinischen Bewertungsskalen zur Beurteilung des Schweregrades des Morbus Parkinson besitzen eine hohe Spezifität, aber nur eine geringe Interrater-Reliabilität. Ein Einsatz zur Therapiekontrolle in Multicenterstudien bringt typische Probleme mit sich.

Wir prüften die MLS, einen Test für feinmotorische Leistungen in einer erweiterten Form, die die Bewertung der Gleichmäßigkeit schneller Klopfbewegungen („Tapping") einschließt, auf seine Brauchbarkeit bei der Therapiekontrolle beim Morbus Parkinson. Durch Untersuchung einer Gruppe von gesunden Rechtshändern als Kontrollpersonen ermittelten wir Parameter, mit deren Hilfe sich die normale motorische Geschicklichkeit anhand von Mittelwerten, Standardabweichungen, Altersabhängigkeit und Korrelation zwischen linker und rechter Hand beschreiben läßt. Diese Methode stellt somit ein gutes Hilfsmittel zur Abschätzung von Abweichungen der motorischen Geschicklichkeit dar.

Im Rahmen der Therapiekontrolle erlaubt der Vergleich der Ergebnisse vor und nach Behandlung eine gute objektive Beurteilung des Therapieerfolges.

Einführung

Die Hauptsymptome des Morbus Parkinson sind motorisches Defizit, Rigor und Tremor. Klinische Bewertungsskalen, z. B. die Webster's Rating Scale und der Columbia Score (Webster, 1968; Duvoisin, 1971) ermöglichen eine Beurteilung aller Krankheitssymptome einschließlich vegetativer Störungen.

Diese Bewertungsskalen sind hochspezifisch, besitzen jedoch nur eine geringe Interrater-Reliabilität; sie erfordern daher viel Erfahrung. Die Durchführung dieser Tests ist zu zeitraubend, um rasche Fluktuationen der Feinmotorik adäquat beurteilen zu können. Darüber hinaus erlauben sie nur eine grobe Einstufung eines bestimmten Symptoms in wenige Stadien, das bedeutet, daß Auflösung und Abtastrate niedrig sind.

Um die objektive Beurteilung des Morbus Parkinson zu verbessern, wurden in einigen Untersuchungen unterschiedlich aufwendige technische Geräte benutzt (Barbeau, 1966; Marsden und Schachter, Schwab et al., 1959; Schwab und Prichard, 1951; Teräväinen und Calne, 1980).

Auf der Suche nach einer Methode, die eine objektive und einfache Beurteilung der motorischen Symptome ermöglicht, prüften wir die „Motorische Leistungsserie nach Schoppe" (MLS) (Schoppe, 1974).

Dieser Test beinhaltet mehrere Untertests, die eine Beurteilung der feinmotorischen Geschicklichkeit beider Hände und eine einfache Abschätzung des Tremors ermöglichen.

In früheren Untersuchungen stellten wir fest, daß die Untertests "Aiming" (zielgerichtete Motorik) und "Liniennachfahren" für die Beurteilung ataktischer Störungen besser geeignet sind als für die Beurteilung der Parkinson-Symptomatik (Kraus et al., 1987).

Zusätzlich zum „Umstecken", zum „Tapping" (Klopftest) und zur „Steadiness"-Untersuchung (Haltetest) untersuchten wir entsprechend der Beschreibung von Kraus et al. (1987) die Gleichmäßigkeit schneller Agonisten/Antagonisten-Bewegungen. Bei unseren Patienten beobachteten wir, daß die Gleichmäßigkeit deutlich stärker beeinträchtigt war als die Schnelligkeit.

Methoden

Die Untertests wurden für beide Hände getrennt nach den Originalanweisungen der MLS durchgeführt. Beim „Umstecken" müssen 25 Stifte (Durchmesser 2,5 mm, Länge 5 cm) schnellstmöglich einzeln aus einem Gestell entnommen und in ein 20 cm entferntes Lochbrett eingestöpselt werden (Durchmesser der Löcher im Brett 2,7 mm). Bei diesem Test wird die Zeit zwischen dem Einstöpseln des ersten und des letzten Stiftes gemessen. Mit diesem Test werden komplexe Willkürbewegungen untersucht.

Der „Tapping" dient zur Prüfung schneller agonistischer/antagonistischer Bewegungen. Die Versuchsperson wird aufgefordert, mit einem Kontaktstift 32 Sekunden lang so schnell wie möglich auf die Kontaktplatte zu klopfen, ohne die Hand oder den Arm aufzustützen. Bei der ursprünglichen Version von Schoppe wird die Anzahl der Kontakte während der beiden Hälften des gesamten Zeitintervalls gezählt. Damit erhält man Informationen über die Ausführungsgeschwindigkeit und, auf einfache Weise, über Veränderungen dieser Geschwindigkeit (z. B. infolge von Ermüdung), durch Vergleich der Ergebnisse aus den beiden Hälften des gesamten Zeitintervalls.

Bei unserem erweiterten Klopftest mußten die Personen 16 Sekunden lang klopfen. Mit Hilfe eines Computers registrierten wir die Zeitintervalle zwischen zwei Klopfkontakten Tapintervalle in Einheiten von 1/1000 Sekunden.

Da die Klopfintervalle logarithmisch-normalverteilt sind, ergibt sich die Geschwindigkeit durch den Mittelwert der logarithmischen Normalverteilung. Als Maß für die Gleichmäßigkeit des Klopfens zogen wir die Differenz zwischen dem Logarithmus des Mittelwerts und dem Logarithmus des Mittelwerts minus dem Logarithmus der dreifachen Standardabweichung heran (im weiteren Text als „Verteilungsbreite" bezeichnet).

Beim Untertest „Steadiness" wurde die Versuchsperson aufgefordert, einen Kontaktstift 32 Sekunden lang in ein Loch zu halten, ohne Rand oder Boden des Lochs zu berühren. Dieser Test wurde mit jeder Hand zweimal durchgeführt: an einem Loch mit einem Durchmesser von 4,8 mm und an einem Loch mit einem Durchmesser von 8,5 mm. Bei diesem Test wurden die Anzahl der Kontakte und deren Dauer gemessen. Die Ergebnisse dieses Tests stellen eine einfache Beschreibung des Tremors dar.

Mit den oben beschriebenen Untertests untersuchten wir eine Gruppe von insgesamt 82 rechtshändigen Kontrollpersonen (48 Frauen, 34 Männer) im Alter zwischen 45 und 80 Jahren (Mittelwert 63,2 ± 9,9). Für die verschiedenen Untertests wurden Untergruppen mit 55 bis 58 Kontrollpersonen untersucht. Der Gesundheitszustand der Kontrollpersonen wurde vom Untersucher als altersentsprechend eingeschätzt. Sie wiesen weder neurologische noch orthopädische Erkrankungen auf.

Die Patientengruppe beinhaltete insgesamt 120 rechtshändige Parkinson-Patienten (60 Frauen, 60 Männer), die weder nach Alter bei Krankheitsbeginn noch nach Krankheitsstadium selektiert waren. Auch in dieser Gruppe lag das Alter zwischen 45 und 80 Jahren (Mittelwert 62,9 ± 8,1), wobei einige Patienten unter Therapie standen. Für die verschiedenen Untertests wurden Untergruppen mit 68 bis 111 Patienten untersucht.

Ergebnisse

Aus den Rohdaten errechneten wir Mittelwerte, Standardabweichungen, Altersabhängigkeit und Korrelation zwischen linker und rechter Hand.

Beim Untertest „Steadiness" war die Berechnung einer Korrelation bei Verwendung des größeren Lochs nicht möglich, da zu viele Kontrollpersonen den Test ohne Kontakte absolvierten.

Unsere Ergebnisse für die Untertests „Umstecken", „Tapping" und „Steadiness" sind in den Tabellen 1 a und 1 b aufgeführt.

Durch eine geeignete Korrektur lassen sich altersunabhängige Ergebnisse erhalten. Auf diese Weise ermittelten wir alterskorrigierte Mittelwerte und Standardabweichungen.

Mit Hilfe der Mittelwerte und der Konfidenzintervalle von drei Standardabweichungen für die rechte bzw. die linke Hand und dem 95%igen Konfidenzintervall für die Korrelation zwischen rechts und links erstellten wir ein Diagramm, ein sogenanntes „Normogramm".

Die Abb. 1 a zeigt unser Normogramm für „Umstecken": innerhalb der schwarz unterlegten Fläche liegen fast genau 95% aller gesunden Kontrollpersonen (alterskorrigierte Daten).

Tabelle 1 a. Ergebnisse für „Umstecken" (Zeit in 100 msec), „Tapping" (Mittelwert der logarithmischen Verteilung in 100 msec) und „Steadiness" (Anzahl der Kontakte in 32 sec) bei gesunden Kontrollpersonen

	Rechte Hand Mittelwert ± sd	Linke Hand Mittelwert ± sd
„Umstecken" n = 55	456 ± 84	481 ± 86
„Tapping" (log Mittelwert) n = 58	175 ± 29	189 ± 24
„Tapping" (Verteilungsbreite)) n = 58	44 ± 24	58 ± 25
„Steadiness" n = 55	14 ± 10	18 ± 11

Tabelle 1 b. Altersregression für die Untertests „Umstecken", „Tapping" und „Steadiness" bei gesunden Kontrollpersonen

	Rechte Hand	Linke Hand
„Umstecken"	r = 4,11*a + 189	r = 3,98*a + 226
„Tapping" (log Mittelwert)	r = 0,93*a + 115	r = 0,78*a + 140
„Tapping" (Verteilungsbreite)	r = 0,45*a + 15	r = 0,42*a + 31
„Steadiness"	r = 0,73*a − 33	r = 0,80*a − 33

r Ergebnis entsprechend Tabelle 1 a.
a Alter in Jahren.

Dieses Normogramm veranschaulicht sehr gut die feinmotorische Geschicklichkeit. Wir können dabei einseitige, seitenbetonte und seitengleiche Formen unterscheiden.

Mit der MLS gelingt es, die motorische Geschicklichkeit sehr genau zu untersuchen und rasche Schwankungen zu erfassen.

Die Abb. 1 b zeigt z. B. 5 in Abständen von 30 Minuten wiederholte Tests bei einem Parkinson-Patienten mit rechtsbetonter Symptomatik. Zu Beginn bot er ein rechtsbetontes motorisches Defizit, das sich innerhalb von zwei Stunden fast normalisierte.

Die Altersabhängigkeit wurde in Hinsicht auf Unterschiede der Regression zwischen einer Patienten- und einer Kontrollgruppe geprüft. Mit Ausnahme der Verteilungsbreite für „Tapping" fanden wir signifikante Korrelationen zwischen Ergebnissen und Alter. Bezüglich

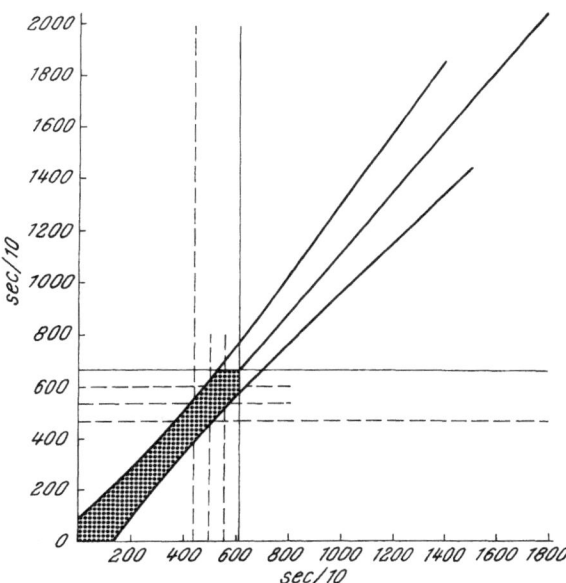

Abb. 1a. Normogramm für den Stöpseltest: Innerhalb des schwarz unterlegten Bereichs liegen fast genau 95% aller gesunden Kontrollpersonen (alterskorrigierte Daten). Eingezeichnet sind die Mittelwerte und die Vertrauensbereiche von drei Standardabweichungen für die rechte bzw. linke Hand sowie der 95%-Vertrauensbereich für die Korrelation zwischen rechts und links

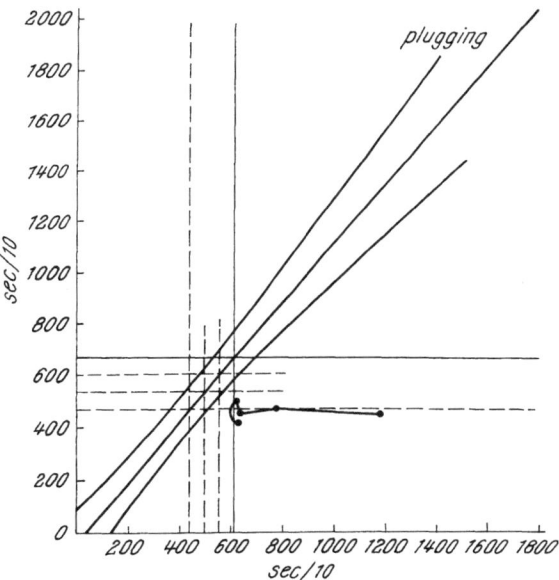

Abb. 1b. Rasche Fluktuationen bei einem Parkinson-Patienten (mit rechtsseitig betonten Symptomen), die bei 5 in Abständen von 30 Minuten wiederholten Tests gemessen wurden. Am Anfang bot er ein rechtsseitig betontes motorisches Defizit, das sich innerhalb von zwei Stunden fast normalisierte

des logarithmischen Mittelwertes der Tap-Intervalle fanden wir signifikante Korrelationen in der Kontrollgruppe, aber nicht in der Parkinsongruppe; der diesbezügliche Einfluß des Tremors bei diesem Untertest soll später erläutert werden.

In allen Fällen mit signifikanter Korrelation zeigen Parkinson-Patienten im Querschnitt eine schnellere Verschlechterung als die Kontrollpersonen. Ein Problem stellte die größere Varianz der Ergebnisse in der Parkinsongruppe infolge der sehr großen Varianz des Alters bei Beginn der Krankheit und der unterschiedlichen Krankheitsstadien einschließlich der verschiedenen Therapiestadien dar. Deshalb konnte die Varianzanalyse keine signifikanten Unterschiede zwischen den Steigungen der Altersabhängigkeit bei Patienten und Kontrollpersonen zeigen. Ein Test zum Vergleich der Regressionsgeraden nach einem Algorithmus von Draper und Smith (1981) ergab, daß die Regressionsgeraden hochsignifikant verschieden sind.

Diskussion

Wir prüften die MLS (Schoppe, 1974), einen Test für feinmotorische Leistungsfähigkeit, hinsichtlich ihrer auf seine Brauchbarkeit bei der Therapiekontrolle des Morbus Parkinson. Zusätzlich zum „Umstekken", „Tapping" und „Steadiness" untersuchten wir die Gleichmäßigkeit schneller agonistischer/antagonistischer Bewegungen.

Beim Versuch, die Ergebnisse pathophysiologisch zu interpretieren, stellte sich die Frage, welche Parkinson-Symptome für die festgestellten Veränderungen in den verschiedenen Tests verantwortlich sind. Sensomotorische Veränderungen, die bei vielen Untersuchungen festgestellt wurden (z. B. Horne, 1973) und die jede willkürliche Bewegung beeinflussen, konnten bei unserer Untersuchung nicht differenziert beurteilt werden (Bowen et al., 1973; Horne, 1973). Hinsichtlich der hier vorgestellten Tests stellt „Umstecken" im wesentlichen eine „closed-loop-Bewegung" dar; „Tapping" wird eher durch ballistische Elemente beeinflußt.

Die im Klopftest festgestellte Ungleichmäßigkeit der Bewegungen ist ein Symptom, das sich mit der Dysdiadochokinese mancher Parkinsonpatienten vergleichen läßt. In den klinischen Scores wird dies nicht abgefragt. Es kann als „Basalganglienataxie" eingestuft werden.

Zum motorischen Defizit gehören zwei klinische Symptome:

Nach Angel et al. (1970) benutzen wir für vollständige Bewegungsunfähigkeit oder eine schwere Beeinträchtigung der Fähigkeit, eine komplexe Bewegung zu beginnen, den Begriff „Akinese". Die „Bradykinese" beschreibt das Phänomen einer verminderten Schnelligkeit während der aktiven Bewegungsphase.

Entsprechend der eben erwähnten Definition beeinflußt die Bradykinese „Umstecken" und „Tapping".

Beim „Umstecken" besitzt die Akinese einen größeren Einfluß, weil jeder einzelne Bewegungsschritt willkürlich eingeleitet werden muß. Lange Zeitintervalle beim „Tapping" können ebenfalls als Zeichen einer Akinese gedeutet werden; abgesehen von diesen akinetischen Pausen wird die Geschwindigkeit überwiegend durch die Bradykinese beeinflußt.

In unserer früheren Untersuchung (Kraus et al., 1987) fanden wir keine signifikante Korrelation zwischen den Geschwindigkeiten von „Tapping" und „Umstecken".

Es ist noch nicht geklärt, welche Auswirkungen der Tremor auf die Gleichmäßigkeit im Klopftest hat. Wir haben Patienten gesehen, die sich ihren Tremor beim „Tapping" zu Nutze machen konnten, während die Durchführung bei anderen beeinträchtigt war.

Wenn wir die Interpretation der Ergebnisse von Flowers durch Hallett betrachten, wären Akinese und Bradykinese durch dasselbe Phänomen zu erklären. Hallett beobachtete bei Parkinson-Patienten, daß kurze Bewegungen weniger beeinträchtigt sind als lange Bewegungen und folgerte, daß die Patienten ihre Bewegungen während der aktiven Phase mindestens einmal korrigieren müssen (Flowers, 1975; Hallett und Koshbin, 1980).

Nach Marsden (1982) und Evarts et al. (1981) sind Reaktionszeit und Schnelligkeit der Bewegung häufig unabhängig voneinander verändert. Unsere Beobachtungen weisen ebenfalls darauf hin, daß derartige Veränderungen innerhalb des motorischen Defizits voneinander unabhängig sein könnten.

Deshalb ist die Prüfung von nur einem dieser Parameter (Reaktionszeiten, schnelle wiederholte Bewegungen, komplexe Bewegungen oder Spontanbewegungen) und die alleinige Bestimmung des Zeitbedarfs, der Vollständigkeit oder der Genauigkeit der Bewegungen für eine adäquate quantitative Beurteilung der betreffenden Symptomatik unzureichend.

Zusammenfassend läßt sich feststellen, daß eine hinreichende quantitative Beurteilung der Ausfälle beim Morbus Parkinson mit appa-

rativen Methoden nur bei Anwendung multidimensionaler Tests möglich ist.
Derartige Tests können eine wichtige Ergänzung darstellen und in einigen Fällen sogar den klinischen Untersuchungen überlegen sein.

Literatur

Angel RW, Alston W, Higgins JR (1970) Control of movement in Parkinson's disease. Brain 93: 1–14

Barbeau A (1966) The problem of measurement of akinesia. J Neurosurg 24 [Suppl] 1: 331–334

Bowen FP, Brady E, Yahr M (1973) Sensorimotor coordination in Parkinson's disease before and after levodopa therapy. Neurology 23: 1101–1106

Draper N, Smith H (1981) Applied regression analysis. Wiley, New York, p 59

Duvoisin RC (1971) The evaluation of extrapyramidal disease. In: Ajuriaguerra J (ed) Monoamines, noyaux gris centraux et syndrome de Parkinson. Symposion Genève 1970. Masson, Paris, pp 313–325

Evarts EV, Teräväinen H, Calne DB (1981) Reaction time in Parkinson's disease. Brain 104: 167–186

Flowers KA (1975) Ballistic and corrective movements on an aiming task: intention tremor and parkinsonian movement disorders compared. Neurology 25: 413–421

Flowers KA (1976) Visual "closed loop" and "open loop" characteristics of voluntary movement in patients with parkinsonism and intention tremor. Brain 99: 269–310

Hallett M, Khoshbin S (1980) A physiological mechanism of bradykinesia. Brain 103: 301–314

Horne D (1973) Sensorimotor control in parkinsonism. J Neurol Neurosurg Psychiatry 36: 742–746

Kraus PH, Fischer A, Klotz P, Przuntek H (1987) provided for publication

Marsden CD (1982) The mysterious motor function of the basal ganglia: the Robert Wartenberg lecture. Neurology 32: 514–539

Marsden CD, Schachter M (1981) Assessment of extrapyramidal disorders. Br J Clin Pharmacol 11: 129–151

Schoppe KJ (1974) Das MLS-Gerät: Ein neuer Testapparat zur Messung feinmotorischer Leistungen. Diagnostica 20: 43–46

Schwab RS, England AC, Peterson E (1959) Akinesia in Parkinson's disease. Neurology 9: 65–72

Schwab RS, Prichard JS (1951) An assessment of therapy in Parkinson's disease. Arch Neurol Psychiatry 65: 489–501

Teräväinen H, Calne DB (1980) Quantiative assessment of parkinsonian deficits. In: Rinne UK, Klingler M, Stamm G (eds) Parkinson's disease—current progress, problems and management. Elsevier, Amsterdam, pp 145–164

Webster DD (1968) Clinical analysis of the disability in Parkinson's disease. Modern Treatment 5: 257–282

Anschrift des Verfassers: Dr. P. H. Kraus, Neurologische Universitätsklinik, St.-Josef-Hospital, Gudrunstraße 56, D-4630 Bochum 1, Bundesrepublik Deutschland.

Der Effekt von R-(—)-Deprenyl bei De-novo-Parkinson-Patienten in Kombinationsbehandlung mit L-Dopa und Dekarboxylasehemmer

H. Przuntek[1] und W. Kuhn[2]

[1] St. Josef-Hospital, Neurologische Universitätsklinik Bochum, Bundesrepublik Deutschland
[2] Neurologische Universitätsklinik, Würzburg, Bundesrepublik Deutschland

Zusammenfassung

Zur Untersuchung der Wirksamkeit und Verträglichkeit von Deprenyl bei der adjuvanten Therapie des Morbus Parkinson sind in einer Doppelblindstudie 30 de-novo-Patienten untersucht worden. Die Quantifizierung erfolgte mittels der Columbia University Rating Scale, der Motorischen Leistungsserie nach Schoppe und dem Zung-Score. Die Ergebnisse wurden anhand eines Response-Scores ausgewertet. Hiernach kommt es bei 2/3 der auswertbaren Fälle unter der adjuvanten Therapie mit Deprenyl zu einer statistisch signifikanten Besserung. 1/3 der Patienten weist keine Verbesserung oder Verschlechterung auf. Anhand der Motorischen Leistungsserie lassen sich die Verbesserungen am deutlichsten mittels des Umsteckversuches nachweisen. Dieser gibt am ehesten Hinweise auf die komplexe Bewegungsfähigkeit. Das bedeutet, daß Deprenyl besonders zur Verbesserung des Akinese-Rigor-Syndroms eingesetzt werden kann. Die Studie legt den Schluß nahe, daß auch die frühe Kombinationstherapie aus L-Dopa und Deprenyl Vorteile gegenüber der Monotherapie mit L-Dopa bietet.

Einleitung

Der Behandlungserfolg beim Morbus Parkinson im fortgeschrittenen Stadium in Kombination mit L-Dopa und dem MAO-B-Hemmer Deprenyl ist gut belegt[1—5,7]. Die Wirksamkeit von Deprenyl bei de-novo-Patienten ist zwar aufgrund tierexperimenteller Untersuchungen anzunehmen, ist aber anhand klinischer Studien bislang nur unzureichend nachgewiesen. Wir haben daher in einer Studie, die doppelblind durchgeführt wurde, in dem Zeitraum zwischen 1984 und 1987 die Wirksamkeit von Deprenyl bei 30 de-novo-Parkinson-Patienten untersucht. Die Patienten wurden zunächst auf L-Dopa und Dekarboxylasehem-

mer Benserazid (Madopar®) eingestellt. Dann wurde zusätzlich Deprenyl (Movergan®) in einer Dosis von 10 mg gegeben. Nach
6wöchiger Kombinationsbehandlung wurde auf eine Monotherapie
mit L-Dopa umgestellt, um den Auslaßeffekt von Deprenyl zu untersuchen, und dann wurde erneut eine 2 × 6wöchige Deprenyl-Phase
angeschlossen. Danach wurde ein zweiter Auslaßversuch vorgenommen.

Das Ziel war nachzusehen, ob bei optimaler L-Dopa-Einstellung
durch Deprenyl ein weiterer therapeutischer Gewinn zu verzeichnen
ist. Zu diskutieren bleibt dabei, ob dieser therapeutische Zugewinn
durch die re-uptake-inhibierende Wirkung, die von Reynolds et al.
(1978) für möglich gehaltene Amphetaminwirkung oder durch die
irreversible MAO-B-inhibierende Wirkung des Deprenyls allein zu-
stande kommt.

Patienten und Methoden

Patienten

An der Studie waren 30 Patienten beteiligt. Wegen nicht erlaubter Co-
Medikation (tri- oder tetrazyklische Antidepressiva, Neuroleptika)
wurden 2 Patienten von der biometrischen Auswertung ausgeschlossen. Das mediane Alter der Patienten betrug 58 Jahre. Es waren 10
Männer und 18 Frauen. 21 Patienten wiesen ein idiopathisches Parkinson-Syndrom auf, während bei 7 Patienten ein Parkinson-plus-
Syndrom vorlag. Die mediane Erkrankungsdauer betrug 1 Jahr, kurz-
fristig prämediziert mit L-Dopa und Dekarboxylasehemmer waren 4
Patienten. Eine Parkinson-Prämedikation mit Anticholinergika oder
Amantadinsalzen wiesen 11 Patienten auf. Eine Co-Medikation be-
gleitender Erkrankungen fand sich in 22 Fällen.

Methoden

Die Patienten wurden klinisch untersucht. Anhand der Columbia University Rating
Scale (CURS) wurde die Parkinson-Symptomatik quantifiziert. Weiterhin erfolgte die
Untersuchung mit der Motorischen Leistungsserie nach Schoppe. Die depressive
Symptomatik wurde nach der Zung-Skala beurteilt. Vor Beginn und am Ende der
Studie wurden folgende Laborparameter bestimmt: Blutbild, Blutgerinnung, BKS,
Bilirubin, Transaminasen, Blutzucker, Kreatinin, Harnsäure, Cholesterin,
Triglyzeride, Elektrolyte und Elektrophorese. Weiterhin wurde nach Begleiterschei-
nungen und unerwünschten Arzneimittelnebenwirkungen gesucht.

Nach einer Stabilisierungsphase (S 1) erhielten die Patienten in einer zweiten Stabilisierungsphase (S 2) von 4—6 Wochen zunächst L-Dopa und Benserazid (Madopar®).

Tabelle 1. CURS-Scoresumme und Beurteilungen des Effekts in kasuistischer Darstellung

Pat.-Nr.	Stabilisierung		Deprenyl 1	Auslaßvers. 1	Deprenyl 2		Auslaßvers. 2	Response-Score	Beurteilung des Effekts	Weiterbehandlung mit Deprenyl
	S 1	S 2	T 1	A 1	T 2	T 3	A 2			
1	26	15	11	30	26	20	27	5	mäßig	ja
2	33	13	20	26	20	29	29	2	mäßig	nein
3	28	6	14	16	12	8	11	4	gut	fehlt
4	7	14	6	6	4	6	3	2	gut	ja
5	22	6	6	14	8	9	5	3	gut	ja
6	31	13	17	24	14	12	11	3	gut	ja
7	12	12	6	4	2	2	2	3	gut	ja
8	11	9	14	7	9	7	3	0	gut	ja
9	21	37	31	33	25	34	35	4	gut	ja
10	60	38	27	38	25	28	22	4	gut	ja
11	16	8	10	15	11	14	13	3	gut	ja
13	14	9	8	9	4	4	7	5	mäßig	ja
14	23	15	37	27	—	—	—	(0)	mäßig	nein
15	65	38	36	33	21	19	25	4	gut	ja
16	18	21	15	18	18	17	21	4	gut	ja
17	35	19	20	18	21	20	20	0	gut	ja
18	29	11	8	9	7	5	8	5	mäßig	nein
19	32	20	18	18	18	19	26	2	gut	ja
20	17	13	11	14	15	13	8	3	gut	ja
21	34	24	21	23	21	13	23	5	mäßig	nein
22	24	8	6	5	5	5	14	2	gut	ja
23	8	5	2	2	3	3	3	1	gut	ja
24	28	23	33	37	28	—	—	(2)	mäßig	nein
25	19	10	10	13	—	—	—	(1)	gut	nein
27	24	5	1	1	0	0	0	3	gut	ja
28	35	25	22	17	15	12	26	4	gut	ja
29	40	23	14	17	10	9	8	4	gut	ja
30	41	28	25	24	25	22	27	3	mäßig	ja

In einer zweiten Phase (T 1) erhielten die Patienten über 6 Wochen Deprenyl 10 mg/ die. In einem Auslaßversuch (A 1) von 4 Wochen erhielten sie anstelle von Deprenyl 2 Placebo-Tabletten und eine optimale Dosis von L-Dopa und Benserazid. In einem weiteren Therapieversuch (T 2, T 3) über 2 × 6 Wochen erhielten die Patienten wieder Deprenyl 10 mg/die und im zweiten Auslaßversuch (A 2), der 1—4 Wochen dauerte, wurde Deprenyl erneut durch Placebo ersetzt.

Jeweils zum Ende der Therapiephasen wurde eine Quantifizierung der Befunde mit der Columbia University Rating Scale, der Motorischen Leistungsserie nach Schoppe und der Zung-Skala durchgeführt. Die Nebenwirkungen, die unter der Deprenyl-Therapie auftraten, wurden ebenfalls aufgelistet.

25 Patienten konnten die dem Prüfplan entsprechenden 5 Phasen durchlaufen; bei 3 Patienten erfolgten in der Auslaßphase 1 und in der Therapiephase 2 Abbrüche wegen interkurrent auftretender Erkrankungen, so daß diese Patienten nur bedingt ausgewertet werden konnten. Die Einstellung mit L-Dopa und Dekarboxylasehemmer Benserazid erfolgte bei 5 Patienten in 3 Einzeldosen, bei 10 Patienten in 4 Einzeldosen, bei 9 Patienten in 5 Einzeldosen und bei 3 Patienten in 6 Einzeldosen und bei 1 Patient in 8 Einzeldosen. Die mittlere Tagesdosis betrug 382 mg.

Statistische Methoden

Entsprechend dem Design der Studie erfolgte eine deskriptiv-statistische Auswertung. Zeitliche Tendenzen werden orientierend mit dem Vorzeichentest nach Dixon und Modd bzw. mit dem Friedman-Test analysiert. Als Signifikanzniveau für orientierend durchgeführte Tests wird $p = < 0,05$ vereinbart, Überschreitungswahrscheinlichkeiten werden explizit ausgewiesen, p-Werte $< 0,001$ allerdings nicht präzisiert.

Ergebnisse

Anhand der *Columbia University Rating Scale* wurde die Parkinson-Symptomatik quantifiziert und der Therapieerfolg ausgewiesen. Einzeldaten sind der Tabelle 1 zu entnehmen. Auf der Basis der CURS-Scoresumme wird ein „Response-Score" ermittelt, der kumulativ die möglichen Design-entsprechenden Effekte berücksichtigt:

Response-Score

1 = Besserung in der Deprenyl-Phase 1 (T 1) gegenüber dem Status bei Abschluß der Stabilisierungsphase (S 2);

2 = Verschlechterung im Auslaßversuch 1 (A 1) gegenüber dem Status am Ende der Deprenyl-Phase 1 (T 1);

3 = Besserung nach 6 Wochen der Deprenyl-Phase 2 (T 2) gegenüber dem Status am Ende des Auslaßversuches 1 (A 1);

4 = Besserung nach 12 Wochen der Deprenyl-Phase 2 (T 2) gegenüber dem Status am Ende des Auslaßversuches 1 (A 1);

Tabelle 2. Response-Score

Versuchsphase		Änderung	N	%
Stabilisierung:	S2 vs. S1	Besserung	24	85,7
		keine Änderung	1	3,6
		Verschlechterung	3	10,7
Deprenyl 1:	T1 vs. S2	Besserung	18	64,3
		keine Änderung	2	7,1
		Verschlechterung	8	28,6
Auslaßversuch 1:	A1 vs. T1	Besserung	7	25,0
		keine Änderung	4	14,3
		Verschlechterung	17	60,7
Deprenyl 2:	T2 vs. A1	Besserung	18	69,2
	(N = 26)	keine Änderung	3	11,5
		Verschlechterung	5	19,2
	T3 vs. A1	Besserung	17	68,0
	(N = 25)	keine Änderung	3	12,0
		Verschlechterung	5	20,0
Auslaßversuch 2:	A2 vs. T3	Besserung	8	32,0
	(N = 25)	keine Änderung	5	20,0
		Verschlechterung	12	48,0
Response-Score	(N = 25)	0	2	8,0
		1	1	4,0
		2	4	16,0
		3	7	28,0
		4	7	28,0
		5	4	16,0

5 = Verschlechterung im Auslaßversuch 2 (A 2) gegenüber dem Status am Ende der Deprenyl-Phase 2 (T 3).

Ein niedriger Response-Score ist auf folgende Tendenzen zurückzuführen:

a) Fehlende weitere Besserung in der Deprenyl-Phase 1 (T 1) nach deutlichem Ansprechen auf Levodopa bei Ersteinstellung in der Stabilisierungsphase (die Besserungsrate beträgt in der Stabilisierungsphase 24 : 28).

b) Vergleichsweise häufig Besserungen im Auslaßversuch 2 (A 2). Die erwarteten Effekte treten in folgenden Frequenzen auf:

18 Besserungen zu 8 Verschlechterungen in Deprenyl-Phase 1 (T 1) (p = 0,076 im Vorzeichentest);

Tabelle 3

Parameter	S2	T1	A1	T2	T3	A2
Umstecken: Dauer	81,5	61,5	75,0	57,5	53,5	49,0

17 Verschlechterungen zu 7 Verbesserungen im Auslaßversuch (A 1) (p = 0,064 im Vorzeichentest);

18 Verbesserungen zu 5 Verschlechterungen nach 6 Wochen der Deprenyl-Phase 2 (T 2) (p = 0,011 im Vorzeichentest);

17 Besserungen zu 5 Verschlechterungen nach 12 Wochen der Deprenyl-Phase 2 (T 3) (p = 0,017 im Vorzeichentest);

12 Verschlechterungen zu 8 Verbesserungen im Auslaßversuch (A 1) (p = 0,503 im Vorzeichentest).

Tabelle 2 gibt eine Übersicht über den nach Ansprechraten in den einzelnen Versuchsphasen ermittelten Response-Score.

Legen wir ein Ansprechen in wenigstens 3 der obigen Studiensituationen als Response fest, so beträgt die Ansprechrate 18:25 (das entspricht 72,0%). Die Relation von 18 Respondern zu 7 Non-Respondern ist mit p = 0,043 im Vorzeichentest statistisch signifikant.

Zur Auswertung der *Motorischen Leistungsserie* wird die individuell stärker betroffene Körperseite herangezogen.

Gemessen wurden Steadiness, Liniennachfahren, Aiming, Tapping und Umstecken. Signifikante Verbesserungen können vor allem bei dem Umsteckversuch gesehen werden, wobei die Befundverbesserung in den Therapiephasen deutlich in Erscheinung treten.

Bei der Beurteilung des *Depressionsscores* nach Zung zeigten sich nach einer Besserung in der Stabilisierungsphase 2 keine wesentlichen Veränderungen unter der Gabe von Deprenyl oder in den Auslaßphasen.

Bei der klinischen Allgemeinuntersuchung war eine leichte Abnahme des Blutdrucks und der Herzfrequenz während der Einstellphase (S 2) und der Therapiephase (T 1) zu beobachten. Bei den Laboruntersuchungen fanden sich keine auffälligen Verschiebungen der im 18kanaligen Autoanalyser untersuchten Blutwerte. Es sind lediglich bei einigen Patienten diskrete Zunahmen der BKS in den Stabilisierungsphasen zu beobachten gewesen.

Begleiterscheinungen

Die Verträglichkeit wird in 26 Fällen als gut angegeben, in 4 Fällen mit mäßig beurteilt. Nebenwirkungen traten in 10 Fällen auf. Dabei handelt es sich in 2 Fällen um Haarausfall und in je einem Fall um Juckreiz, Exanthem, Psoriasis, Mundtrockenheit, Durst, Schwindel, Taumeligkeit, Schlafstörungen, inneres Zittern, Verkrampfung, Unwohlsein, Magendruck und Angina-pectoris-Anfall. Ein Zusammenhang der Beschwerden mit Deprenyl kann in 8 Fällen nicht ausgeschlossen werden.

Diskussion

Anhand der vorliegenden Doppelblindstudie wurden 30 Parkinson-Patienten daraufhin untersucht, ob Deprenyl einen zusätzlichen Effekt zu einer optimierten L-Dopa-Therapie bietet. Es konnte sowohl anhand der Columbia University Rating Scale als auch anhand der Motorischen Leistungsserie nach Schoppe eine Verbesserung unter der Zugabe von Deprenyl bei optimal eingestellter L-Dopa-Dosierung erzielt werden. Beim ersten Auslaßversuch von Deprenyl kam es zu einer signifikanten Verschlechterung. Bei erneuter Wiedereinstellung auf Deprenyl kam es zu einer signifikanten Besserung, und bei einem zweiten Auslaßversuch trat eine Verschlechterung der Symptomatik ein, die allerdings nicht so deutlich ausgeprägt war wie in der ersten Auslaßphase. Dies mag vor allem damit begründet sein, daß die zweite Auslaßphase nicht lang genug war, und daß möglicherweise noch Deprenyl-Effekte in der zweiten Auslaßphase gemessen wurden.

Sowohl in der Columbia University Rating Scale als auch bei der Prüfung der Motorischen Leistungsserie zeigten sich vor allem deutliche Besserungen im Bereich des Akinese-Rigor-Phänomens. Einen zusätzlichen antidepressiven Effekt konnte man bei den optimal mit L-Dopa eingestellten Patienten anhand der Zung-Skala nicht mehr erkennen. Die Messung mittels der Motorischen Leistungsserie nach Schoppe hat sich besonders in dem Teilbereich „Umstecken" als hilfreich erwiesen. Das Umstecken ist ein besonders gutes Maß für die komplexe Beweglichkeit von Patienten. Inzwischen wurde die Motorische Leistungsserie von uns erheblich modifiziert und von den Meßmöglichkeiten Steadiness, Liniennachfahren, Aiming, Tapping und Umstecken von Stiften von den Parkinson-Patienten besonders das Umstecken als sinnvoll angesehen (Kraus et al., 1987). Die Studie läßt den Schluß zu, daß bei Wiederholung derselben eine Verlängerung der einzelnen Prüfphasen, insbesondere der Auslaßphasen, deutlichere Ergebnisse bringen würde. Die Frage, ob die zusätzliche Besserung unter der Kombinationstherapie mit Deprenyl durch den MAO-B-inhibierenden Effekt dieser Substanz oder den Reuptake inhibierenden Effekt für die biogenen Amine erfolgt, kann anhand des Studiendesigns nicht eindeutig beantwortet werden. Anhand des relativ geringen Unterschiedes zwischen der T 3- und A 2-Phase, das ist die 3. Therapiephase mit Deprenyl und die 2. Auslaßphase, muß allerdings vermutet werden, daß der lang anhaltende MAO-B-inhibierende Effekt des irreversiblen MAO-B-Inhibitors Deprenyl die wesentliche Ursache für den Therapieerfolg des Deprenyls ist.

Literatur

Birkmayer W (1983) Deprenyl (selegiline) in the treatment of Parkinson's disease. Acta Neurol Scand 68 [Suppl] 95: 103–106

Birkmayer W, Riederer P, Youdim MBH, Linauer W (1975) The potentiation of the anti-akinetic effect after L-dopa treatment by an inhibitor of MAO-B, deprenyl. J Neural Transm 36: 303–326

Birkmayer W, Knoll J, Riederer P, Youdim MBH, Hars V, Marton J (1985) Increased life expectancy resulting from addition of (—)deprenyl to Madopar treatment in Parkinson's disease: a long term study. J Neural Transm 64: 113–127

Csanda E, Antal J, Antony M, Csanaky A (1978) Experiences with L-deprenyl in Parkinsonism. J Neural Transm 43: 263–269

Gerstenbrand F, Ransmayr G, Poewe W (1983) Deprenyl (selegiline) in combination treatment of Parkinson's disease. Acta Neurol Scand 68 [Suppl] 95: 123–126

Kraus PH, Klotz P, Fischer A, Przuntek H (1987) Assessment of symptoms of Parkinson's disease by apparative methods. J Neural Transm [Suppl] 25: 89–96

Presthus J, Hajba A (1983) Deprenyl (selegiline) combined with levodopa and a decarboxylase inhibitor in the treatment of Parkinson's disease. Acta Neurol Scand 68 [Suppl] 95: 127–133

Reynolds GP, Riederer P, Sandler M, Jellinger K, Seemann D (1978) Amphetamine and 2-phenylethylamine in postmortem parkinsonian brain after deprenyl administration. J Neural Transm 43: 271–277

Anschrift des Verfassers: Prof. Dr. H. Przuntek, St. Josef-Hospital, Neurologische Universitätsklinik Bochum, Gudrunstraße 56, D-4630 Bochum, Bundesrepublik Deutschland.

Selegilin in der
Früh- und Spätphase des Morbus Parkinson

E. Csanda und M. Tárczy

Institut für Neurologie, Medizinische Fakultät der Semmelweis-Universität, Budapest, Ungarn

Zusammenfassung

Selegilin ist ein nützliches Adjuvans zur Behandlung des Morbus Parkinson. In der Frühphase kann Selegilin als Monotherapie verabreicht werden. Seine Wirkung reicht nicht immer zur Beseitigung sämtlicher Symptome aus. Trotz dieser Beobachtung kann die Anwendung von Selegilin als Monotherapie von Nutzen sein, da im Falle der sofortigen Gabe von Levodopa ungünstige Wirkungen in der frühen Behandlungsphase auftreten können.

Im Laufe der Substitutionstherapie ersetzt Selegilin erfolgreich ca. 30% der Levodopa-Menge, die bei „de novo"-Patienten mit Morbus Parkinson verabfolgt wird. Selegilin hat eine günstige Wirkung, da es die leichten Formen von Wirkungsfluktuationen reduziert. Durch zusätzliche Gabe von Selegilin zur Dauersubstitutionstherapie bei den genannten Patienten kann die Entwicklung schwerer „On-off"-Symptome verhindert werden. Bei stark beeinträchtigten Patienten mit unregelmäßigen Wirkungsfluktuationen oder ständiger Akinese kann durch Gabe von Selegilin als Adjuvans der Verlauf der Krankheit nicht mehr beeinflußt werden.

Einleitung

Selegilin (Phenylisopropyl-N-methylpropinylamin), ein extrem starker MAO-B-Hemmer, wurde von Knoll entwickelt (Knoll et al., 1965). Die wichtigste Wirkung von Selegilin im Gehirn ist die Sensibilisierung dopaminerger Neuronen auf physiologische und pharmakologische Einflüsse, allerdings bewirkt Selegilin im Gegensatz zu Levodopa oder Bromocriptin keinen akuten Anstieg der dopaminergen Aktivität (Knoll, 1983). Selegilin hemmt die In-vitro-Oxidation von MPTP (Chiba et al., 1984). MPTP induziert beim Menschen (Davis et al., 1979; Langston et al., 1983) und bei anderen Spezies durch selektive Zerstörung der nigro-striären dopaminergen Neuronen Veränderungen

wie beim idiopathischen Morbus Parkinson. MPTP übt die neurotoxische Wirkung über seine Metaboliten aus, deren Bildung von
MAO-B abhängt.

Cohen et al. (1984) wiesen nach, daß Selegilin der neurotoxischen
Wirkung von MPTP bei einem Affenstamm, Macaca fascicularis, entgegen wirkt.

Wie die pharmakologischen Eigenschaften von Selegilin von vorn-
herein zeigten, kann die Substanz ebenfalls bei Parkinsonismus angewandt werden. Birkmayer et al. (1975) führten als erste Selegilin bei
der Behandlung des Morbus Parkinson ein. Die gleichzeitige Gabe
von Selegilin und Levodopa + PDI (Madopar®) erbrachte ausgezeich-
nete kinetische Wirkungen. Seit 1976 verwenden wir Selegilin in unserem Institut; erste Erfahrungsergebnisse wurden von Csanda et al.
(1978) veröffentlicht. In diesem Bericht fassen wir unsere Erfahrungen
mit Selegilin in der Früh- und Spätphase des Morbus Parkinson zusammen. Unserer Ansicht nach ist die Frühphase durch eine begrenzte
Symptomatik charakterisiert, die zu keiner funktionellen Beeinträchtigung führt; sollten funktionelle Beeinträchtigungen vorhanden sein,
können diese mit Levodopa + PDI beseitigt oder zumindest wesentlich reduziert werden. In der Spätphase läßt die therapeutische Wirkung nach, und es kommt zu Komplikationen infolge der Anwendung
von Levodopa.

Unsere Bezeichnung „Frühphase" deckt sich mit den Bezeich-
nungen „kompensierte Phase" und „frühe dekompensierte Phase",
während „Spätphase" nach den Definitionen von Yahr „späte dekompensierte Phase" bedeutet (Yahr et al., 1983).

Patienten und Methodik

Selegilin wurde als Monotherapie in der konventionellen Tagesdosis von 2 × 5 mg
bei Patienten in der Frühphase des Morbus Parkinson (charakterisiert durch die
Anfangssymptomatik) eingesetzt. Es wurde ebenfalls in Kombination mit Levodopa + PDI (Madopar®) zu Beginn der Substitutionstherapie verabreicht.

Selegilin wurde zusätzlich zur Dauersubstitutionstherapie bei verschiedenen Formen von Wirkungsfluktuationen verabfolgt; außerdem wurde es als Adjuvans bei
stark beeinträchtigten Patienten mit verhältnismäßig permanenter Akinese angewandt.
Die klinische Beurteilung der Patienten ohne Wirkungsfluktuationen erfolgte nach
dem Webster Score (Webster, 1968).

Patienten mit Wirkungsfluktuationen wurden auf der Grundlage der Motor Per-
formance Scale (MPS) (motorische Leistungsskala) beurteilt. Nach der MPS werden
stündliche Aufzeichnungen gemacht hinsichtlich Tremor, Aufstehen, Gang sowie

eventueller abnormer unwillkürlicher Bewegungen (Einzelheiten s. Csanda und Tárczy, 1983). Bei diesen Patienten wurde die North Western University Disability Scale (NWUDS) (Beeinträchtigungsskala der North Western Universität) als Vergleich angewandt (Canter et al., 1961).

Ergebnisse

Selegilin als Monotherapie in der Frühphase des Morbus Parkinson

Bei 30 Parkinson-Patienten mit beginnenden Krankheitssymptomen wurde Selegilin als Monotherapie in einer Tagesdosierung von 2 × 5 mg oral verabreicht (Einzelheiten s. Tabelle 1). Die klinische Studie dauerte mindestens 6 Monate. Der Zustand der Patienten wurde im allgemeinen einmal monatlich mit Hilfe der Webster Disability Scale und einiger instrumenteller Untersuchungen (Akzelerometrie, Messungen der Reaktionszeit) kontrolliert.

Die mathematische Auswertung der gesamten Gruppe zeigt eine signifikante Besserung nach drei und auch noch nach sechs Monaten. Trotz dieser Tatsache sollten einige Probleme Erwähnung finden. Bei 10 Patienten erwies sich die Besserung selbst nach sechs Monaten als stabil. Zehn Patienten hatten in der Frühphase der Untersuchung eine leichte Besserung zu verzeichnen, allerdings kam es nach 5—6 Monaten zu einem Rückfall. Bei 10 Patienten führte Selegilin zu keinerlei günstigen Wirkung; besonders das Symptom Ruhetremor sprach auf die Behandlung nicht an und ließ sich kaum beherrschen. Aus diesem Grund mußten wir bei einem Großteil der Patienten (20/30) nach

Tabelle 1. Selegilin als Monotherapie in der Frühphase des Morbus Parkinson

Anzahl der Patienten	30
Stadium nach Hoehn und Yahr	I: 21 II: 9
Alter (Jahre)	38–65 (55,2)
Selegilin	2 × 5 mg täglich
Webster Score	
Beginn	6,13 ± 0,39 [1]
3 Monate	4,9 ± 0,44 [2]
6 Monate	5,5 ± 0,5 [3]

[1] vs. [2]: $p < 0,001$.
[1] vs. [3]: $p < 0,001$.

Tabelle 2. Vergleich von Levodopa + PDI und Levodopa + PDI + Selegilin bei De-
novo-Patienten mit Morbus Parkinson

	Gruppe I	Gruppe II
(1) Anzahl der Patienten	10	10
(2) Stadium nach Hoehn und Yahr	III	III
(3) Levodopa + PDI	300/75	200/50
(4) Selegilin	—	2 × 5 mg täglich
(5) Beginn des Morbus Parkinson (Alter)	50–55 (52,1)	50–55 (52,8)
(6) Beginn der Behandlung	51–57 (54,0)	52–57 (54,8)
(7) Webster Score		
Beginn	16,6 ± 1,48 [1]	16,8 ± 1,61 [4]
3 Monate	5,1 ± 0,87 [2]	6,7 ± 0,94 [5]
1 Jahr	5,3 ± 1,21 [3]	6,9 ± 0,87 [6]

[1] vs. [2], [1] vs. [3], [4] vs. [5], [4] vs. [6], $p < 0,001$.
[2] vs. [5], [3] vs. [6] n. s.

Beendigung der Studie auch andere Präparate (geringe Dosen von
Levodopa, Amantadin, Anticholinergika) geben.

Dopa-einsparende Wirkung von Selegilin im Verlauf der Substitutionstherapie

In einem früheren Bericht (Csanda et al., 1983) zeigten wir, daß bei
optimal behandelten Parkinson-Patienten ca. 30% der Dosis von Levodopa + PDI (Madopar®) erfolgreich durch Gabe von 5 mg Selegilin
täglich ersetzt werden können.

Vor kurzem wählten wir zwei gut übereinstimmende Gruppen von
„de novo"-Patienten mit Morbus Parkinson aus. Sämtliche Patienten
befanden sich im Stadium III nach Hoehn und Yahr; der Zeitpunkt
des Krankheitsbeginns und das Zeitintervall zwischen den ersten Anzeichen des Morbus Parkinson und dem Beginn der Substitutionstherapie waren praktisch gleich (Einzelheiten s. Tabelle 2). Bei der Gruppe
I begannen wir mit 3 × 125 mg Madopar®, während die Patienten der
Gruppe II 2 × 125 mg Madopar® plus 2 × 5 mg Selegilin täglich erhielten. Die Patienten wurden mindestens ein Jahr lang nachuntersucht. Die Webster Disability Scale wurde während regelmäßiger ambulanter Kontrollen angewandt; die Ausgangswerte stimmten überein.

In beiden Gruppen wurde eine hochsignifikante Besserung beobachtet, die auch nach einem Behandlungsjahr noch anhielt. Es sollte an dieser Stelle betont werden, daß sich hinsichtlich des Grads der Besserung der Patienten, die Selegilin erhielten, oder der Patienten, die lediglich mit einer höheren Madopar®-Dosis behandelt wurden, keinerlei Unterschiede ergaben.

Die Dopa-einsparende Wirkung von Selegilin kann als eindeutig belegt gelten; aus diesem Grund schlagen wir vor, Selegilin als Adjuvans in der Frühphase der Substitutionstherapie zu verabreichen.

Probleme der Spätphase. Selegilin bei Patienten mit Wirkungsfluktuationen

Die Ursache der Wirkungsfluktuationen während einer Langzeitbehandlung mit Levodopa sind immer noch unbekannt. Marsden (1980) ist der Ansicht, daß die reduzierte Speicherkapazität dopaminerger Neuronen der Schlüsselfaktor für die Entwicklung von „On-off"-Reaktionen sein könnte, allerdings müssen auch andere Faktoren, z. B. eine veränderte Rezeptor-Sensibilität (Rinne, 1980), Oszillationen im Levodopa-Plasma-Spiegel (Nutt und Fellmann, 1984) berücksichtigt werden. Auch die Klassifizierung der therapiebedingten Fluktuationen ist unterschiedlich und heterogen (Marsden und Parkes, 1976; Yahr, 1978; Hoehn, 1983).

Wir glauben angesichts unserer Beobachtungen mit MPS, daß es möglicherweise drei Hauptformen gibt:

1. „Wearing-off"-Wirkung mit allmählichem Wiederauftreten der Akinese ohne abnorme unwillkürliche Bewegungen.

2. Dosisabhängige Fluktuation zwischen „On"- und „Off"-Perioden mit einem abrupten Wechsel von Mobilität zu Disability; „On"-Perioden können von abnormen unwillkürlichen Bewegungen („Sinus-ähnlichen Fluktuationen") begleitet sein, allerdings müssen nicht gleichzeitig Dyskinesien vorliegen.

3. Dosisunabhängige, unvorhersehbare, zufällige Fluktuationen.

In einer früheren Arbeit untersuchten wir die Wirksamkeit von Selegilin als Adjuvans bei verschiedenen Formen der Wirkungsfluktuationen (Csanda et al., 1986). Selegilin wurde in einer Dosierung von 2 × 5 mg pro Tag zusätzlich zur Dauersubstitutionsbehandlung gegeben. In dieser Dosierung kann Selegilin die abnormen unwillkürlichen Bewegungen vom gewöhnlichen „dosisabhängigen" Typ verstärken, obwohl die akinetischen „Off"-Perioden kürzer sein können.

Tabelle 3. Selegilin bei Patienten mit „Wearing-off"-Symptomen

		Vor Behandlung	Nach Behandlung
Anzahl der Patienten	18		
Beginn des Morbus Parkinson (Alter)	45–50		
Beginn der Substitutionstherapie (Alter)	48–64 (56,7)		
„Wearing-off" nach Substitutionstherapie (Jahre)	2–6 (4,0)		
Levodopa + PDI	300/75–600/150 (450/112,5)		
Selegilin	2 × 5 mg täglich		
MPS			
Mobilität		$13,1 \pm 4,6$	$9,2 \pm 5,2^a$
Gesamt-Disability		$15,0 \pm 6,2$	$10,3 \pm 6,0^a$
NWUDS		$61,2 \pm 16,5$	$65,9 \pm 17,9^b$
gebessert		12/18	

[a] $p < 0,001$.
[b] $p < 0,01$.

Beim dosisunabhängigen Typ erwies sich Selegilin als unwirksam hinsichtlich einer Beeinflussung der schnellen Oszillationen.

Schutzwirkung von Selegilin bei Patienten mit „Wearing-off"

Besondere Beachtung fanden Patienten mit „Wearing-off"-Symptomatik (s. Tabelle 3). Die Patienten wurden 3—6 Wochen lang stationär behandelt. Eine signifikante Besserung wurde auf der Basis der MPS und NWUDS beobachtet. Bei 12 von 18 „Wearing-off"-Patienten wurde eine wesentliche Besserung verzeichnet, zumal ihre „Off"-Perioden verschwanden oder aber kürzer wurden. Diese Patienten wurden 3—4 Jahre lang nachuntersucht (Mittel: 3,4). Die erzielten Ergebnisse sind erstaunlich gut: Die Besserung erwies sich als stabil, und keiner dieser Patienten wies schwerere „On-Off"-Symptome wie schnelle Oszillationen auf. Unserer Ansicht nach übt Selegilin bei Patienten mit „Wearing-off"-Symptomen eine Schutzwirkung aus. Aus diesem Grund befürworten wir seine Anwendung in dieser Phase des Morbus Parkinson.

Tabelle 4. Selegilin bei stark beeinträchtigten Patienten

Anzahl der Patienten	10	
Stadium nach Hoehn und Yahr	IV: 3, V: 7	
Beginn des Morbus Parkinson (Alter)	52–68 (59,8)	
Beginn der Substitutionstherapie (Alter)	53–70 (61,7)	
Dauer der Substitutionstherapie (Jahre)	8–13 (10,5)	
Dosierung (Levodopa + PDI)	900/225–1400/350 (1050/262,5)	
Selegilin	2 × 5 mg täglich	
	Vor Behandlung	Nach Behandlung
Webster Score	27,0 ± 1,56	26,9 ± 1,5[a]

[a] n.s.

Probleme der Spätphase. Selegilin bei stark beeinträchtigten Patienten

Einzelheiten sind in Tabelle 4 aufgeführt. Die Patienten wurden 3—6 Wochen lang stationär behandelt. Zusätzlich zu Madopar® wurden 2 × täglich 5 mg Selegilin gegeben. Die zusätzliche Gabe von Selegilin ergab keine Zustandsbesserung bei diesen Patienten, die durchschnittlich seit 10,5 Jahren eine Substitutionstherapie erhielten. Scheinbar verschwindet gleichzeitig mit der nachlassenden Fähigkeit der nigro-striären Neuronen, Dopamin zu synthetisieren, auch die aktivierende Wirkung auf die dopaminerge Funktion.

Diskussion

Diese Arbeit befaßt sich mit mehreren Aspekten der Indikationen für Selegilin beim Morbus Parkinson. Selegilin kann als Monotherapie in der Frühphase des Parkinsonismus, charakterisiert durch Anfangssymptome, verabreicht werden. Yahr (1983) empfiehlt ebenfalls die Anwendung von Selegilin bei „kompensiertem" Morbus Parkinson. Es ist bekannt, daß durch unmittelbare hochdosierte Gabe von Levodopa ungünstige Wirkungen — insbesondere „On-off"-Symptome — in einem frühen Stadium der Behandlung hervorgerufen werden können.

Die Dopa-einsparende Wirkung von Selegilin wurde zum ersten Mal von Birkmayer (1978) aufgezeigt. Nach Birkmayer et al. (1983)

führt Selegilin zu einer Verlängerung der L-Dopa-Wirksamkeit bei Morbus Parkinson. Unsere Ergebnisse bestätigen diesen Dopa-einsparenden Effekt, der hinsichtlich der Problematik einer Levodopa-Langzeittherapie sehr nützlich sein kann. Zahlreiche Angaben in der Literatur belegen die Wirksamkeit von Selegilin bei leichten Formen von therapiebedingten Fluktuationen (Lees et al., 1977; Stern et al., 1977; Schachter et al., 1980; Goldstein, 1980). Allgemein wird davon ausgegangen, daß Selegilin bei therapiebedingten Fluktuationen so früh wie möglich verabreicht werden sollte, da seine günstige Wirkung bei fortgeschrittener „On-off"-Symptomatik fraglich ist. Diese Befunde decken sich mit unseren Erfahrungen.

Es sollte nochmals betont werden, daß Selegilin die Entwicklung von „On-off"-Reaktionen bei einem Großteil der Patienten mit „Wearing-off"-Symptomen verhindern kann. Theoretisch könnte sich diese protektive Wirkung mit der Wirkung von Selegilin decken, die MPTP-Neurotoxizität zu verhindern. MPTP führt zu einer Zerstörung der nigro-striären dopaminergen Zellen, während Selegilin den dopaminergen Tonus im Gehirn erhöht. Die Abnahme und die schnellen Änderungen des dopaminergen Tonus könnten zur Entwicklung der „On-off"-Symptomatik beitragen.

Literatur

Birkmayer W, Riederer P, Youdim MBH, Linauer W (1975) The potentiation of the anti-akinetic effect after L-dopa treatment of MAO-B, deprenil. J Neural Transm 36: 303–326
Birkmayer W (1978) Long-term treatment with L-deprenyl. J Neural Transm 43: 239–244
Birkmayer W, Knoll J, Riederer P, Youdim MBH (1983) (—)Deprenyl leads to prolongation of L-Dopa efficacy in Parkinson's disease. In: Beckmann H, Riederer P (eds) Monoamine oxidase and its selective inhibitors. Karger, Basel, pp 170–177
Canter DJ, De La Torre R, Mier MA (1961) A method of evaluating disability in patients with Parkinson's disease. J Nerv Ment Dis 133: 143–149
Chiba K, Trevor A, Castagnoli J jr (1984) Metabolism of the neurotoxic tertiary amine, MPTP, by brain monoamine oxidase. Biochem Biophys Res Comm 120: 574–578
Cohen G, Pasik P, Cohen B, Leist A, Mytilineou C, Yahr MD (1984) Pargyline and deprenyl prevent the neurotoxicity of 1-methyl-4-phenyl-1,2,3,6-tetrahydropyridine (MPTP) in monkeys. Eur J Pharmacol 56: 411–412
Csanda E, Antal J, Antony M, Csanaky A (1978) Experiences with L-deprenyl in Parkinsonism. J Neural Transm 43: 263–269
Csanda E, Tárczy M (1983) Clinical evaluation of deprenyl (selegiline) in the treatment of Parkinson's disease. Acta Neurol Scand [Suppl] 95: 117–122

Csanda E, Tárczy M, Takáts A, Mogyorós I, Köves Á, Katona G (1983) L-deprenyl in the treatment of Parkinson's disease. J Neural Transm [Suppl] 19: 283–290

Csanda E, Tárczy M, Takáts A (1986) (—)Deprenyl in the treatment of decompensated Parkinson's disease. J Neural Transm [Suppl] 22: 247–252

Goldstein L (1980) The „on-off" phenomena in Parkinson's disease—treatment and theoretical considerations. Mt Sinai J Med NY 47: 80–84

Davis GC, Williams AC, Markey SP, Ebert MH, Caine ED, Reichert CM, Kopin J (1979) Chronic parkinsonism secondary to intravenous injection of meperidine analogues. Psychiatry Res 1: 249–254

Hoehn MM (1983) Parkinsonism treated with levodopa: Progression and mortality. J Neural Transm [Suppl] 19: 253–264

Knoll J, Ecsery Z, Kelemen K, Nievel J, Knoll B (1965) Phenylisopropyl-methyl-propinyl-amine (E-250) a new spectrum psychic energizer. Arch Int Pharmacodyn 155: 154–160

Knoll J (1983) Deprenyl (selegiline) the history of its development and pharmacological action. Acta Neurol Scand [Suppl] 95: 57–80

Langston JW, Ballard Ph, Tetrud JW, Irwin J (1983) Chronic parkinsonism in humans due to a product a meperidin-analog synthesis. Science 219: 979–980

Lees AJ, Shaw KM, Kohout LJ, Stern GM, Elsworth JD, Sandler M, Youdim MBH (1977) Deprenyl in Parkinson's disease. Lancet ii: 292–296

Marsden CD, Parkes JD (1976) „On-off" effects in patients with Parkinson's disease on chronic levodopa therapy. Lancet i: 292–296

Marsden CD (1980) „On-off" phenomena in Parkinson's disease. In: Rinne UK, Klinger M, Stamm G (eds) Parkinson's disease. Current progress, problems and management. Elsevier, North-Holland, Amsterdam, pp 241–255

Nutt JG, Fellman JH (1984) Pharmacokinetics of levodopa. Clin Neuropharm 7: 35–49

Rinne UK, Koskinen V, Lonnberg P (1980) Neurotransmitter receptors in the parkinsonian brain. In: Rinne UK, Klinger M, Stamm G (eds) Parkinson's disease. Current progress, problems and management. Elsevier, North-Holland, Amsterdam, pp 93–107

Schachter M, Marsden CD, Parkes JD, Jenner P, Testa B (1980) Deprenyl in the management of response fluctuations in patients with Parkinson's disease on levodopa. J Neurol Neurosurg Psychiatry 43: 1016–1021

Stern GM, Lees AJ, Sandler M (1978) Recent observations on the clinical pharmacology of (—)deprenyl. J Neural Transm 43: 245–251

Webster DD (1968) Critical analysis of the disability in Parkinson's disease. Med Treatment 5: 257–282

Yahr MD (1978) Overview of present day treatment of Parkinson's disease. J Neural Transm 43: 227–238

Yahr MD, Mendoza MR, Moros D, Bergmann KJ (1983) Treatment of Parkinson's disease in early and late phases. Use of pharmacological agents with special reference to deprenyl (selegiline). Acta Neurol Scand [Suppl] 95: 95–102

Anschrift des Verfassers: Prof. Dr. E. Csanda, Institut für Neurologie, Medizinische Fakultät der Semmelweis-Universität, Balassa u. 6, H-1083 Budapest, Ungarn.

Kombinierte Therapie L-Dopa und Monoaminoxidasehemmer: Fünf Jahre kontrollierte Therapiestudie

M. Grundmann und K. Schimrigk

Abteilung für Neurologie, Universitäts-Nervenklinik, Homburg/Saar, Bundesrepublik Deutschland

Zusammenfassung

Im Rahmen einer doppelblinden Langzeitstudie werden seit Februar 1985 16 Patienten mit Morbus Parkinson bzw. einem Parkinson-Syndrom mit Deprenyl bzw. Placebo behandelt. Ziel dieser Studie ist es, herauszufinden, ob eine Reduktion anderer Parkinson-Medikamente, insbesondere des Madopar, unter Deprenyl erreicht werden kann, um die bekannten Spätkomplikationen wie „On-off"-Phänomene, Dyskinesien so gering wie möglich zu halten. Die Kriterien, die zur Beurteilung des Krankheitsverlaufes herangezogen werden, sind der klinisch-neurologische Befund sowie die motorische Leistungsserie. Die bis heute erzielten Resultate zeigen, daß die Dosis von Madopar bei 7 von insgesamt 16 Patienten reduziert werden konnte. Zwei dieser Patienten erhielten Madopar allein, 5 zusätzlich Anticholinergika. Bei einer Patientin mußte die Dosis von Madopar infolge Auftretens von Dyskinesien reduziert werden. Bemerkenswert ist, daß der psychische Zustand der Patienten unverändert blieb. Ein vermehrtes Auftreten von Nebenwirkungen wie Kopfschmerzen, Schwindel, Übelkeit etc. wurde nicht beobachtet.

Bei 3 Patienten mit langjährigem Morbus Parkinson, die nicht in die Studie aufgenommen wurden, konnte die Dosis von Madopar bzw. Nacom unter Deprenyl aufrechterhalten bzw. reduziert werden.

Patienten und Methode

Seit Februar 1985 beobachten wir im Rahmen einer kontrollierten Doppelblindstudie zur Zeit 16 Patienten mit einem Morbus Parkinson bzw. einem Parkinson-Syndrom. Diese Patienten erhalten neben einem Dopamin-Präkursor wie z. B. Madopar®, und Anticholinergika den Monoaminoxidasehemmer Deprenyl bzw. ein gleich aussehendes Placebo; das Deprenyl bzw. Placebo wird dabei stets in gleichbleibender Dosierung, nämlich 2 × 5 mg, und täglich zur gleichen Einnahmezeit,

nämlich morgens und mittags, verabreicht. Ziel dieser Kombinationstherapie ist es, eine Reduktion anderer Parkinson-Medikamente, insbesondere des Madopars, zu erreichen, um dessen bekannte Spätkomplikationen wie On-off-Phänomen und Dyskinesien möglichst gering
zu halten (Brodersen et al., 1985; Friedmann, 1985).

Beurteilungskriterien des Krankheitsverlaufes sind der klinisch-neurologische Befund sowie eine motorische Leistungsserie. Im folgenden
sollen die bisherigen Ergebnisse der Studie allein unter Berücksich-
tigung der neurologischen Befunde dargestellt werden.

Aufgenommen wurden Patienten bis zu 80 Jahren, die bislang nicht
mit Levodopa oder Levodopa und Dekarboxylasehemmern behandelt
worden waren (sogenannte de-novo-Patienten) oder Patienten, die
Levodopa nicht länger als 12 Monate und in konstanter Dosierung
während der letzten 4 Wochen vor Aufnahme in die Studie erhalten
hatten. Alle 6 Wochen stellten sich die Patienten ambulant vor, wobei
die Antiparkinson-Therapie korrigiert und die Begleitmedikation überprüft werden konnte. Alle 3 Monate erfolgte die Beurteilung des
Krankheitsverlaufes nach den Kriterien der Columbia-University Rating Scale, wo besonders der Schweregrad von Rigor, Tremor und
Akinese festgelegt wird. Außerdem wurden der psychische Status nach
der Zung-Skala ermittelt und nach Fluktuation der Akinese und vegetativen Begleiterscheinungen gefragt. Der klinischen Untersuchung
schloß sich schließlich eine motorische Leistungsserie an. Alle 6 Monate wurden die Laborparameter Blutbild, Transaminasen, alkalische
Phosphatase und Gamma-GT sowie das Kreatinin bestimmt.

Ergebnisse

Bisher nahmen wir 11 Männer und 8 Frauen zwischen 48 und 79
Jahren in unsere Studie auf. Drei Männer schieden inzwischen aus:
Zwei ohne Angabe von Gründen, bei dem dritten war der Einsatz
von Dopaminagonisten wegen massiver Verschlechterung der Symptomatik indiziert. Bei den nunmehr 8 Männern und 8 Frauen stand
bei Aufnahme bei 6 Patienten ein meist einseitig und armbetonter
Ruhetremor im Vordergrund; bei 7 Patienten fanden sich ein ausgeprägter Rigor und Tremor unterschiedlicher Verteilung, bei zwei weiteren Patienten imponierte besonders der Rigor und bei einer Patientin
bestand die Hauptmanifestation des Morbus Parkinson in einer deutlichen Amimie und allgemeinen Schwerfälligkeit bei fehlendem Rigor.
Der psychische Status nach Zung ergab lediglich bei einem Patienten

eine mäßig schwere und bei einer Patientin eine leichte Depression, ansonsten waren depressive Verstimmungszustände nicht zu verzeichnen. Auch vegetative Begleiterscheinungen wie Schwindel, Schlafstörungen und gastrointestinale Symptomatik wurden lediglich von zwei Patienten angegeben. Unter Kombinationstherapie mit Madopar und Deprenyl bzw. Placebo konnte nun, ausgehend von einer Madopar-Anfangsdosis von 300 mg L-Dopa täglich bei den de-novo-Patienten und einer entsprechend höheren Dosis bei den vorbehandelten Patienten, eine Reduktion des Madopars in 7 Fällen erreicht werden. Bei diesen Patienten standen in 4 Fällen der Tremor, in 2 Fällen der Rigor und in einem Fall Rigor und Tremor klinisch im Vordergrund. Die Madopar-Dosis konnte bestenfalls um mehr als die Hälfte, nämlich von 500 mg L-Dopa auf 200 mg gesenkt werden, im schlechtesten Fall betrug die reduzierte Dosis 50 mg/Tag. Unter Monotherapie mit Madopar und Prüfsubstanz fanden sich nur zwei von den sieben Patienten, bei denen eine Levodopa-Reduktion möglich war; die übrigen 5 Patienten mußten zusätzlich mit Anticholinergika therapiert werden, die jedoch ihrerseits in 2 Fällen ebenfalls reduziert werden konnten. Bei den übrigen Patienten unserer Studie blieb die Madopar-Dosis von Anfang an konstant (in 7 Fällen), bei einem Patienten erfolgte vorübergehend bei Zunahme von Rigor und Hypokinesie eine Erhöhung der Levodopa-Dosis, die zur Zeit jedoch wieder langsam abgebaut werden kann. Zwangsläufig, ohne Besserung der Symptomatik, mußte bei einer 73jährigen Patientin das Madopar von 3×125 mg auf $3 \times 62,5$ mg reduziert werden, als sich heftigstes Grimassieren einstellte, das dann nach Dosisreduktion sofort sistierte (Tabelle 1). Insgesamt traten unter der Prüfsubstanz vegetative Begleiterscheinungen, wie für das Deprenyl beschrieben (Antóny et al., 1982), nicht auf; der psychische Befund blieb auffälligerweise bei allen Patienten konstant oder verbesserte sich bei den Patienten, die zuvor unter depressiven Verstimmungszuständen gelitten hatten. Verwirrtheitszustände oder Psychosen traten ebenfalls nicht auf.

Neben der bisher beschriebenen Studie behandelten wir 3 Patienten mit Deprenyl, bei denen ein langjähriger Morbus Parkinson bzw. ein Parkinson-Syndrom bestand: Ein 61jähriger Patient mit seit 8 Jahren bestehendem Morbus Parkinson mit ausgeprägter Hypokinesie verschlechterte sich Anfang 1986 so sehr, daß neben Nacom (3×275 mg), Akineton (Biperiden, 2×1 Tablette) und PK-Merz (Amantadin, 3×1 Tablette) Pravidel in einschleichender Dosierung bis 3×5 mg ange-

Tabelle 1. Kombinationsbehandlung mit L-Dopa und MAO-B-Hemmern. Vorläufige Ergebnisse einer kontrollierten Therapiestudie

Patient	Alter/ Geschlecht	Symptome	Pro- gression	Madopar-Dosis
1	79 m	Rigidität/Tremor	↗	—
2	76 m	Rigidität/Tremor	↗	—
3	48 m	Rigidität/Tremor	↗	↘ + Anticholinergika
4	59 f	Rigidität/Tremor	↗	↘ + Anticholinergika
5	61 f	Tremor	—	↘ + Anticholinergika
6	56 m	Rigidität	↗	↘
7	60 f	Tremor	↗	↘ + Anticholinergika
8	73 f	Rigidität/Tremor	—	↘ + Anticholinergika/ Nebenwirkungen
9	60 m	Tremor	↗	↗ + Anticholinergika
10	66 m	Tremor	↗	↘
11	48 m	Rigidität/Tremor	↗	—
12	68 f	Akinese	↗	—
13	52 f	Tremor	—	↘ + Anticholinergika
14	67 f	Rigidität	↗	—
15	56 m	Rigidität/Tremor	↗	—
16	59 f	Tremor	—	—

setzt wurde; hierunter besserte sich die Parkinson-Symptomatik zwar deutlich, aber wegen einsetzendem Schwindel und Übelkeitsgefühl mußte der Dopaminagonist schließlich wieder abgesetzt werden. Unter der hohen Nacom-Dosis bemerkte der Patient außerdem zeitweise Hyperkinesien der rechten Hand. Unter Deprenyl-Therapie in einschleichender Dosierung bis 2 × 5 mg/Tag konnte der Patient innerhalb von 6 Wochen die Nacom-Dosis jedoch um 275 mg reduzieren, worunter bei zwar nur unwesentlich gebesserter Parkinson-Symptomatik die Hyperkinesen deutlich zurückgingen.

Ein jetzt 81 jähriger Patient mit nunmehr seit 12 Jahren bestehendem arm- und rechtsbetontem Parkinson-Syndrom kam Ende 1985 wegen zunehmender nächtlicher Unruhe, Durchschlafstörung und einer Zunahme von Tremor und Rigor bei uns zur stationären Aufnahme. Unter Beibehaltung der Madopar-Dosis von 250 — 125 — 125 mg/ Tag und zusätzlicher Gabe von Deprenyl 2 × 5 mg, PK-Merz 3 × 2 Tabletten und L-Tryptophan erholte sich der Patient allmählich und konnte nach Hause entlassen werden, wo er bis heute unter Beibehaltung der oben angegebenen Medikation relativ beschwerdefrei ist und trotz des hohen Alters noch Gartenarbeit verrichten kann. Nur hin und wieder treten, Angaben der Tochter zufolge, leichte nächtliche Unruhezustände auf.

Ein dritter Patient mit einem seit etwa 10 Jahren bekannten Parkinson-Syndrom mit Rigor, Tremor, Hypokinesen und psychotischen Episoden nach Apoplex kam im Rahmen einer akinetischen Krise bei uns zur stationären Aufnahme. Auf Gabe von Amantadin (PK-Merz-Infusionen), Madopar, Anticholinergika und Pravidel erholte sich der Patient sehr rasch, jedoch mußte der Dopaagonist wegen seiner vegetativen Begleiterscheinungen rasch wieder abgesetzt werden, unter gleichzeitiger Erhöhung des Madopars (Calne et al., 1978); darunter traten jedoch stärkste psychotische Episoden und Dyskinesien auf. Unter Gabe von Deprenyl 2 × 5 mg konnte schließlich das Madopar reduziert werden, worunter die psychotische Symptomatik bei gleichbleibender guter Beweglichkeit des Patienten verschwand.

Zusammenfassend kann somit der Einsatz von Monoaminoxidasehemmern Typ B (Deprenyl) in der Parkinson-Therapie als durchaus positiv bewertet werden (Birkmayer und Riederer, 1984; Gyimóti et al., 1983). Nach klinischen Beurteilungskriterien konnte bei einem Teil unserer Patienten das Ziel, die Reduktion der Madopar-Dosis bei unveränderter Symptomatik, erreicht werden. Die objektiven Ergebnisse nach Auswertung der motorischen Leistungsserie bleiben abzuwarten.

Literatur

Antóny M, Tóth G, Széplaki Z (1982) Klinikopharmakologische Erprobung der Arzneimittelkombination Jumex + Dopaflex in der Dauertherapie des Parkinson-Syndroms. Therapie Hungarica 30: 185–188

Birkmayer W, Riederer P (1984) Deprenyl prolongs the therapeutic efficacy of combined L-dopa in Parkinson's disease. Adv Neurol 40: 475–480

Brodersen P, Philbert A, Gulliksen G, Stigard A (1985) The effect of L-deprenyl on on-off phenomena in Parkinson's disease. Acta Neurol Scand 71: 494–497

Calne DB, Plotkin C, Williams AC, Nutt JG, Neophytides A, Teychenne PF (1978) Long-term treatment of Parkinsinism with Bromocriptine. Lancet i: 735

Friedman A (1985) Levodopa-induced dyskinesia: clinical observations. J Neurol 232: 29–31

Gyimóti G, Csanaky A, Leposa D (1983) Praxiserfahrungen mit L-Deprenil (Jumex®) in ambulanter Langzeitbehandlung von Parkinson-Syndrom-Patienten. Therapie Hungarica 31: 3–8

Anschrift des Verfassers: Dr. M. Grundmann, Neurologische Klinik der Universität des Saarlandes, D-6650 Homburg/Saar, Bundesrepublik Deutschland.

III. Behandlung des Morbus Parkinson — Spätstadium

Doppelblind-Untersuchung der Wirkung von R-(—)-Deprenyl auf die „On-off"-Symptomatik als Komplikation des Morbus Parkinson

L. I. Golbe und R. C. Duvoisin

Abteilung für Neurologie, University of Medicine and Dentistry of New Jersey — Robert Wood Johnson Medical School, New Brunswick, New Jersey, USA

Zusammenfassung

Wir führten eine parallele Doppelblind-Studie mit 5 mg Deprenyl 2 × täglich gegenüber Placebo bei der Behandlung von den Morbus Parkinson komplizierenden „On-off"-Oszillationen durch. Nach einer zweiwöchigen Baseline-Phase erstreckte sich die Behandlung über einen Zeitraum von sechs Wochen. Es wurden wöchentliche Auswertungen mit Hilfe der Northwestern Disability Scale und der stündlich zu Hause durchgeführten Patientenselbstbeurteilung des „On-off"-Status vorgenommen. Bei den mit Deprenyl behandelten Patienten wurde eine signifikante Besserung des „On"-Status in bezug auf die Zeit festgestellt. Ebenfalls wurde bei ihnen eher als bei den mit Placebo behandelten Patienten eine Besserung des Schweregrads von Tremor und Hypomimie während der „On"-Phase beobachtet. Bei keiner anderen Disability ergaben sich qualitative Besserungen. Nebenwirkungen wie Halluzinationen und Verstärkung der Choreoathetose wurden bei der Deprenyl-Gruppe häufig beobachtet, ließen jedoch im allgemeinen nach Reduzierung der gleichzeitig verabreichten Levodopa-/Carbidopa-Dosis nach. Daraus läßt sich schließen, daß Deprenyl hinsichtlich der Besserung der „On-off"-Symptomatik bei einer Vielzahl von Patienten eine mäßiggradige Wirksamkeit zeigt.

Einleitung

Die „On-off"-Symptomatik kompliziert den Morbus Parkinson (Parkinson's disease, PD) bei der Mehrzahl der Patienten nach 5jähriger Behandlung mit Levodopa/Carbidopa (Marsden und Parkes, 1976). Dieses Phänomen verläuft im allgemeinen entweder in Form eines vorhersehbaren dosisabhängigen Nachlassens der Wirksamkeit vor Gabe der nächsten Levodopa-/Carbidopa-Dosis oder aber in Form von plötzlichen, schwer voraussehbaren Fluktuationen bei der PD-Symptomatik ohne ersichtliche Korrelation zu den Levodopa-Blutspiegeln. Birkmayer et al. (1975) berichteten als erste über die Verminderung der „On-off"-Oszillationen unter Deprenyl.

Seitdem sind diesbezüglich mehrere Doppelblind-Studien durchgeführt worden. Lees et al. (1977) berichteten über eine signifikante Besserung bei leichten und mittleren Oszillationen, kamen jedoch zu dem Schluß, daß Levodopa-abhängige Dyskinesien bei 14 ihrer 41 Patienten zunahmen. Stern et al. (1978) beobachteten eine ausgeprägt günstige Wirkung von Deprenyl beim dosisabhängigen „On-off"-Phänomen sowohl tagsüber als auch nachts, allerdings nicht beim schwerwiegenderen „Yo-Yo"-Muster der „On-off"-Symptomatik. Presthus und Hajba (1983) beschrieben einen leichten, allerdings statistisch signifikanten Vorteil von Deprenyl gegenüber Placebo bei mehreren „On-off"-Mustern.

Im Gegensatz hierzu stehen die Schlußfolgerungen von Eisler et al. (1981) und Brodersen et al. (1985). Ersterer fand bei Deprenyl nur einen leichten Wirkungsvorteil, den er im wesentlichen einer antidepressiven Wirkung zuschrieb. Allerdings wurden in dieser Untersuchung die „On-off"-Phänomene nicht speziell geprüft, weshalb sie von Longstreth (1981) kritisiert wurde. Sie enthält nämlich Fehler 1. und 2. Art. Brodersen et al. (1985) berichteten über eine signifikante Besserung der „On-off"-Symptomatik bei einigen Patienten, beschrieben jedoch auch häufige dopaminerge Nebenwirkungen, die die Vorteile größtenteils wieder zunichte machten.

In der vorliegenden parallelen Doppelblind-Studie wird die Wirkung von Deprenyl bzw. Placebo als Adjuvans zu einer zuvor optimierten Levodopa-/Carbidopa-Dosis bei Patienten mit „On-off"-Phänomen untersucht. Die Untersuchung basiert auf einer stündlichen Selbstbeurteilung des Patienten sowie auf einer formalen Untersuchung während der „On"-Phase.

Material und Methodik

Es handelte sich um 35—75 Jahre alte ambulante Patienten, die Carbidopa-Levodopa (Sinemet) über einen Zeitraum von mehr als fünf Jahren zur Behandlung eines idiopathischen Morbus Parkinson erhalten hatten, und die eine „On-off"-Symptomatik aufwiesen, die auf quantitative und zeitliche Anpassungen der Levodopa-/Carbidopa-Dosen nicht ansprach. Nach den Einschlußkriterien mußten die Patienten im „On"- und „Off"-Zustand die Stadien 2, 3 oder 4 auf der 5-Punkte-Hoehn-Yahr-Skala aufweisen. Die Patienten wurden aus der Untersuchung ausgeschlossen, falls sie einen Monat vor der Untersuchung Bromocriptin, Amantadin, trizyklische Antidepressiva, Neuroleptika, Ergot-Derivate, Trazodon oder Nomifensin erhalten hatten. Jeder Patient hatte einen gewichteten Gesamtscore von mindestens 60 (möglicher Maximalwert: 240) hinsichtlich Sprache, Tremor, Rigor, Bradykinesie, Haltungsstabilität und Gang (Disability Scale).

Von den 34 Patienten wurden 17 mit 5 mg Deprenyl 2 × täglich und 17 mit einem identisch aussehenden Placebo zusätzlich zur Carbidopa-/Levodopa-Medikation behandelt. Die Zuweisung erfolgte nach einer mit Computer erstellten Randomisationsliste.

Bei jedem Patienten wurde vor Eintritt in die Untersuchung eine Thorax-Röntgenaufnahme gemacht. Zweimal vor Aufnahme der Studie (in 2wöchigem Abstand) sowie in der 3., 5. und 6. Untersuchungswoche wurden bei jedem Patienten außerdem folgende Untersuchungen durchgeführt: vollständiges Blutbild (Thrombozyten und Differential-BB), Serum-Na, -Cl, -K, -CO_2, Harnstoff, Kreatinin, randomisiert Glukose, Kalzium, anorganisches Phosphat, Harnsäure, Albumin, Gesamtprotein, LDH, SGOT, SGPT, alkalische Phosphatase, Gesamtbilirubin und direktes Bilirubin, Urinstatus und EKG. Blutdruck im Sitzen und Stehen, Herzfrequenz und Disability-Bewertungs-Skalen von 22 klinischen Parametern bezogen auf Morbus Parkinson, (modifizierte Columbia University Scale) wurden 2 × vor Aufnahme in die Untersuchung (in Abständen von zwei Wochen) und am Ende einer jeden Woche der 6wöchigen Untersuchung aufgezeichnet. Sämtliche Disability-Scale-Untersuchungen wurden während der „On"-Phase von einem Neurologen (LIG) vorgenommen. Die Untersuchung wurde gegebenenfalls verschoben, wenn sich der Patient noch nicht in einer „On"-Phase befand.

Während des 2wöchigen Zeitraums vor Beginn der Behandlung mit L-Deprenyl füllten die Patienten an drei verschiedenen Tagen einen Tagebuch-Bogen aus. Sie nahmen stündliche Beurteilungen der Parameter „Gehen" und „Wirkung des Präparats" auf einer Skala mit 0, 1 und 2 vor, wobei 2 die beste Beurteilung war. Während der Behandlung mit dem Prüfpräparat füllten die Patienten drei Tage in der Woche die Beurteilungsbögen in stündlichen Abständen aus. Bei jeder wöchentlichen ärztlichen Untersuchung gaben die Patienten die ausgefüllten Beurteilungsbögen zurück.

Ein Vorbehandlungs-Score wurde für jeden der zwei „On-off"-Parameter („Gehen" und „Wirkung des Präparats") berechnet, indem das Mittel der stündlichen Scores der 0-1-2-Selbstbewertungsskalen auf den Tagebuchblättern gebildet wurde und diese Werte mit den Mittelwerten der stündlichen Scores eines jeden Tagebuchblattes während des 6wöchigen Behandlungszeitraums verglichen wurden (Tabelle 1).

Ergebnisse

Zwei Patienten der Placebo-Gruppe wurden aufgrund von Myokardinfarkt bzw. schwerer Chorea aus der Untersuchung genommen. Bei der Deprenyl-Gruppe kam es zu keinerlei Drop-outs. Das Durchschnittsalter der restlichen Patienten betrug 62,8 (Deprenyl) und 61,5 (Placebo), das mittlere Hoehn-Yahr-Stadium während der „On"-Phase

Tabelle 1. Wirkung von Deprenyl auf das „On-off"-Phänomen, wie in den Patienten-Tagebuchbögen aufgeführt (Mittelwert stündlicher Scores, 3 Tage pro Woche, während der 6wöchigen Behandlung) minus (Mittelwert des stündlichen Score, 3 zufällig ausgewählte Tage während der 2wöchigen Vorbehandlungs-Ausgangsphase)

	Gebessert im Vergleich zur Baseline		keine Veränderung	Verschlechtert im Vergleich zur Baseline	
	n	mittlere Veränderung	n	n	mittlere Veränderung
Wirkung des Präparats[a]					
Deprenyl	12	+ 0,384	0	5	— 0,335
Placebo	4	+ 0,186	0	11	— 0,190
Gehen[b]					
Deprenyl	10	+ 0,250	2	5	— 0,317
Placebo	6	+ 0,098	0	9	— 0,168

[a] Beurteilungsskala: 0 = „keine Wirkung des Präparats"; 1 = „leichte Wirkung des Präparats"; 2 = „gute Wirkung des Präparats".
[b] Beurteilungsskala: 0 = „Gehen klappt schlecht"; 1 = „Gehen klappt mittelmäßig"; 2 = „Gehen klappt gut".

belief sich auf 3,0 (Deprenyl) und 3,1 (Placebo), die mittlere Dauer von PD lag bei 10,8 (Deprenyl) und 10,6 Jahren (Placebo).

Die Selbstbeurteilung mit Hilfe der Tagebuchblätter (Tabelle 1) verdeutlicht, daß der Anteil der Patienten, die sowohl bei den Parametern „Gehen" als auch „Wirkung des Präparats" eine Besserung zu verzeichnen hatten, in der Deprenyl-Gruppe ungefähr doppelt so hoch war wie in der Placebo-Gruppe. Der Grad der Besserung bei der Deprenyl-Gruppe war ca. doppelt so hoch wie der bei der Placebo-Gruppe.

Der Besserungsgrad bei den 22 auf der Disability Scale gemessenen Parametern ist in Tabelle 2 zusammengefaßt. Nur bei Gesichtsausdruck und Ruhe-Tremor war eine Besserung (Vorbehandlungs-Werte gegenüber Mittelwerten von sechs wöchentlichen Untersuchungen während der Behandlung) zu verzeichnen, die mit $p \leqslant 0,05$ (t-Test) signifikant war. Bei keinem Parameter ging es den Placebo-Patienten als Gruppe signifikant besser ($p \leqslant 0,05$) als der Deprenyl-Gruppe.

Tabelle 2. Gewichtete Disability Subscores: Unterschiede zwischen dem Mittelwert von 2 Vorbehandlungs-Beurteilungen und 6 Behandlungsbeurteilungen (Unterschied + 0 bedeutet Besserung, — 0 bedeutet Verschlechterung)

	Gewichtungsfaktor	Deprenyl	Placebo	P
Dysphagie	5	—0,2	+ 0,2	NS
Essen schneiden	5	—1,2	—0,3	NS
Hygiene	6	—0,3	—0,5	NS
Anziehen	5	—0,9	+ 0,6	NS
Im Bett herumdrehen	4	0	—0,3	NS
Dysarthrie	10	—1,0	+ 2,7	NS
Hypomimie	1	—0,5	0	0,043
Sialorrhöe	2	0	+ 0,5	NS
Ruhe-Tremor	10	—0,5	+ 0,3	0,024
Rigor	10	—0,5	—1,7	NS
Bradykinesie	10	—2,3	—1,0	NS
Fingerklopfen	4	—0,1	—0,5	NS
Schnelles wechselweises Klopfen	4	—0,7	—0,9	NS
Klopfen mit den Füßen	4	—0,7	—1,4	NS
Vom Stuhl aufstehen	5	—0,9	—0,9	NS
Axialhaltung	4	—0,9	0	NS
Haltungsstabilität	10	—0,8	+ 1,0	NS
Gang	10	—1,0	+ 0,1	NS
Choreoathetose	8	—0,9	—1,3	NS
Dystonie	5	+ 0,7	—0,4	NS
Störungen im geordneten Denken	8	+ 0,4	—0,5	NS
Depression	5	—1,2	0	NS
Insgesamt	134	—14,0	—4,7	NS

Tabelle 3. Subjektive globale Beurteilung durch den Prüfer, vorgenommen kurz vor Ende der Doppelblindstudie

	Verschlechterung			Unver-ändert	Besserung		
	leichte	mittlere	deutliche		leichte	mittlere	deutliche
Deprenyl	0	0	0	2	3	8	4
Placebo	3	0	0	8	3	1	0

Tabelle 4. Nebenwirkungen

Reaktion	Anzahl der Patienten			
		Deprenyl (n = 17)		Placebo (n = 15)
Halluzination, Wahnvorstellung, Verwirrung		5		0
Angstzustände, Lethargie, Dysphagie, Harnverhaltung, Diarrhöe, Abdominalkrämpfe, Rückenschmerzen	je	1		0
Lebhafte Träume		2		0
Dyskinesie (verschlimmert im Vergleich zum Voruntersuchungszeitraum)		10		6
Nausea		0		2
Schwindel, Kopfschmerzen, Mundtrockenheit	je	2	je	1

Tabelle 3 enthält die subjektive Globalbeurteilung der Veränderungen durch den Prüfer. Von den 17 Deprenyl-Patienten blieben 2 unverändert, 3 wiesen eine leichte Besserung, 8 eine mittlere und 4 eine ausgeprägte Besserung auf. Bei der Placebo-Gruppe kam es bei 3 Patienten zu einer leichten Verschlechterung, 8 Patienten wiesen keinerlei Veränderung auf, 3 eine leichte Besserung, einer eine mäßige und kein Patient eine ausgeprägte Besserung. Bei den Patienten unter Deprenyl war im Vergleich zu den Placebo-Patienten eher eine signifikante Besserung als eine Verschlechterung oder ein unveränderter Zustand festzustellen (p ≤ 0,01, Chi-Quadrat).

13 der 15 Placebo-Patienten beschrieben eine oder mehrere Nebenwirkungen, wobei 5 Wirkungen bei 5 Patienten als ernst gewertet wurden (dystonischer Spasmus, Tremor, Schulterspasmus, Chorea und orobukkale Dyskinesie). 15 der 17 Deprenyl-Patienten beobachteten eine oder mehrere Nebenwirkungen, wobei sechs Nebenwirkungen von 6 Patienten als schwer beschrieben wurden: Halluzinationen, schwere Beine, lebhafte Träume, Harnverhaltung, Migräne und Wahnvorstellungen. Ein Patient, der Deprenyl erhielt, nahm zwar während des gesamten Zeitraums (6 Wochen) an der Untersuchung teil, bat jedoch darum, Deprenyl unmittelbar nach der Studie aufgrund schwerer mentaler Nebenwirkungen absetzen zu dürfen.

Bei den Blutdruckwerten im Sitzen und Stehen sowie bei der Herzfrequenz wurden zwischen den Gruppen keine Unterschiede beobachtet, was auf ein Fehlen des „Cheese-Effekts" bei unseren Patienten, die keinerlei diätetischen Einschränkungen unterlagen, hindeutet. In keiner der Gruppen kam es zu bedeutenden Veränderungen in den laborchemischen und hämatologischen Befunden, EKG oder Urinstatus.

Diskussion

Diese Untersuchung bestätigt frühere Studien, in denen hinsichtlich der „On-off"-Wirkung bei PD während zusätzlicher täglicher Gabe von 10 mg Deprenyl zur Levodopa-/Carbidopa-Behandlung Besserungen beobachtet wurden. Wie bei den meisten anderen Studien betraf die Besserung die Quantität der im „On"-Zustand zugebrachten Zeit und weniger die Qualität dieses Zustands. Der Besserungsgrad reichte bei den meisten Patienten aus, um zum subjektiven Urteil einer Verbesserung der funktionellen Gesamtkapazität am Ende des 6wöchigen Untersuchungszeitraums zu gelangen: Bei 12 der 17 Patienten der Deprenyl-Gruppe wurde die Besserung mit „mittel" oder „ausgeprägt" bewertet.

Obwohl sich der Schweregrad in bezug auf Hypomimie und Ruhe-Tremor während der „On"-Phase in der Gruppe als Ganzes statistisch signifikant besserte, war der Grad der Besserung klinisch nicht relevant. Außerdem war der Besserungsgrad bei den 17 (von 22) klinischen Disability-Parametern in der Deprenyl-Gruppe nicht signifikant höher als im Falle der 13 Parameter innerhalb der Placebo-Gruppe. Bei der Beurteilung der Gesamt-Disability ist daher kein signifikanter Vorteil von Deprenyl gegenüber Placebo in bezug auf die qualitative Besserung des „On"-Zustands zu beobachten.

In dieser Untersuchung wurden die stündlich vorgenommenen schriftlichen Selbstbeurteilungen der Patienten als wichtigste Meßgröße bezüglich der „On-off"-Wirkung genutzt. Fehlerquellen in diesem System waren: 1) die Unfähigkeit einiger Patienten, bei ihrer Selbstbeurteilung PD-unabhängige bzw. behandlungsspezifische Symptome auszugrenzen. 2) der Versuch einiger Patienten, die stündliche Chronologie ihrer Symptome in deutlich längeren als einstündigen Abständen zu rekonstruieren und 3) der Einfluß von Familienmitgliedern auf das Ergebnis der Beurteilung. In vielen Fällen beobachteten wir, daß bei Schreibschwierigkeiten des Patienten der Ehegatte nicht nur die Aufgabe des Schreibens, sondern auch die tatsächliche

Beurteilung übernahm. Aus diesem Grund könnte die Beurteilung jeweils mehr oder weniger genau ausgefallen sein.

Der Anteil der Patienten, die Nebenwirkungen beschrieben, war in beiden Gruppen gleich (15 von 17 Deprenyl-Patienten, 13 von 15 Placebo-Patienten). Während jedoch keiner der Placebo-Patienten mentale Nebenwirkungen irgendeines Schweregrades beschrieb, war dies bei 9 Deprenyl-Patienten der Fall. Bei 3 Fällen wurden diese Symptome als „schwer" erachtet. In sämtlichen Fällen kam es jedoch zu einer Verminderung oder vollständigen Beseitigung der mentalen Nebenwirkungen nach Reduktion der Levodopa-/Carbidopa-Dosis, ohne daß die Anti-Parkinson-Wirksamkeit beeinträchtigt worden wäre. In dieser Hinsicht ist bemerkenswert, daß sich die Deprenyl- und Placebo-Gruppe hinsichtlich der beschriebenen Häufigkeitsrate dyskinetischer Nebenwirkungen (Chi-Quadrat) oder des Dyskinesie-Scores in der Disability-Skala (t-Test) nicht signifikant unterschieden.

Daraus läßt sich schließen, daß bei der Mehrzahl der Patienten mit fortgeschrittenem PD, die ein „On-off"-Phänomen aufweisen, 5 mg Deprenyl 2× täglich von mittlerer Wirksamkeit in bezug auf die prozentuale Besserung der im „On"-Zustand verbrachten Zeit sind. Während bei der Deprenyl-Behandlung gewöhnlich mentale Nebenwirkungen auftraten, konnten diese in sämtlichen Fällen durch gleichzeitige Reduktion der Carbidopa-/Levodopa-Dosis minimiert werden.

Danksagung

Deprenyl und Placebo-Tabletten wurden freundlicherweise von der Fa. Somerset Pharmaceuticals, Inc., Denville, New Jersey, USA, zur Verfügung gestellt.

Literatur

Birkmayer W, Riederer P, Youdim MBH, Linauer W (1975) The potentiation of the antiakinetic effect after L-dopa treatment by an inhibitor of MAO-B, deprenyl. J Neural Transm 36: 303–326
Brodersen P, Philbert A, Gulliksen G, Stigard A (1985) The effect of L-deprenyl on on-off phenomena in Parkinson's disease. Acta Neurol Scand 71: 494–497
Eisler T, Teräväinen H, Nelson R, Krebs H, Weise V, Lake CR, Ebert MH, Whetzel N, Murphy DL, Kopin IJ, Calne DB (1981) Deprenyl in Parkinson's disease. Neurology 31: 19–23
Lees AJ, Shaw KM, Kohout LJ, Stern GM, Elsworth JD, Sandler M, Youdim MBH (1977) Deprenyl in Parkinson's disease. Lancet i: 791–795
Longstreth WT (1981) Deprenyl in Parkinson's disease. Neurology 31: 1578

Marsden CD, Parkes JD (1976) „On-off" effects in patients with Parkinson's disease on chronic levodopa therapy. Lancet i: 292–296

Presthus J, Hajba A (1983) Deprenyl (selegiline) combined with levodopa and a decarboxylase inhibitor in the treatment of Parkinson's disease. Acta Neurol Scand 68 [Suppl] 95: 127–133

Stern GM, Lees AJ, Sandler M (1978) Recent observations on the clinical pharmacology of (—)deprenyl. J Neural Transm 43: 245–251

Anschrift des Verfassers: Dr. L. I. Golbe, Department of Neurology, CN-19, UMDNJ-Robert Wood Johnson Medical School, New Brunswick, NJ 08903, USA.

Erfahrungen mit Selegilin in der Behandlung des Morbus Parkinson

W. Poewe, F. Gerstenbrand und G. Ransmayr

Universitätsklinik für Neurologie, Innsbruck, Österreich

Zusammenfassung

28 Patienten mit Morbus Parkinson und Levodopa-Langzeittherapie erhielten über die vergangenen drei Jahre zusätzlich Selegilin (10 mg/d) und wurden über eine Zeitdauer von durchschnittlich 18,8 Monaten nachverfolgt. Bei zwei Drittel der Patienten trat eine Besserung in Form eines Rückgangs der allgemeinen Beweglichkeitseinschränkung und einer Abnahme der End-of-dose-Effekte sowie der nächtlichen und frühmorgendlichen Akinesie auf. Die Peak-dose-Dyskinesien zeigten unter Selegilin eine zunehmende Tendenz, während sich die biphasischen Hyperkinesen und die unwillkürlichen Bewegungen in den Off-Phasen in einigen Fällen besserten. Patienten, die bereits unter der höchsten noch verträglichen Levodopa-Dosis standen, und Patienten mit schweren On-off-Oszillationen profitierten nicht signifikant von der Behandlung. Bei 8 von 18 auf die Behandlung ansprechenden Patienten ging die anfängliche günstige therapeutische Wirkung innerhalb von 1,5 Jahren verloren.

Einleitung

Monoaminoxidasehemmer (MAO-Hemmer) erwiesen sich bereits beim Morbus Parkinson als wirksam, bevor die Behandlung mit Levodopa allgemein anerkannt wurde, aber die Nebenwirkungen verhinderten deren weitere Anwendung (Gerstenbrand und Prosenz, 1965). Es dauerte weitere 10 Jahre, bevor Birkmayer und Mitarbeiter den selektiven MAO-B-Hemmer Selegilin als Mittel zur Steigerung der Wirksamkeit der Levodopa-Behandlung in die Therapie des Morbus Parkinson einführten (Birkmayer et al., 1975, 1977). Mittlerweile scheint es gesichert zu sein, daß die zusätzliche Gabe von Selegilin auch gewisse Wirkungsfluktuationen ausgleichen kann, die sich bei mehr als 50% der Patienten unter Levodopa-Langzeittherapie entwickeln (Csanda und Tarczy, 1983; Lees, 1987).

Tabelle 1. Selegilin beim Morbus Parkinson, Patientenmerkmale (N = 28)

Alter bei Krankheitsbeginn	54,8 (39–71) Jahre
Dauer des Morbus Parkinson	7,3 (1–15) Jahre
Hoehn und Yahr Stadium	3,3 (2–4) Jahre
Begleittherapie	
L-Dopa	28
Bromocriptin	3
Lisurid	2
Anticholinergika	2
Amantadin	2
Dauer der Selegilin-Therapie	18,8 (3–37) Monate

Tabelle 2. Selegilin beim Morbus Parkinson, Klinische Probleme (N = 28)

Abnehmende L-Dopa-Wirkung	14
Wirkungsfluktuationen	
End-of-dose	16
zufallsartig	6
Nächtliche/frühmorgendliche Akinesie	15
Off-Phasen-Dystonie	5
Biphasische Dyskinesien	6

Der vorliegende Bericht gibt einen Überblick über die Erfahrungen der Autoren mit Selegilin in der Routinebehandlung des fortgeschrittenen Morbus Parkinson.

Patienten und Methoden

Die Krankenblätter aller Patienten mit fortgeschrittenem Morbus Parkinson, die regelmäßig die Abteilung für Bewegungsstörungen unserer Klinik aufsuchten, und bei denen in den letzten drei Jahren mit einer Selegilin-Behandlung begonnen worden war, wurden retrospektiv ausgewertet. Bei diesen Patienten handelte es sich um 20 Männer und 8 Frauen, die Dauer der Selegilin-Therapie zum Zeitpunkt der Auswertung betrug durchschnittlich 1,5 Jahre. Alle Patienten standen unter einem festen Therapieschema mit Levodopa-Langzeitsubstitution; weitere klinische Einzelheiten sind in der Tabelle 1 aufgeführt. Die Gründe für den Einsatz von Selegilin (zweimal täglich 5 mg) waren abnehmende Wirksamkeit von Levodopa und/oder Reaktionsfluktuationen; einige Patienten litten außerdem unter einer ausgeprägten biphasischen Dyskinesie oder unter Off-Phasen-Dystonie (siehe Tabelle 2).

Alle Patienten kamen in drei- bis sechsmonatlichen Abständen in die Sprechstunde. Bei jedem Besuch wurden folgende Daten festgehalten:

Stadium nach Hoehn und Yahr, Summenscores der Columbia University Rating Scale (CURS) und der Northwestern University Disability Scale (NUDS), Art der Wirkungsfluktuationen und Abschätzung der täglichen Dauer der On- oder Off-Phasen (in Stunden) sowie die medikamenteninduzierten Dyskinesien (Art und Schweregrad auf einer Skala von 0 bis 3).

Ergebnisse

Von 28 Patienten profitierten 18 beträchtlich von der zusätzlichen Selegilinverabreichung zu der vorbestehenden medikamentösen Therapie. Bei zwei Drittel besserte sich die allgemeine Beweglichkeitseinschränkung in Hinblick auf die CURS- und NUDS-Summenscores, und die Mehrzahl der Patienten mit End-of-dose-Verschlechterung wies eine Glättung des Therapieeffektes auf. Die nächtliche oder frühmorgendliche Akinesie, die Off-Phasen-Dystonie oder die biphasischen Dyskinesien besserten sich nur bei wenigen Patienten (siehe Tabelle 3).

Bei 10 Patienten wurde Selegilin nach durchschnittlich zwei Monaten vorzeitig abgesetzt, meist wegen fehlender Wirksamkeit. Immerhin erlebten einzelne Patienten eine unerträgliche Verschlechterung der zuvor vorhandenen pathologischen unwillkürlichen Bewegungen; drei Patienten entwickelten paranoid-halluzinatorische Symptome (siehe Tabelle 4).

Bei 8 von 18 der auf die Behandlung ansprechenden Patienten ging

Tabelle 3. Selegilin beim Morbus Parkinson, Klinische Besserung (N = 28)

Allgemeine Beweglichkeitseinschränkung	12
End-of-dose Effekte	11
Nächtliche/frühmorgendliche Akinesie	8
Off-Phasen-Dystonie	2
Biphasische Dyskinesie	2
Therapieerfolg insgesamt	18

Tabelle 4. Selegilin beim Morbus Parkinson, Therapieversagen (N = 28)

Fehlende Wirkung	9
Zunahme der Dyskinesien	5
Halluzinosen	3
Verlust der initialen Wirkung	8

die anfängliche günstige Wirkung nach durchschnittlich 12 Monaten verloren; bei ihnen wurde die Selegilin-Behandlung anschließend beendet, ohne daß eine weitere Verschlechterung der Parkinsonsymptome eintrat.

Diskussion

Anhand dieser retrospektiven Auswertung der routinemäßigen Behandlung des forgeschrittenen Morbus Parkinson mit Selegilin läßt sich feststellen, daß zwei Drittel der Patienten von der zusätzlichen Behandlung mit dem MAO-B-Hemmer profitierten. Den dauerhaftesten Therapieerfolg beobachteten wir bei Patienten, bei denen die Wirksamkeit von Levodopa abzunehmen begann und die unter leichter End-of-dose-Verschlechterung sowie unter nächtlichen und frühmorgendlichen Akinesen litten. Diese Ergebnisse stimmen gut mit früheren unkontrollierten (Birkmayer et al., 1975) sowie kontrollierten Untersuchungen (Lees et al., 1977) mit diesem Medikament überein. Sie stehen auch in Einklang mit Beobachtungen anderer Autoren (Lees et al., 1977; Lees, 1987), nach denen Patienten, die bereits unter der höchsten noch verträglichen Levodopadosis stehen oder die schwere On-off-Oszillationen aufweisen, nach Beginn der Selegilin-Behandlung keine oder nur eine geringe Besserung zeigten.

Die durch Levodopa ausgelösten, pathologischen, unwillkürlichen Bewegungen wurden nur in wenigen Fällen beeinflußt. Während biphasische Dyskinesien und Off-Phasen-Dystonie bei jeweils zwei Patienten gebessert wurden, nahm die Peak-dose-Chorea bei 5 Patienten zu. Die Verstärkung von Peak-dose-Dyskinesien unter Selegilin ist eine wohlbekannte Nebenwirkung (Lees et al., 1977; Rinne, 1983) und war ein Grund dafür, daß die Behandlung bei diesen Untersuchungsreihen in einigen Fällen abgebrochen wurde. Obwohl Selegilin im allgemeinen gut vertragen wird, stellt die Auslösung von Halluzinosen nach zusätzlicher Gabe dieses Medikaments zu Levodopa eine möglicherweise schwere Nebenwirkung dar; dies wurde in der vorliegenden Auswertung in drei Fällen beobachtet. Insbesondere Patienten, die bereits die höchsten noch verträglichen Levodopa-Dosen erhalten und in der Anamnese Psychosen oder Verwirrtheitszustände aufweisen, scheinen ein besonders hohes Risiko für die Entwicklung dieser Komplikation aufzuweisen.

Unter der Selegilin-Therapie wurde eine Anhebung der Stimmungslage beobachtet. Einige Autoren behaupteten, daß die Wirkungen der Selegilin-Therapie beim Morbus Parkinson durch eine unspezifische antidepressive Wirkung vermittelt sein könnten (Eisler et al., 1981). In der vorliegenden Patientengruppe wurden keine signifikanten antidepressiven Wirkungen beobachtet, bei den Nachuntersuchungen wurden allerdings keine standardisierten Beurteilungsskalen für depressive Symptome eingesetzt.

Obwohl von einigen Autoren über mögliche Reduzierungen der Levodopa-Dosis nach zusätzlicher Selegilin-Gabe berichtet wurde (Csanda und Tárczy, 1983), bezog sich dies nur auf Frühstadien der Erkrankung und war bei den Patienten unserer Untersuchungsreihe nicht möglich.

In der vorliegenden Auswertung kam es bei einem Drittel der anfänglich auf die Behandlung ansprechenden Patienten innerhalb der ersten 15 Behandlungsmonate zu einem Wirkungsverlust, dieser zeitliche Verlauf wurde auch von anderen Autoren beobachtet (Stern et al., 1983). Die genauen Gründe für dieses relativ kurzlebige Ansprechen auf Selegilin sind unbekannt, aber sie hängen wahrscheinlich mit dem Fortschreiten der zugrundeliegenden Erkrankung zusammen.

Insgesamt bestätigen die in dieser Gruppe von 28 Patienten ermittelten Ergebnisse die Wirksamkeit der zusätzlichen Selegilin-Behandlung in Form einer zumindest vorübergehenden Kompensation der abnehmenden Levodopa-Wirkung beim fortgeschrittenen Morbus Parkinson und einer Glättung der leicht- bis mäßiggradigen End-of-dose-Verschlechterung.

Literatur

Birkmayer W, Riederer, P, Youdium MBH, Linauer W (1975) The potentiation of the antiakinetic effect after L-dopa treatment by an inhibitor of MAO-B, Deprenil. J Neural Transm 36: 303–326

Birkmayer W, Riederer, P, Ambrozi L, Youdim MBH (1977) Implications of continued treatment with Madopar and L-deprenyl in Parkinson's disease. Lancet i: 439–443

Csanda E, Antal J, Antony M, Csanaky A (1070) Experiences with L-deprenyl in parkinsonism. J Neural Transm 43: 263–269

Csanda E, Tarczy M (1983) Clinical evaluation of deprenyl (selegiline) in the treatment of Parkinson's disease. Act Neurol Scand [Suppl] 95: 117–122

Eisler I, Teravainen H, Nelson R, Krebs H, Weise V, Lake GR, Elbert MH, Whetzel N, Murphy DL, Kopin IJ, Calne DB (1981) Deprenyl in Parkinson's disease. Neurology 31: 19–23

Gerstenbrand F, Prosenz P (1965) Über die Behandlung des Parkinson Syndroms mit Monoaminoxydasehemmern allein und in Kombination mit L-Dopa. Praxis 54: 1373–1377

Lees AJ (1987) Monoamine oxidase inhibitors. In: Koller WC (ed) Handbook of Parkinson's disease. Marcel Dekker, New York Basel, pp 403–419

Lees AJ, Shaw KM, Kohout LJ, Stern GM (1977) Deprenyl in Parkinson's disease. Lancet ii: 791–796

Rinne UK (1983) Deprenyl (selegiline) in the treatment of Parkinson's disease. Act Neurol Scand [Suppl] 95: 107–112

Stern GM, Lees AJ, Sandler M (1983) Recent observations on the clinical pharmacology of (—)deprenyl. J Neural Transm 43: 245–251

Anschrift des Verfassers: Doz. Dr. W. Poewe, Universitätsklinik für Neurologie, Anichstraße 35, A-6020 Innsbruck, Österreich.

Therapeutische Wirksamkeit einer adjuvanten Therapie mit R-(—)-Deprenyl beim fortgeschrittenen Parkinsonismus

P.-A. Fischer und H. Baas

Abteilung für Neurologie, Universitätsklinik Frankfurt/Main, Bundesrepublik Deutschland

Zusammenfassung

30 Patienten mit fortgeschrittenem Parkinson-Syndrom wurden bezüglich des klinischen Nutzens einer zusätzlichen Gabe von Deprenyl bei L-Dopa-Vorbehandlung untersucht. Während einer ersten dreimonatigen Studienphase unter kontrollierten Bedingungen im Cross-over-Design zeigte Deprenyl eine positive Wirkung auf die Parkinson-Symptomatik (CURS), die in ihrem Ausmaß der Kontrollsubstanz Metixen entsprach. Der therapeutische Effekt hielt auch während einer offenen einjährigen Nachbeobachtungsperiode an; es bestand nur eine geringe Tendenz zur Wirkungsabschwächung. Fluktuationen der Beweglichkeit im Sinne der End-of-dose-Akinese besserten sich leicht. Deprenyl wurde von den Patienten gut vertragen, Nebenwirkungen waren weniger häufig als unter der Therapie mit Metixen. Im Gegensatz zur Besserung der Parkinson-Symptomatik fand sich nur eine leichte Abnahme des Depressionsindexes (Zung). Die therapeutische Wirksamkeit kann deshalb nicht nur durch eine unspezifische antidepressive Wirkung erklärt werden. Der entscheidende Vorteil von Deprenyl gegenüber anderen in der adjuvanten Therapie des fortgeschrittenen Parkinson-Syndroms eingesetzten Substanzen besteht wahrscheinlich in der besseren Verträglichkeit und der geringeren Frequenz ernsthafter Nebenwirkungen.

Einleitung

In einer Anzahl früherer Untersuchungen konnte bereits gezeigt werden, daß der selektive MAO-B-Hemmer Deprenyl (Knoll *et al.* 1965, 1978, 1983) in der Behandlung des fortgeschrittenen Parkinson-Syndroms grundsätzlich wirksam ist (Birkmayer *et al.* 1975, 1984, 1985; Csanda *et al.* 1983; Lieberman *et al.* 1984; Stern *et al.* 1978; Streifler *et al.* 1983). Der Substanz wird ein positiver Einfluß sowohl auf die parkinsonspezifischen motorischen Behinderungen als auch auf die Fluktuationen der Beweglichkeit zugeschrieben. Von den unterschiedlichen Manifestationsformen der Fluktuationen sollen insbesondere die einzeldosisabhängigen Formen im Sinne der Wearing-off-Phänomene vermindert werden (Gerstenbrand *et al.* 1983; Rinne *et al.* 1978, 1983; Yahr *et al.* 1983). Obgleich die Wirksamkeit der Substanz allgemein anerkannt ist, bestehen bezüglich der quantitativen therapeutischen Leistungsfähigkeit und ihrer klinischen Bedeutung noch gegensätzliche Standpunkte. Hierbei ist zu berücksichtigen, daß frühere klinische Untersuchungen überwiegend als offene unkontrollierte Studien durchgeführt wurden.

Da die Substanz über Amphetamin und Metamphetamin metabolisiert wird, wurden ihre therapeutischen Wirkungen nicht nur einem spezifischen Antiparkinsoneffekt zugeschrieben, sondern auch einer unspezifischen stimulierenden Wirkung der genannten Metaboliten und einer unspezifischen antidepressiven Wirkung (Eisler *et al.*, 1981; Reynolds *et al.*, 1978).

Als Beitrag zur Klärung dieser Fragen führten wir eine Untersuchung zur Wirksamkeit von Deprenyl als adjuvantes Therapeutikum bei mit L-Dopa vorbehandelten Parkinson-Patienten durch. Ziel der Studie war es, den klinischen Nutzen, d. h. die Verbesserung der Parkinson-Symptomatik durch Deprenyl bei Patienten mit L-Dopa-Langzeit-Therapie quantitativ zu bestimmen und Häufigkeit und Schwere etwaiger Nebenwirkungen zu erfassen. Durch Vergleich mit einem in der Parkinson-Therapie seit langem etablierten Anticholinergikum (Metixen) sollte darüber hinaus das therapeutische Potential von Deprenyl besser charakterisiert werden. Ferner war beabsichtigt, Informationen über die Dauer einer eventuellen positiven Wirkung zu erhalten und zwischen einer spezifischen Wirkung auf das Parkinson-Syndrom und einer unspezifischen antidepressiven Wirkung zu differenzieren.

Patienten und Methoden

Die Studie bestand aus zwei Teilen. Der erste Teil wurde als Cross-over-Doppelblindversuch Deprenyl versus Metixen konzipiert. Metixen wurde zum Vergleich herangezogen, da es sich hier um eine etablierte anticholinerge Substanz handelt, die in Kombinationsbehandlungen beim fortgeschrittenen Parkinson-Syndrom verwendet wird. Die erste Phase der Studie erstreckte sich über drei Monate und war in vier Subphasen unterteilt. Jede dieser Subphasen dauerte drei Wochen: Während einer Vorphase erhielten alle Patienten Placebo. Nach dieser Vorphase folgte eine erste Verumphase mit Verabreichung von Deprenyl bzw. Metixen. Nach der anschließenden Wash-out-Phase schloß eine zweite Verumphase wiederum mit Metixen bzw. Deprenyl den ersten Teil der Studie ab.

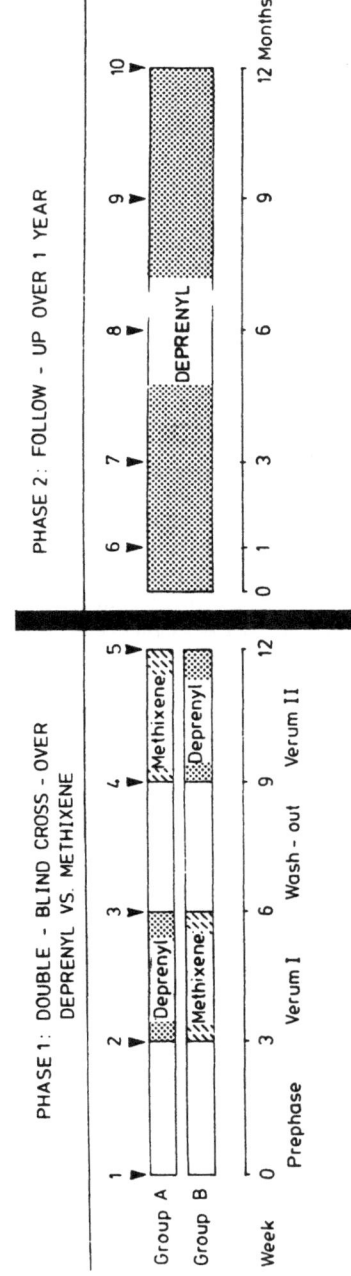

Abb. 1. Design der Studie. Placebo. ▼ Klinische Untersuchungen

Tabelle 1. Hauptmerkmale der Patienten

Patienten-Zahl		
a) Gesamt		27
b) Gruppe A D—M		14
c) Gruppe B M—D		13
Alter		x̄ 64 Jahre (40—76)
Geschlecht		15♂
		12♀
Krankheitsdauer		x̄ 7,9 Jahre (0,5—20)
L-Dopa-Dosis		x̄ 715 mg (400—1000)
Dauer der L-Dopa-Behandlung		x̄ 6,0 Jahre (0,5—13)
CURS-Gesamt-Score		x̄ 48,3 (19—75)

Vor Beginn der Untersuchung und nach jeder Subphase wurde eine standardisierte Untersuchung vorgenommen, die die Bewertung des Grades der motorischen Behinderung mit Hilfe der Columbia University Rating Scale (CURS), die Bewertung einer eventuellen Depresssion mit Hilfe des Depressionsindex nach Zung und die Beantwortung eines standardisierten Fragebogens bezüglich Nebenwirkungen beinhaltete. Eventuell auftretende Fluktuationen der Beweglichkeit wurden in die vier Kategorien Freezing, End-of-dose-Akinese, On-/Off-Phänomen und Dyskinesien eingeteilt und gesondert registriert. Während dieses ersten Teils der Studie wurden die Patienten in zwei Untergruppen aufgeteilt. Gruppe A erhielt die Medikation in der Reihenfolge Deprenyl/Metixen, Gruppe B in der Reihenfolge Metixen/Deprenyl. Die verabreichten Dosen betrugen 10 mg Deprenyl bzw. 20 mg Metixen/Tag.

Nach Beendigung dieses ersten Teils wurde die Untersuchung als offene Studie mit Verabreichung von Deprenyl allein über weitere 12 Monate fortgesetzt. Klinische Nachuntersuchungen wurden unter Verwendung der o. g. Untersuchungsmethoden nach 1, 3, 6, 9 und 12 Monaten durchgeführt (Abb. 1). Während der gesamten Beobachtungsperiode wurde die vorbestehende Antiparkinson-Therapie , insbesondere die L-Dopa-Dosis konstant gehalten. Die Einnahme weiterer Anticholinergika oder von Amantadin war nicht zulässig.

Die Studie umfaßte initial 30 Patienten , 3 Patienten wurden jedoch wegen schlechter Compliance bereits während der Vorphase von der weiteren Auswertung ausgeschlossen. Die verbleibenden 27 Patienten waren wie folgt charakterisiert: 14 Patienten wurden in der Reihenfolge Deprenyl/Metixen (Gruppe A) und 13 in der Reihenfolge Metixen/Deprenyl (Gruppe B) behandelt. Das durchschnittliche Alter betrug 64 Jahre, die Geschlechtsverteilung männlich/weiblich war 15/12. Alle Patienten litten unter einem fortgeschrittenen Parkinson-Syndrom mit einer mittleren Krankheitsdauer von 7,9 Jahren und einem mittleren CURS-Index von 48,3 Punkten. Sie waren ausnahmslos L-Dopa-vorbehandelt mit einer aktuellen Durchschnittsdosis von 715 mg. Die durchschnittliche Dauer der vorangehenden L-Dopa-Therapie betrug 6 Jahre. Bei allen Patienten hatte die therapeutische Wirksamkeit während der letzten Monate vor Studienbeginn deutlich nachgelassen und war unbefriedigend. 19 der 27 Patienten litten unter Fluktuationen der Beweglichkeit, meist im Sinne von End-of-dose-Akinesien. Drei Patienten erhielten bereits Bromocriptin. Die Dosis wurde während der Studie unverändert beibehalten.

Ergebnisse

Während des ersten Teils der Studie (Cross-over-Phase) stellten wir in den Verumphasen anhand der CURS-Summenindexe insgesamt einen positiven Effekt beider Substanzen auf die motorische Behinderung fest. Die Besserung war unter Deprenyl etwas ausgeprägter als unter Metixen, die Differenz war statistisch jedoch nicht signifikant (Abb. 2). Auch bezüglich der Einzelsymptome waren die Effekte vergleichbar. Sowohl unter Deprenyl als auch unter Metixen kam es zu einer deutlichen Besserung mit nur geringen Unterschieden zwischen den beiden Substanzen. Die auffälligsten Unterschiede beobachteten wir bei den Einzelsymptomen Bradykinese, Finger-Tapping und Körperhaltung. Der positive Einfluß auf Bradykinese und Finger-Tapping war unter Deprenyl etwas stärker ausgeprägt, während sich die Körperhaltung unter Metixen etwas deutlicher besserte. Mit Ausnahme des Finger-Tappings waren die Unterschiede statistisch jedoch nicht signifikant. Die Wirkung beider Substanzen auf alle anderen Symptome, insbesondere die Kardinalsymptome Tremor und Rigor, war nahezu identisch (Tabelle 2).

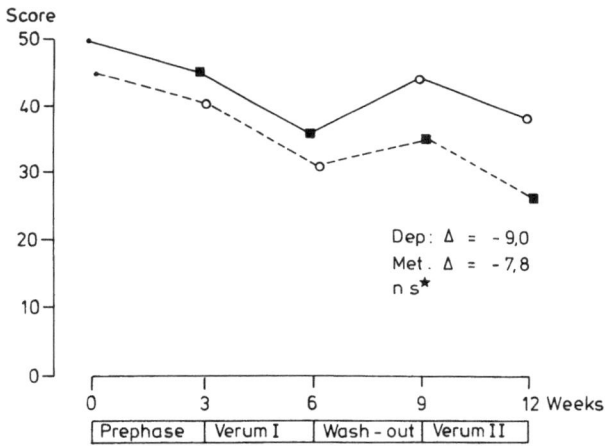

Abb. 2. Columbia-Gesamtindex der Aktivitätseinschränkung unter Deprenyl und Metixen. * Cross-over-Varianzanalyse. ■ Deprenyl, ○ Metixen. ——— Gruppe A, D−M (n = 11); - - - - - Gruppe B, M−D (n = 12)

Tabelle 2. Klinische Symptomatik (CURS) unter Deprenyl und Metixen im Cross-over-Versuch

Symptome (CURS)	Gruppe*	11	12	13	14	15	p**
		Placebo	Verum 1	Placebo	Verum 2		
Gesichtsausdruck	A	2,6	2,5	2,2	2,5	2,1	n.s.
	B	2,7	2,4	2,3	2,1	1,7	
Seborrhöe	A	1,4	1,2	1,4	1,0	1,3	n.s.
	B	1,5	1,4	1,2	1,2	0,9	
Sialorrhöe	A	1,6	1,6	1,1	1,2	0,5	n.s.
	B	1,0	0,8	0,4	0,8	0,6	
Sprache	A	2,1	1,6	1,5	1,7	1,5	n.s.
	B	1,8	1,4	1,4	1,3	1,3	
Tremor	A	7,4	5,7	4,0	6,1	3,5	n.s.
	B	5,1	4,2	2,8	4,3	3,0	
Rigidität	A	10,2	8,3	6,5	9,1	7,5	n.s.
	B	9,7	8,3	6,2	6,6	4,6	
Finger-Tapping	A	4,2	4,5	3,4	3,5	3,5	<0,05
	B	4,1	3,8	3,3	3,3	2,5	
Sukzessive Bewegung	A	4,4	4,0	3,7	3,9	3,5	n.s.
	B	3,9	3,6	2,4	2,9	2,5	
Fuß-Tapping	A	5,4	5,1	4,6	4,9	5,5	n.s.
	B	4,9	4,9	3,7	4,4	3,4	
Aufstehen vom Stuhl	A	2,4	1,9	1,4	1,7	1,7	n.s.
	B	1,9	1,6	1,3	1,2	0,8	n.s.
Körperhaltung	A	1,9	1,7	1,1	1,8	1,5	<0,10
	B	2,2	2,2	1,8	2,1	1,3	
Stabilität	A	2,1	1,8	1,4	2,0	1,9	n.s.
	B	1,8	1,8	1,3	1,5	1,2	
Gang	A	1,7	1,6	1,2	1,5	1,5	n.s.
	B	1,8	1,5	1,0	1,3	1,0	
Bradykinesie	A	3,4	3,4	2,6	3,3	3,1	<0,10
	B	2,9	2,6	1,9	2,3	1,4	

* Gruppe A: Deprenyl—Methixen; Groppe B: Methixen—Deprenyl.
** Cross-over Varianzanalysie.

Die anschließende Nachbeobachtung über 1 Jahr ergab unter Deprenyl-Behandlung auch noch nach der Besserung während der Cross-over-Phase einen dauerhaften Rückgang der Symptomatik über 6 Monate. Zwischen dem 6. und 12. Monat beobachteten wir dann eine

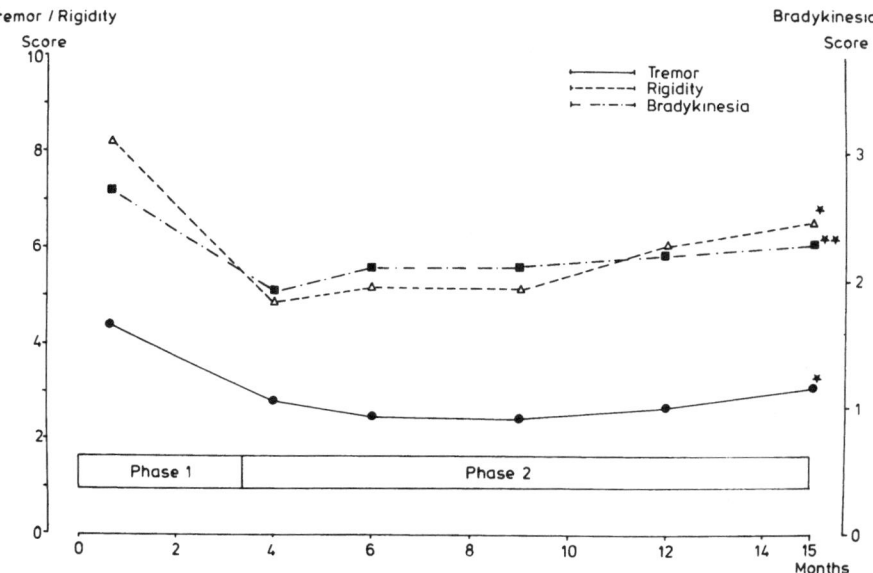

Abb. 3. Klinische Kardinalsymptome während der Nachbeobachtungsperiode

leichte Tendenz zur erneuten Verschlechterung, das Ausgangsniveau wurde jedoch nicht wieder erreicht und es verblieb auch nach 12 Monaten noch ein positiver Therapie-Effekt. Der CURS-Gesamtindex betrug am Ende der Studie 31,3 Punkte, verglichen mit einem Ausgangswert von 38,2 Punkten. Hinsichtlich der Kardinalsymptome Bradykinese, Rigor und Tremor war der Verlauf ähnlich. Nach einer ausgeprägten initialen Besserung blieb der positive Therapieeffekt auf Tremor und Rigor über 6 Monate stabil, anschließend trat eine langsame aber progrediente erneute Verschlechterung ein, ohne den ursprünglichen Schweregrad zu erreichen. Der Effekt auf die Bradykinese war etwas weniger günstig, da bereits kurz nach der anfänglichen Besserung eine erneute Verschlechterung eintrat. Aber auch hier wurde das ungünstige Ausgangsniveau nach 12 Monaten noch nicht wieder erreicht. Die therapeutischen Effekte von Deprenyl auf die Kardinalsymptome des Parkinson-Syndroms während der 12 monatigen Nachbeobachtungsperiode waren statistisch hoch signifikant (Abb. 3)

In unserer Studie war unter der Verabreichung von Metixen keinerlei Wirkung auf die Fluktuationen der Beweglichkeit zu beobachten. Unter Deprenyl war dagegen eine leichte Besserung zu registrieren.

Tabelle 3. ZUNG-Depressions-Skala während der Beobachtungszeit

Untersuchung	1	3	5	6	7	8	9	10
	Phase 1			Phase 2				
Gruppe A	42,3	36,6	40,3	—	—	—	—	—
Gruppe B	35,3	31,7	32,4	—	—	—	—	—
Gruppe A + B	38,6	34,4	36,1	36,2	36,9	37,8	35,2	34,7*

* n.s. Varianzanalyse.

Tabelle 4. Nebenwirkungen unter Deprenyl/Methixen

	Deprenyl	Methixen-HCL
Mundtrockenheit	3	9
Müdigkeit	4	2
Verwirrtheit/Halluzinationen	—	2*
Sehstörungen	—	2
Appetitlosigkeit	—	1
Magen/Darm-Beschwerden	—	1
Herzklopfen	—	1
Ruhelosigkeit	1	—
Schlafstörungen	1	—
Schwindel	1	—
Singultus	—	1
Übelkeit	—	1
Gesamt**	10	20

* Therapieabbruch.
** $p < 0,05$.

Die Intensität von End-of-dose-Akinesien wurde bei 6 von 17 Patienten abgeschwächt, dagegen fanden wir keine Wirkung auf das paroxysmale On-/Off-Phänomen und das Freezing. Dyskinesien nahmen durch die zusätzliche Gabe von Deprenyl nicht merklich zu.

Die Beurteilung der Depressivität der Patienten mit Hilfe der Zung-Skala ergab während der Cross-over-Phase nur eine leichte, unter Deprenyl und Metixen im Ausmaß ähnliche Abnahme. Während der Nachbeobachtungsphase blieb diese leichte Besserung jedoch nicht konstant, die Depressions-Scores fluktuierten ohne klar erkennbare Tendenz (Tabelle 3).

Im Gegensatz zu der in etwa gleichen therapeutischen Wirksamkeit von Deprenyl und Metixen war die Verträglichkeit von Deprenyl klar besser. Während der Cross-over-Phase waren Nebenwirkungen unter Metixen signifikant häufiger als unter Deprenyl. Insbesondere wurde unter Metixen häufiger eine Hypersalivation beklagt. Ferner erscheint es bemerkenswert, daß 2 Patienten unter Metixen eine exogene Psychose entwickelten und von der weiteren Studie ausgeschlossen werden mußten. Unter Deprenyl wurden keine exogenen Psychosen beobachtet. Die Gesamthäufigkeit von therapiebedingten Nebenwirkungen betrug unter Deprenyl 10 gegenüber 20 unter Metixen (Tabelle 4). Auch während der einjährigen Nachbeobachtungsperiode nahm die Häufigkeit von Nebenwirkungen nicht zu.

Diskussion

In Übereinstimmung mit früheren Studien fanden wir einen insgesamt positiven therapeutischen Effekt von Deprenyl auf die Symptomatik des fortgeschrittenen Parkinson-Syndroms. Diese günstige Wirkung war mäßig ausgeprägt. Beim Einsatz der Substanz als adjuvantes Therapeutikum bei mit L-Dopa-vorbehandelten Patienten war sie mit den wohlbekannten therapeutischen Effekten eines Anticholinergikums quantitativ vergleichbar. Dieses Ergebnis wurde im ersten Teil der Studie unter Doppelblindbedingungen registriert. Es zeigte sich, daß Deprenyl nicht nur in der Kurzzeitbehandlung, sondern auch in der Langzeittherapie über ein Jahr seine positive Wirksamkeit weitgehend behält und nur eine schwache Tendenz zur Abnahme des therapeutischen Effektes besteht. In der Literatur finden sich nur wenige Langzeitbeobachtungen mit Deprenyl, die Mehrzahl von ihnen erbrachte ähnlich positive Ergebnisse.

Im Unterschied zu anderen Autoren stellten wir in unserer Studie keine ausgeprägt günstige Wirkung auf die Fluktuationen der Beweglichkeit fest. Paroxysmales On-/Off-Phänomen und Freezing wurden nicht beeinflußt, End-of-dose-Akinesien wurden nur leicht gebessert. Eine Zunahme hyperkinetischer Symptome, wie sie teilweise berichtet wurde, konnte von uns ebenfalls nicht beobachtet werden. Diese unterschiedlichen Beobachtungen könnten durch die Tatsache zu erklären sein, daß die Schwankungen der Beweglichkeit nicht in allen früheren Studien in die oben erwähnten Formen differenziert wurden. Häufig wurden sämtliche Erscheinungsformen der Fluktuationen unter dem Begriff On-/Off-Phänomen subsumiert.

Da es das Ziel unserer Studie war, die durch zusätzliche Deprenylgabe erreichbare klinische Besserung zu quantifizieren, wurde die L-Dopa-Dosis während der Studie konstant gehalten. Wir können aufgrund dieser Studie keine Aussage über einen eventuellen L-Dopa-Einspareffekt machen. Früheren Veröffentlichungen zufolge kann die vorbestehende L-Dopa-Dosis durch Deprenyl jedoch reduziert werden.

Die Verträglichkeit von Deprenyl war wesentlich besser als die des Anticholinergikums Metixen. Die Häufigkeit von Nebenwirkungen erforderte in keinem Fall das Absetzen der Therapie und betrug nur 50% verglichen mit Metixen. Kein Patient entwickelte Zeichen einer exogenen Psychose, die eine der schwersten und häufigsten Nebenwirkungen unter adjuvanter Therapie mit alternativen Substanzen, wie z. B. Anticholinergika oder Bromocriptin, ist. Die gute Verträglichkeit stellt den augenfälligsten Vorteil beim Einsatz von Deprenyl als Zweittherapeutikum in der Behandlung des Parkinson-Syndroms dar. Diese gute Verträglichkeit ging während der 12monatigen Nachbeobachtung nicht verloren. In der Literatur wurde die therapeutische Wirkung von Deprenyl nicht nur einem spezifischen Antiparkinsoneffekt, sondern auch einer unspezifischen antidepressiven Wirkung zugeschrieben. Wir stellten jedoch nur eine vorübergehende und leichte, nicht signifikante Abnahme des Depressionsindex nach Zung fest. Die klinische Wirkung von Deprenyl kann nach diesem Befund nicht in erster Linie auf eine derartige unspezifische antidepressive Wirkung zurückgeführt werden. Unsere Daten sind nicht geeignet, die vieldiskutierte Frage zu beantworten, ob die Substanz eine protektive Wirkung gegenüber der Bildung von zytotoxischen freien Radikalen besitzt und eine weitere Progression des neurodegenerativen Prozesses verhindern kann.

Literatur

Birkmayer W, Riederer P, Youdim MBH, Linauer W (1975) The potentiation of the anti-akinetic effect after L-dopa treatment by an inhibitor of MAO-B, deprenyl. J Neural Transm 36: 303–323

Birkmayer W, Riederer P (1984) Deprenyl prolongs the therapeutic efficacy of combined L-dopa in Parkinson's disease. In: Hassler RG, Christ JF (eds) Advances in neurology, vol 40. Raven Press, New York, pp 475–481

Birkmayer W, Knoll J, Riederer P, Youdim MBH, Hars V, Marton J (1985) Increased life expectancy resulting from addition of L-deprenyl to madopar treatment in Parkinson's disease: a long-term study. J Neural Transm 64: 113–127

Csanda E, Tárczy M, Takats A, Mogyoros I, Köves A, Katona G (1983) L-deprenyl in the treatment of Parkinson's disease. J Neural Transm [Suppl] 19: 283–290

Eisler T, Terävärinen H, Nelson R, Krebs H, Weise B, Lake CR, Ebert MH, Whetzel N, Murphy DL, Kopin J, Calne DB (1981) Deprenyl in Parkinson's disease. Neurology 31: 19–23

Gerstenbrand F, Ransmayr B, Poewe W (1983) Deprenyl in combination treatment of Parkinson's disease. Acta Neurol Scand [Suppl] 95: 123–126

Knoll J, Ecsery Z, Nievel J, Knoll B (1965) Phenylisoprophylmethylpropinylamine, a new spectrum psychic energizer. Arch Int Pharmacodyn 155: 154–164

Knoll J (1978) The possible mechanisms of action of deprenyl in Parkinson's disease. J Neural Transm 43: 177–198

Knoll J (1983) Deprenyl: the history of its development and pharmacological action. Acta Neurol Scand [Suppl] 95: 57–80

Lieberman AN, Gopinathan G, Neophytides A, Hiesinger E, Nelson J, Walker R, Goodgold A (1984) Deprenyl in the treatment of Parkinson's disease. NY State J Med 84: 13–16

Reynolds GP, Riederer P, Sandler M, Jellinger K, Seemann D (1978) Amphetamine and 2-phenylethylamine in post-mortem parkinsonian brain after deprenyl administration. J Neural Transm 43: 271–277

Rinne UK, Siirtola T, Sonninen V (1978) L-deprenyl treatment of on-off phenomena in Parkinson's disease. J Neural Transm 43: 253–262

Rinne UK (1983) Deprenyl in treatment of Parkinson's disease. Acta Neurol Scand [Suppl] 95: 107–111

Stern GM, Lees AJ, Sandler M (1978) Recent observations on the clinical pharmacology of deprenyl. J Neural Transm 43: 245–251

Streifler M, Rabey MJ (1983) Long-term effects of L-deprenyl in chronic levodopa treated parkinsonian patients. J Neural Transm [Suppl] 19: 265–272

Yahr MD, Mendoza MR, Moros D, Bergmann KJ (1983) Treatment of Parkinson's disease in early and late phases. Use of pharmacological agents with special reference to deprenyl. Acta Neurol Scand [Suppl] 95: 95–102

Anschrift des Verfassers: Prof. Dr. P.-A. Fischer, Abteilung für Neurologie, Universitätsklinik Frankfurt/Main, Schleusenweg 2—16, D-6000 Frankfurt/Main, Bundesrepublik Deutschland.

R-(—)-Deprenyl als Levodopa-Adjuvans bei der Behandlung des Morbus Parkinson

U. K. Rinne

Abteilung für Neurologie, Universität Turku, Finnland

Zusammenfassung

Als Levodopa-Adjuvans übt Deprenyl (Selegilin) nachweislich eine signifikant günstige Wirkung bei ca. 50—60% der Patienten aus, bei denen der Levodopa-Effekt immer mehr nachläßt und durch Disability-Fluktuationen noch kompliziert wird. Die zusätzliche Gabe von Deprenyl zur Levodopa-Behandlung bessert die Parkinson-Disability und die therapiebedingten Fluktuationen, insbesondere die End-of-dose-Symptomatik. Deprenyl läßt sich leicht anwenden (5—10 mg/Tag) und ist frei von schwerwiegender Toxizität. Bei Gabe von Deprenyl kann die Levodopa-Dosis um 20—50% reduziert werden, was zu einem Rückgang der Nebenwirkungshäufigkeit führt. Während der Langzeitbehandlung mit Deprenyl kommt es aufgrund des Fortschreitens des Morbus Parkinson zu einer deutlichen Verschlechterung der therapeutischen Wirkung. Allerdings kann die Lebenserwartung dieser Patienten offenbar verbessert werden. Daher ist es ratsam, Deprenyl nicht erst als erstes Adjuvans zu Levodopa bei Patienten mit fortgeschrittenem Krankheitsstadium, sondern bereits ganz zu Beginn der Frühphase der Erkrankung zu verabreichen, mit dem Ziel eines günstigeren Verlaufs des Morbus Parkinson hinsichtlich langdauernder Symptomenbeherrschung, geringerer Spätkomplikationen und höherer Lebenserwartung.

Einleitung

Trotz einer anfänglich guten therapeutischen Wirkung verschlechtern sich die Parkinson-Symptome nach einer 3—5jährigen Levodopa-Behandlung fortlaufend. Außerdem sind nicht nur der Verlust an günstigen Wirkungen, sondern auch eine steigende Zahl anderer klinischer Probleme, insbesondere verschiedene Arten von Disability-Fluktuationen, mit der Levodopa-Langzeitbehandlung verbunden. Bei unseren nachuntersuchten Patienten wiesen 31% solche Fluktuationen nach einer 3—5jährigen Behandlung, 50% nach 5—7 Jahren und schließlich

84% nach 10—12jähriger Levodopa-Therapie auf (Rinne, 1983 a). Von großem Interesse sind daher Behandlungsalternativen, die zu einer Besserung der therapeutischen Wirkung von Levodopa zum Zeitpunkt der Verschlechterung und der Disability-Fluktuationen führen. Diesbezüglich ist die Verwendung von Deprenyl (Selegilin), einem selektiven MAO-Hemmer vom Typ B, offensichtlich ein bedeutender neuer Ansatz zur Behandlung des Morbus Parkinson, da durch ihn die Anti-Parkinson-Wirksamkeit von Levodopa verstärkt und einige Disability-Fluktuationen beseitigt werden.

Kurzzeit-Studien

Die Originalstudie von Birkmayer et al. (1975) wurde in mehreren anschließenden Berichten bestätigt, obwohl das Ausmaß der günstigen Wirkung in den verschiedenen Untersuchungen beträchtlich zu variieren scheint (Tabellen 1, 3 und 4). Durch zusätzliche Gabe von 5 mg Deprenyl (ein- oder zweimal täglich) zur Levodopa-Behandlung scheint es sowohl bei der Parkinson-Disability als auch bei den Disability-Fluktuationen bei ca. 50—60% der Patienten zu einer Besserung zu kommen. Der häufigste Fluktuationstyp, das End-of-dose- oder Wearing-off-Phänomen, scheint auf Deprenyl besonders gut anzu-

Tabelle 1. Deprenyl bei der Behandlung des Morbus Parkinson. Offene Kurzzeit-Studien

Studie	Anzahl der Patienten	Tages-dosis (mg)	Behand-lungs-dauer (Monate)	Therapeutische Wirkung	
				Parkinsonismus	Fluktuationen
1. Birkmayer et al. 1975	44	10–30	3–6	+ + +	+ + +
2. Rinne et al. 1978	45	5–10	3	+ +	+ +
3. Yahr 1978	29	5–10	8	+ +	+ +
4. Streifler et al. 1980	12	5–15	3	+ +	+ +
5. Wajsbort et al. 1982	22	10	4	+ +	+ +
6. Lieberman et al. 1984	40	5–10	5	+ +	+ +
7. Ruggieri et al. 1986	76	10	1	+ +	n.b.
8. Giovannini et al. 1986	79	10	1–29	+ +	n.b.

n.b. nicht bestimmt.

Tabelle 2. Reaktionen der verschiedenen Disability-Fluktuationstypen auf die Deprenyl-Behandlung

Fluktuationen	Stärke der Reaktion
1. End-of-dose Phänomen	+ +
2. Freezing	
während der Off-Phase	+ +
zufällig	0
3. Zufällige, schnelle Oszillationen („on-off")	0
4. Dystonie (off-Phase)	+
5. Dyskinesie bei maximaler Dosierung	—

Tabelle 3. Deprenyl bei der Behandlung des Morbus Parkinson: Doppelblind-Studien

Studie	Anzahl der Patienten	Tages-dosis (mg)	Behand-lungs-dauer (Monate)	Therapeutische Wirkung	
				Parkinsonismus	Fluktuationen
1. Lees et al. 1977	41	10	1	0	+ +
2. Schachter et al. 1980	17	10	1	n.b.	+ +
3. Goldstein 1980	5	10	1	+ +	+ +
4. Eisler et al. 1981	9	10	1	±	n.b.
5. Presthus et al. 1983	40	5–10	2	+ +	+ +

n.b. nicht bestimmt.

sprechen. Auch beim Off-period-freezing sowie bei der Dystonie ist eine Besserung zu verzeichnen, wohingegen zufällige, schnelle Oszillationen sowie zufälliges Freezing in keiner Weise beeinflußt werden. Ferner können peakdose Dyskinesien verstärkt werden, wenn die Levodopa-Dosis unverändert bleibt (Tabelle 2). Andererseits ist es möglich und auch ratsam, nach zusätzlicher Deprenyl-Gabe die Levodopa-Dosis um 20—50% zu reduzieren.

Diese klinischen Originalstudien mit Deprenyl wurden als offene Studien durchgeführt; bisher sind nur wenige kontrollierte Doppelblinduntersuchungen vorgenommen worden. Wie aus Tabelle 3 ersichtlich, sind die therapeutischen Wirkungen bei diesen kontrollierten Prüfungen mit einer relativ kurzen Behandlungsdauer nicht so aus-

Tabelle 4. Deprenyl bei der Behandlung des Morbus Parkinson.
Offene Langzeitstudien

Studie	Anzahl der Patienten	Tages-dosis (mg)	Behand-lungs-dauer (Monate)	Therapeutische Wirkung	
				Parkinsonismus	Fluktuationen
1. Birkmayer et al. 1977	223	5–10	7	+ + +	+ + +
2. Csanda et al. 1978	152	5–10	12	+ +	+ +
3. Birkmayer 1983	381	5–10	96	+ +	+ +
4. Rinne 1983 b	11	5–10	48	+	+
5. Yahr et al. 1983	79	10	48	+	+
6. Stern et al. 1983	11	10	48	+	+
7. Streifler and Rabey 1983	29	5–12,5	48	+	+ +
8. Gerstenbrand et al. 1983	48	10–15	18	+ +	+ +

n.b. nicht bestimmt

geprägt wie im Falle der oben angeführten offenen Studien. Unterschiede beim Patientengut sowie bei den angewandten Levodopa-Dosierungen könnten zumindest teilweise für diese Unterschiede verantwortlich sein. Wir hoffen, daß zur Zeit durchgeführte doppelblinde Multicenter-Studien diesbezüglich eine Klärung bringen werden.

Langzeit-Studien

Eine große Anzahl von Parkinson-Patienten wurde viele Jahre lang mit Deprenyl als Levodopa-Adjuvans behandelt (Tabelle 4). Die günstigen Wirkungen von Deprenyl auf das End-of-dose-Phänomen der Parkinson-Disability scheinen anzuhalten, obwohl hinsichtlich des Besserungsgrades ein deutlicher Rückgang zu verzeichnen ist (Rinne, 1983 b). Wie jedoch aus Langzeit-Nachuntersuchungen hervorgeht, kann die Lebenserwartung von mit dem Adjuvans Deprenyl behandelten Patienten erhöht werden (Birkmayer et al., 1985; Birkmayer und Birkmayer, 1986). Die These, daß Deprenyl die Bildung toxischer Nebenprodukte aus dem endogenen Dopaminstoffwechsel und aus exogenen Substanzen verzögert, unterstützt theoretisch diese klinischen Befunde (Cohen, 1983; Heikkila et al., 1984; Snyder und D'Amato, 1986). Allerdings sind für eine nähere Klärung dieser Frage kontrollierte prospektive Untersuchungen erforderlich, die zur Zeit vorgenommen werden. Vor allem muß geklärt werden, ob der frühe ebenso wie der späte Einsatz einer Kombination von Deprenyl mit niedrig dosiertem Levodopa als Primärbehandlung einen günstigeren Verlauf des Morbus Parkinson hinsichtlich längerer Symptomkontrolle, weniger Spätkomplikationen und erhöhter Lebenserwartung bewirkt. Andererseits haben kürzlich durchgeführte Untersuchungen gezeigt, daß durch frühe Kombination einer niedrigen, submaximalen Dosis von Dopamin-Agonisten und Levodopa allem Anschein nach eine bessere Langzeitbehandlung als mit hochdosiertem Levodopa erzielt werden kann und zwar durch Hemmung der Entwicklung von Disability-Fluktuationen, insbesondere der End-of-dose-Störungen und Dyskinesien (Rinne, 1985, 1986, 1987). Durch gleichzeitige Gabe von Deprenyl ist es möglich, die Levodopa-Dosis weiter zu reduzieren und gleichzeitig die Entwicklung toxischer Nebenprodukte zu verlangsamen. In weiteren, zur Zeit laufenden Untersuchungen wird sich noch erweisen müssen, ob die Behandlung der Parkinson-Patienten in der Frühphase der Krankheit mit einer niedrigen Dosis eines Dopamin-Agonisten und Levodopa kombiniert mit Deprenyl eingeleitet werden sollte.

Nebenwirkungen

Als Adjuvans zu Levodopa scheint Deprenyl bei einer Dosis von 5—10 mg/Tag gut verträglich zu sein. Wird der Patient mit der maximal verträglichen Levodopa-Dosis therapiert, so besteht ein ausgeprägtes Risiko einer Zunahme der zentralen Levodopa-Nebenwirkungen, insbesondere von Dyskinesie, Schlaflosigkeit, Agitation, Halluzinationen und Verwirrung. Durch Reduzierung der täglichen Levodopa-Dosis läßt sich jede dieser Nebenwirkungen unter Kontrolle bringen oder prophylaktisch verhindern. Außerdem konnte gezeigt werden, daß während der kombinierten Langzeit-Behandlung mit Levodopa und Deprenyl wesentlich weniger klinische Nebenwirkungen als unter alleiniger Gabe von Levodopa auftreten (Birkmayer, 1983).

Schlußfolgerungen

1. Deprenyl als Levodopa-Adjuvans scheint sowohl die Parkinson-Disability als auch die dosisabhängigen Disability-Fluktuationen bei ca. 50—60% der Patienten zu bessern.

2. Deprenyl ist einfach in der Anwendung (5—10 mg/Tag) und frei von schwerwiegender Toxizität. Außerdem läßt sich die Levodopa-Tagesdosis um 20—50% reduzieren.

3. Während der kombinierten Langzeit-Behandlung mit Levodopa und Deprenyl läßt die Stärke der therapeutischen Wirkung nach. Allerdings kann die Lebenserwartung der Patienten ansteigen.

4. Zur Zeit scheint Deprenyl bei der Behandlung des Morbus Parkinson den ersten Platz und die wichtigste Rolle als Levodopa-Adjuvans bei Patienten mit sich verschlechternder Reaktion auf Levodopa und täglichen Fluktuationen einzunehmen. Sollte es sich als nicht erfolgreich erweisen, so müßte die zusätzliche Gabe oder Substitution eines Dopamin-Agonisten in Erwägung gezogen werden.

5. In Zukunft müßte noch geklärt werden, ob durch eine frühe Behandlung mit niedrigdosiertem Levodopa und Deprenyl der Morbus Parkinson einen günstigeren Verlauf nimmt hinsichtlich längerer Symptomkontrolle, weniger Spätkomplikationen und erhöhter Lebenserwartung.

Literatur

Birkmayer W (1983) Deprenyl (selegiline) in the treatment of Parkinson's disease. Acta Neurol Scand 68 [Suppl] 95: 103–106

Birkmayer W, Birkmayer GD (1986) Effect of (—)deprenyl in long-term treatment of Parkinson's disease. A 10-years experience. J Neural Transm [Suppl] 22: 219–225

Birkmayer W, Riederer P, Youdim MBH, Linauer W (1975) The potentiation of the anti-akinetic effect after L-dopa treatment by an inhibitor of MAO-B, deprenyl. J Neural Transm 36: 303–326

Birkmayer W, Riederer P, Ambrozi L, Youdim MBH (1977) Implications of combined treatment with madopar and L-deprenyl in Parkinson's disease. Lancet ii: 439–443

Birkmayer W, Knoll J, Riederer P, Youdim MBH, Hars V, Marton J (1985) Increased life expectancy resulting from addition of (—)deprenyl to Madopar treatment in Parkinson's disease: a long term study. J Neural Transm 64: 113–127

Cohen G (1983) The pathobiology of Parkinson's disease: biochemical aspects of dopamine neuron senescence. J Neural Transm [Suppl] 19: 89–103

Csanda E, Antal J, Antony M, Csanaky A (1978) Experiences with L-deprenyl in Parkinsonism. J Neural Transm 43: 263–269

Eisler T, Teräväinen HT, Nelson R, Krebs H, Calne DB (1981) Clinical and biochemical effects of (—)deprenyl in patients with Parkinson's disease: clinical aspects. Neurology 31: 19–23

Gerstenbrand F, Ransmayr G, Poewe W (1983) Deprenyl (selegiline) in combination treatment of Parkinson's disease. Acta Neurol Scand 68 [Suppl] 95: 123–126

Giovannini P, Martignoni E, Piccolo I, Pacchetti C, Grassi MP, Nappi G, Caraceni T (1986) (—)Deprenyl in Parkinson's disease: a two-year study in the different evolutive stages. J Neural Transm [Suppl] 22: 235–246

Goldstein L (1980) The "on-off" phenomena in Parkinson's disease—treatment and theoretical considerations. Mt Sinai J Med 47: 80–84

Heikkila RE, Manzino L, Cabbat FC, Duvoisin RC (1984) Protection against the dopaminergic neurotoxicity of 1-methyl-4-phenyl-1,2,3,6-tetrahydropyridine by monoamine oxidase inhibitors. Nature 311: 467–469

Lees AJ, Kohout LJ, Shaw KM, Stern GM, Elsworth JD, Sandler M, Youdim MBH (1977) Deprenyl in Parkinson's disease. Lancet ii: 791–795

Lieberman AN, Gopinathan G, Neophytides A, Hiesiger E, Nelson J, Walker R, Goodgold A (1984) Deprenyl in the treatment of Parkinson's disease. NY State J Med 84: 13–16

Presthus J, Hajba A (1983) Deprenyl (selegiline) combined with levodopa and a decarboxylase inhibitor in the treatment of Parkinson's disease. Acta Neurol Scand 68 [Suppl] 95: 127–133

Rinne UK (1983 a) Problems associated with long-term levodopa treatment of Parkinson's disease. Acta Neurol Scand 68 [Suppl] 95: 19–26

Rinne UK (1983 b) Deprenyl (selegiline) in the treatment of Parkinson's disease. Acta Neurol Scand 68 [Suppl] 95: 107–111

Rinne UK (1985) Combined bromocriptine-levodopa therapy early in Parkinson's disease. Neurology 35: 1196–1198

Rinne UK (1986) The importance of an early combination of a dopamine agonist and levodopa in the treatment of Parkinson's disease. In: van Maanen J, Rinne UK (eds) Lisuride: a new dopamine agonist and Parkinson's disease. Excerpta Medica, Amsterdam, pp 64–71

Rinne UK (1987) Early combination of bromocriptine and levodopa in the treatment of Parkinson's disease. A 5-year follow-up study. Neurology 37: 826–828

Rinne UK, Siirtola T, Sonninen V (1978) L-deprenyl treatment of on-off phenomena in Parkinson's disease. J Neural Transm 43: 253–262

Schachter M, Marsden CD, Parkes JD, Jenner P, Testa B (1980) Deprenyl in the management of response fluctuations in patients with Parkinson's disease on levodopa. J Neurol Neurosurg Psychiatry 43: 1016–1021

Snyder SH, D'Amato RJ (1986) MPTP: a neurotoxin relevant to the pathophysiology of Parkinson's disease. Neurology 36: 250–258

Stern GM, Lees AJ, Hardie RJ, Sandler M (1983) Clinical and pharmacological problems of deprenyl (selegiline) treatment in Parkinson's disease. Acta Neurol Scand 68 [Suppl] 95: 113–116

Streifler M, Rabey MJ (1983) Long-term effects of L-deprenyl in chronic levodopa treated parkinsonian patients. J Neural Transm [Suppl] 19: 265–272

Streifler M, Vardi J, Borenstein N, Rabey MJ, Flechter S (1980) Beta-type monoamine oxidase (M.A.O.) inhibitors in long-term levodopa-treated parkinsonism: a combined clinical trial with L-deprenyl. Curr Ther Res 27: 643–648

Wajsbort J, Kartmazov K, Oppenheim B, Barkey R, Youdim MBH (1982) The clinical and biochemical investigation of (—)deprenyl in Parkinson's disease with special reference to the "on-off" effect. J Neural Transm 55: 201–215

Yahr M (1978) Overview of present treatment of Parkinson's disease. J Neural Transm
    43: 227–238
Yahr MD, Mendoza MR, Moros D, Bergmann KJ (1983) Treatment of Parkinson's
    disease in early and late phases. Use of pharmacological agents with special reference
    to deprenyl (selegiline). Acta Neurol Scand 68 [Suppl] 95: 95–102

Anschrift des Verfassers: Prof. Dr. U. K. Rinne, Abteilung für Neurologie, Universität Turku, SF-20520 Turku, Finnland.

Aktuelle Streitfragen bezüglich der Anwendung von Selegilinhydrochlorid

A. J. Lees

National Hospitals for Nervous Diseases, London, U.K.

Zusammenfassung

Selegilinhydrochlorid [R-(—)-Deprenyl] ist heute als sicheres und wertvolles adjuvantes Therapeutikum in der Behandlung des Morbus Parkinson eingeführt. Bei etwa 50% der Patienten mit leichten, durch Levodopa induzierten Fluktuationen des therapeutischen Ansprechens kann durch zusätzliche Gabe von 10 mg Selegilin täglich eine Besserung und außerdem eine Linderung der nächtlichen und frühmorgendlichen Aktivitätseinschränkungen erreicht werden. Diese Wirkung manifestiert sich gewöhnlich innerhalb einer Woche nach Beginn der Behandlung und bleibt bei der Mehrzahl der auf die Behandlung ansprechenden Patienten („Responder") über mindestens ein Jahr erhalten, danach treten allmählich therapiebedingte Fluktuationen auf. Im Vergleich zu anderen Antiparkinsonmitteln läßt sich dieses Medikament relativ einfach handhaben, und es ist mit nur wenigen Nebenwirkungen behaftet; anders als bei den herkömmlichen Monoaminoxidasehemmern ist keine tyraminarme Diät erforderlich, und bei Kombination mit L-Dopa treten keine Blutdruckanstiege auf. Selegilin besitzt außerdem einen leichten L-Dopa-Spareffekt (100—200 mg pro Tag) und kann auch Vigilanz, Tatkraft und Motivation steigern (Lees et al., 1977). In dem vorliegenden Artikel werden einige der strittigeren Fragen bezüglich Selegilin diskutiert werden.

Wie wirkt Selegilin?

Selegilin besitzt mehrere unterschiedliche pharmakologische Wirkungen auf das Zentralnervensystem, die den Dopaminumsatz steigern können. Es ist ein starker, irreversibler MAO-B-Hemmer und kann somit den Abbau von Dopamin im Nervengewebe verhindern. Die örtliche Verteilung der MAO-B im Zentralnervensystem ist noch Gegenstand von Diskussionen, derzeit scheint es jedoch wahrscheinlich, daß eine große Menge in der Glia enthalten ist. Selegilin hemmt

außerdem die Wiederaufnahme von Dopamin und führt zur Akkumulation von Amphetaminen und dem Spurenamin Phenylethylamin,
die beide die Freisetzung von Dopamin aus den präsynaptischen Nervenendigungen steigern können. Es ist außerdem möglich, daß Selegilin den Transport von Dopa durch die Bluthirnschranke steigern
kann, insbesondere wenn die Dopaminspiegel im Striatum dezimiert
sind, wie es beim Morbus Parkinson der Fall ist. Der Autor und seine
Mitarbeiter konnten zeigen, daß die Gabe von 10 mg an jedem zweiten
Tag zur Beherrschung der durch L-Dopa induzierten Schwankungen
der motorischen Aktivität ebenso wirksam ist wie die tägliche Verabreichung (Lees et al., 1977). Einige Responder bestehen jedoch auf
der Einnahme ihrer Tabletten in zwei Tagesdosen. Aus Thrombo-
zytenuntersuchungen und postmortalen neurochemischen Untersuchungen des menschlichen Gehirns ist bekannt, daß Selegilin ein extrem starker MAO-B-Hemmer ist, so daß eine Dosis von 10 mg pro
Tag mindestens 80% der MAO-B hemmt. Auch wurde neuerdings
von der Uppsala-Gruppe mit Hilfe der Positronenemissionstomogra-
phie gezeigt, daß eine einzelne Tagesdosis von 10 mg Selegilin die
Aufnahme eines Selegilinliganden in das Gehirn bis zu 10 Tage lang
hemmt. Dies wirft die Frage auf, ob die therapeutischen Wirkungen
unter Deprenyl tatsächlich mit der MAO-B-Hemmung zusammen-
hängen. Es wurde behauptet, daß einige der günstigen therapeutischen
Wirkungen auf der Bildung von Amphetaminmetaboliten beruhen
könnten, und Karoum und Mitarbeiter (1982) konnten zeigen, daß
nach Selegilingabe keine erhöhte Ausscheidung von desaminierten
Dopaminstoffwechselprodukten im Urin festzustellen war, wohingegen die Ausscheidung von Phenylethylamin und Tyramin deutlich
erhöht war. Es wurde jedoch nachgewiesen, daß die günstigen therapeutischen Wirkungen von Selegilin nicht allein durch den Einfluß
von R-(—)-Amphetamin und R-(—)-Methylamphetamin erklärt werden können (Stern, Lees und Sandler, 1978). Klinische Versuche mit
den neueren, selektiven MAO-B-Hemmern wie AGN 1135 und RO 16-
6491, die beide keine Amphetaminmetaboliten bilden, könnten diese
Frage weiter klären.

Wann soll mit Selegilin begonnen werden?

Weitere neuere Arbeiten mit dem MPTP-Modell haben gezeigt, daß
die toxische Substanz MPP^+ Neuronen im Locus coeruleus und im
ventrotegmentalen Bereich des Mittelhirns sowie in der Substantia

nigra von älteren Affen zerstören kann. Von Langston und Forno wurde außerdem bei Saimiri-Affen über Lewy-ähnliche Einschlußkörperchen berichtet. Bisher gibt es jedoch keinen Beweis dafür, daß das durch MPTP induzierte Parkinsonsyndrom progredient ist, und in Tierversuchen ergeben sich tatsächlich Hinweise darauf, daß eine kompensatorische partielle Besserung eintreten kann. Zwischen dem idiopathischen Morbus Parkinson und der MPTP-induzierten Erkrankung gibt es weitere Unterschiede, z. B. die Asymmetrie des Morbus Parkinson und die Beteiligung des Nucleus basalis Meynert am Krankheitsprozeß, der nach MPTP-Verabreichung offenbar ausgespart bleibt. Dennoch bestehen starke Ähnlichkeiten, und das experimentelle MPTP-Modell zeigt immer mehr Ähnlichkeiten mit dem idiopathischen Morbus Parkinson. Selegilin verhindert wirkungsvoll die Umwandlung von MPTP zum Pyridinion, MPP^+, und schützt sowohl Nagetiere als auch Primaten vor dessen toxischen Wirkungen. Unter der Voraussetzung, daß der Morbus Parkinson durch ein MPTP-ähnliches Toxin verursacht sein könnte, wäre es sinnvoll, Patienten mit dieser Krankheit von Anfang an mit Selegilin zu behandeln. Was noch wichtiger ist, falls eine zuverlässige Methode zur Diagnostik des Morbus Parkinson vor der klinischen Manifestation entwickelt würde, wäre eine Prophylaxe mit Selegilin durchaus vernünftig. Wenn andererseits ein Toxin wie das Pyridinion angeschuldigt wird, bleibt unklar, ob Selegilin günstige oder nachteilige Wirkungen haben wird.

Nach achtjähriger Erfahrung mit Selegilin ist sich der Autor ziemlich sicher, daß das Medikament die Progression der Erkrankung nicht verhindert, aber es ist möglich, daß es sie zu einem gewissen Grad verlangsamen kann. Birkmayer und Mitarbeiter (1983) haben postuliert, daß durch Selegilin-Verabreichung eine eindeutige Verlangsamung der Degeneration der striatalen Dopaminzellen erreicht werden kann. In einer offenen, unkontrollierten, retrospektiven Beobachtung von 307 mit L-Dopa behandelten Patienten im Vergleich mit 564 Patienten unter L-Dopa plus Selegilin wurde über einen durchschnittlichen Behandlungszeitraum von 4 Jahren mit Selegilin therapiert. Die geschätzten Überlebenszeiten, die aus den Verteilungskurven errechnet wurden, ergaben für die Levodopa-Gruppe einen Wert von 129,2 Monaten und für die Patienten mit Kombinationstherapie von 144,5 Monaten. Um diesen entscheidenden Punkt zu klären, kam eine Gruppe von daran interessierten Neurologen und Geriatrikern in Großbritannien überein, Patienten mit neu diagnostiziertem Morbus

Parkinson in einer prospektiven Studie zu randomisieren, um einen Vergleich der herkömmlichen Monotherapie mit einem Levodopa-Präparat, der Kombinationstherapie mit Levodopa und Selegilin und der Monotherapie mit Bromocriptin durchzuführen. Bisher wurden bereits 300 Patienten in diese Studie aufgenommen, dabei werden die durchschnittliche prozentuale Besserung pro Jahr und Nebenwirkungen sowie die Anzahl der Todesfälle in jeder Gruppe registriert. In den Vereinigten Staaten von Amerika soll eine Multicenterstudie bei zuvor unbehandelten Patienten mit hochgradiger Funktionseinschränkung durch Morbus Parkinson durchgeführt werden, die entweder Placebo, Selegilin oder Vitamin-E erhalten. Bis die Ergebnisse dieser Untersuchungen vorliegen, muß der behandelnde Arzt seine Entscheidung über eine Behandlung mit Deprenyl daran orientieren, wie er selbst behandelt werden möchte, sollte er unglücklicherweise selbst an einem Morbus Parkinson erkranken.

Ist Selegilin ein wirksames Antidepressivum?

Nach der Entwicklung von Selegilin in Ungarn durch Knoll ergaben erste klinische Untersuchungen in psychiatrischen Praxen in Ungarn, daß das Medikament ein wirksames Antidepressivum darstellt. Tringer und Mitarbeiter (1971) behandelten 30 Patienten mit endogener Depression (Durchschnittsalter 52 Jahre) mit 20 mg Selegilin über 14 Tage und benutzten zur Verlaufsbeurteilung die Bewertungsskala nach Hamilton. Neun Patienten schienen geheilt, 12 waren gebessert und 9 zeigten keine Besserung. Depression, Schuldgefühle und somatische gastrointestinale Symptome besserten sich rasch, während somatische Ängste zunahmen und hypochondrische Symptome nicht gelindert wurden. Während klinischer pharmakologischer Untersuchungen am University College Hospital nahmen meine Mitarbeiter und ich Selegilin in einer Dosis von täglich 10 mg über jeweils 7 Tage ein und waren vom Gefühl der gesteigerten Tatkraft und Vigilanz sowie von Schlafschwierigkeiten betroffen. Bei 13 Patienten mit Morbus Parkinson, die nach der Zung-Bewertungsskala unter mäßiger bis schwerer Depression litten, trat nach 10 mg Selegilin täglich keine signifikante Besserung ein; viele Patienten, deren Aktivitätsschwankungen gut ansprachen, gaben jedoch eine gesteigerte Denkgeschwindigkeit und eine verbesserte Stimmungslage an (Lees et al., 1977). Der weitere Einsatz von Selegilin hat mich von den positiven Wirkungen auf die Stimmungslage und der Besserung der Bradyphrenie überzeugt, die mit diesem Medikament bei Patienten mit Morbus Parkinson mit einer Dosis von 10 mg täglich erreicht werden kann. Mendlewicz und Youdim (1983) berichteten im Vergleich gegen Placebo über positive Wirkungen bei 27 depressiven, stationären Patienten (22 unipolar, 5 bipolar depressiv). Dieser Befund wurde durch zwei weitere Studien bestätigt; Mann und Gershon (1980) fanden, daß 12 Patienten (6 unipolar, 6 bipolar depressiv) mit erheblichen depressiven Symptomen innerhalb von drei Tagen auf 5 mg Selegilin ansprachen. Nach dreiwöchiger Therapie mit allmählich auf 15 mg täglich gesteigerten Dosen kam es bei 8 von 10 Patienten zu einer signifikanten Besserung. Bei zwei Patienten verschlechterte sich der Zustand, bei einem von ihnen verstärkte sich die Depression, beim anderen kam es zu manifesten Angstzuständen. 7 Patienten klagten initial über Schlaflosigkeit, 5 über Appetitlosigkeit und 4 über eine gesteigerte Libido. Die Autoren kamen zu dem Schluß, daß alle Erscheinungsformen der Depression einschließlich der Angst mit Selegilin in Dosen von 15 mg täglich günstig beeinflußt werden können. Quitkin und Mitarbeiter (1984) berichteten über günstige Wirkungen in einer Gruppe von 17 atypisch depressiven Patienten, die erwiesenermaßen gut auf Phenelzin ansprechen. Bei 59% von ihnen kam es unter Dosen von meist mehr als 20 mg pro Tag zu einer Besserung. Die auf die Behandlung ansprechenden Patienten hatten im Angstindex niedrigere Ausgangswerte als die Patienten, die nicht auf die Behandlung ansprachen; außerdem reagierten sie auf einen akuten Provokationstest mit intravenös verabreichtem Amphetamin eher dysphorisch oder biphasisch. An Nebenwirkungen traten Mundtrockenheit und Schlaflosigkeit auf. Mendis und Mitarbeiter (1981) konnten jedoch in einer Doppelblindstudie an 22 Patienten (Durchschnittsalter 42 Jahre) mit leichter oder mäßiger Depression keine nennenswerten positiven Wirkungen von Selegilin gegenüber Placebo nachweisen. Eine weitere Bestätigung der antidepressiven Eigenschaften von Selegilin entstammt jedoch einer Studie, die von meinen Mitarbeitern Dr. A. Prasad und Dr. G. Stern am University College Hospital in London durchgeführt wurde. Vierzig Patienten mit primärer Depression, die erwiesenermaßen auf Monoaminoxidasehemmer ansprachen und diese Medikamente über mindestens 6 Monate erhalten hatten, wurden mit Selegilin behandelt. Der vorher verwendete Monoaminoxidasehemmer wurde für drei Wochen abgesetzt, und die Patienten wurden dann randomisiert auf drei Ver-

suchsuntergruppen verteilt: täglich 30—60 mg Selegilin, täglich 30 mg
Phenelzin oder täglich 20 mg Tranylcypromin. Die üblichen diätetischen Beschränkungen bei Einsatz von Monoaminoxidasehemmern
wurden während der Studie eingehalten, die Beurteilung erfolgte mit
Hilfe der Montgomery-Asberg-Bewertungsskala, der Hamilton-Angst-
skala und des MAO-Gehalts der Thrombozyten; HMPG und Tyramin wurden im Urin bestimmt, außerdem wurden orale Tyramin-
Provokationstests durchgeführt. Die drei Gruppen waren hinsichtlich
Alter und globaler psychiatrischer Morbidität vergleichbar. Phenelzin
war offenbar das wirksamste Anxiolytikum, während Deprenyl ein
besseres Antidepressivum darzustellen schien als Phenelzin; Tranylcypromin lag dazwischen. Unter Dosierungen von mehr als 30 mg
Selegilin täglich trat ein gewisser Verlust der Selektivität auf, so daß
eine Tyraminrestriktion empfohlen wird. Insgesamt weisen diese Untersuchungen darauf hin, daß Selegilin in Dosen über 20 mg täglich
nützliche antidepressive Wirkungen besitzt und in niedrigerer Dosierung die Vigilanz steigern kann. Wahrscheinlich ist es zur Besserung
der Spätdepression besser geeignet als zur Behandlung der Melancho-
lie; zur Klärung dieser Frage sind jedoch weitere Untersuchungen
erforderlich.

Heute hat sich Selegilin als brauchbares Medikament zur Behandlung leichter, L-Dopa-induzierter Schwankungen der motorischen Leistungsfähigkeit etabliert. In etwas höheren Dosen kann es außerdem
die mit dem Morbus Parkinson gewöhnlich vergesellschaftete psy-
chomotorische Verlangsamung günstig beeinflussen. Zur Klärung der
Fragen, ob es den Neuronenuntergang beim Morbus Parkinson verzögern kann und ob es bei der primären Depression eine wichtige
Bedeutung besitzt, sind weitere Untersuchungen nötig. Es ist
außerdem unklar, welche seiner zahlreichen zentralen pharmakologischen Effekte in erster Linie für seine günstigen Antiparkinsonwir-
kungen verantwortlich sind.

Literatur

Lees AJ, Shaw KM, Kohout LJ, Stern GM, Elsworth JD, Sandler M, Youdim MBH
(1977) Deprenyl in Parkinson's disease. Lancet ii: 791–795
Mann J, Gershon S (1980) L-deprenyl, a selective monoamine oxidase Type B inhibitor
in endogenous depression. Life Sci 26: 877–882
Mendis M, Pare CMP, Sandler M, Glover V, Stern GM (1981) Is the failure of
(—)-deprenyl, a selective monoamine oxidase B inhibitor, to alleviate depression

related to its freedom from the "cheese effect"? Psychopharmacology (Berlin) 73: 87–96

Mendlewicz J, Youdim MBH (1983) L-deprenyl, a selective monoamine oxidase type B inhibitor in the treatment of depression. A double-blind evaluation. Br J Psychiat 142: 508–511

Quitkin F, Liebowitz MR, Stewart JW, McGrath PJ, Harrison W, Rabkin JG, Markowitz J, Davies SO (1984) L-deprenyl in atypical depressives. Arch Gen Psychiat 41: 777–781

Stern GM, Lees AJ, Sandler M (1978) Recent observations on the clinical pharmacology of (—)deprenyl. J Neural Transm 43: 245–251

Tringer L, Haits G, Varga E (1971) The effect of L-E-280 (L-phenylisopropyl-methyl-propinylamine) in depression. Soc Pharmacol Hungarica V. Akadémiai Kiadó Budapest, pp 111–113

Anschrift des Verfassers: Dr. A. J. Lees, National Hospitals for Nervous Diseases, London, WC1, United Kingdom.

R-(—)-Deprenyl in der Behandlung der End-of-dose-Akinese

Gudrun Ulm[1] und F. Fornadi[2]

[1] Paracelsus Elena-Klinik, Kassel, Bundesrepublik Deutschland
[2] Neurologische Abteilung, Paracelsus-Nordseeklinik,
Helgoland, Bundesrepublik Deutschland

Zusammenfassung

In zwei Studien werden Wirksamkeit und Verträglichkeit des selektiven MAO-B-Hemmers L-Deprenyl in der Behandlung der End-of-dose-Akinese bei Patienten mit Morbus Parkinson geprüft. Die erste Studie wurde als offene Fall-Kontrollstudie angelegt und zeigt in der L-Deprenyl-Phase eine Besserung der Fluktuationen sowie insgesamt eine Reduktion des Webster-Summen-Score von 12,5 auf 8,9, die in der Placebo-Phase fast vollständig rückgängig war.

Die zweite Studie wurde als randomisierte Vergleichsstudie zwischen L-Deprenyl und einer niedrig dosierten Bromocriptin-Behandlung konzipiert. Die erzielten Therapie-Ergebnisse zeigten bei beiden Therapieansätzen gleiche Ergebnisse bezüglich der Fluktuationen; der CURS-Summenscore ging von 37 auf 26 zurück. L-Deprenyl zeigte sich jedoch im Hinblick auf die Verträglichkeit gegenüber Bromocriptin als überlegen.

Seit der Einführung der Substitution des verminderten Transmitters Dopamin steht eine wirksame medikamentöse Behandlung zur Verfügung. In der Langzeit-Therapie treten jedoch die wohlbekannten *Therapieprobleme* wie Dyskinesien, Fluktuationen der Motorik und Psychosen als Nebenwirkungen der L-Dopa-Therapie in den Vordergrund (Yahr, 1984). Die Pathogenese dieser Erscheinungen ist noch unklar. In Fachkreisen wird diskutiert, ob diese „*Nebenwirkungen*" krankheitsspezifische Symptome sind, die durch die effektive Behandlung und die damit einhergehende verlängerte Lebenserwartung häufiger auftreten, oder ob die Levodopa-Therapie zu einer *Umgestaltung des Krankheitsbildes* führt (Rinne et al., 1983).

Leider ist die Substitutionstherapie keine Kausaltherapie, d. h. Levodopa kann den Degenerationsprozeß nicht aufhalten. Es wird daher angenommen, daß die Levodopa-Therapie durch Überbelastung des Dopamin-Systems und/oder durch eine vermehrte Entstehung neurotoxischer Radikale für die Beschleunigung der Zelldegeneration verantwortlich ist.

Aufgrund dieser Überlegungen bringt die Verwendung des *selektiven Monoamin-oxidase-B-Hemmers L-Deprenyl* als Adjuvans bei der Levodopa + Dekarboxylase hemmer-Therapie mehrere Vorteile für den Patienten mit sich:

1. *Verlängerung der Dopamin-Wirkung* durch Hemmung des metabolischen Abbaus (vorteilhaft bei der End-of-dose-Akinese) (Birkmayer et al., 1975; Birkmayer, 1983; Knoll, 1983; Riederer und Jellinger, 1983).

2. Möglichkeit der *Dosisreduktion* um ca. 20% (Senkung der „auskömmlichen Minimaldosis") (Birkmayer et al., 1975; Birkmayer, 1983; Csanda et al., 1980; Csanda und Tárczy, 1983).

3. Gute *Verträglichkeit* (infolge der Selektivität, frei von Tyramin-Effekten) (Knoll, 1983; Riederer et al., 1983; Csanda et al., 1980).

4. *Verringerung* der Produktion *neurotoxischer Radikale* als Folge der MAO-Hemmung (?) (Cohen, 1986) (dementsprechend wird die frühzeitige Gabe von L-Deprenyl in Erwägung gezogen).

L-Deprenyl wird seit 1975 in der Behandlung des Morbus Parkinson erfolgreich eingesetzt, in erster Linie in der *Behandlung von Fluktuationen* der Motorik, d. h. als Ergänzung der Substitutionstherapie (Birkmayer, 1983; Birkmayer et al., 1975; Csanda und Tárczy, 1983; Rinne, 1983; Sandler und Stern, 1982; Stern et al., 1983).

Als Monotherapie ist die Wirkung auf die Motorik weniger ausgeprägt, nur in der Anfangsphase der Erkrankung sind solche Wirkungen nachgewiesen worden.

Laut übereinstimmender Meinung der Autoren sind als Hauptindikation für L-Deprenyl die *therapieabhängigen Fluktuationen* der Motorik (End-of-dose-Akinese, Wearing-off-Effekt) bei der Levodopa-Behandlung anzugeben. In diesen Fällen kann die Kombination mit L-Deprenyl zu einer Glättung dieser Fluktuationen führen. Bei den einnahmeunabhängigen "On-off"-Erscheinungen (Random-on-off, Yo-yoing) ist L-Deprenyl nicht wirksam (Csanda et al., 1980; Csanda und Tárczy, 1983).

Patientengut und Methodik

Aufgrund der positiven Erfahrungen der letzten Jahre (Csanda et al., 1980; Csanda und Tárczy, 1983) wurden zur Prüfung der Wirksamkeit und der Verträglichkeit von L-Deprenyl in der Behandlung der End-of-dose-Akinese folgende Studien durchgeführt:

A. *Offene Fall-Kontroll-Studie* mit Placebo-Phase

B. *Randomisierte Vergleichsstudie* mit L-Deprenyl vs. "low-dose" Bromocriptin-Behandlung

A. *Offene Fall-Kontroll-Studie*

Diese Untersuchung bestand aus einer Stabilisierungsphase und drei Behandlungsphasen (s. Tabelle 1). In den Deprenyl-Phasen I und II erhielten die Patienten L-Deprenyl-Tabletten und in der Placebo-Phase gleich aussehende Placebo-Tabletten.

Die Basistherapie bestand aus L-Dopa + Dekarboxylasehemmer. Amantadin und Anticholinergika waren zulässig, Antidepressiva wurden nicht verabreicht.

Einschlußkriterien der Studie:

— mindestens 3 Jahre Krankheitsdauer;

— Bestehen einer End-of-dose-Akinese.

Ausschlußkriterien:

— Yo-yoing, Random-on-off;

— Freezing-Effekte;

— Tremor als dominantes Symptom;

— Levodopa-Psychose.

Tabelle 1. Ablaufschema der Deprenyl-Studie

Behandlungsphase	Stabilisierung		Deprenyl I		Placebo		Deprenyl II	
Tag	1	4-7	3	10	3	7	3	10
Aufnahmeprotokoll	●							
Webster-Score	●	●	●	●	●	●	●	●
Mobilität	●	●	●	●	●	●	●	●
Fragebogen für Parkinsonpatienten	●							●
Allgemeinuntersuchung	●	●	●	●	●	●	●	●
Labor	●							●
Begleiterscheinungen	●	●	●	●	●	●	●	●
Psychischer Status (Zung)		●		●		●		●
Therapieprotokoll		──►●		──►●		──►●		──►●
Abschlussprotokoll								●

Ergebnisse

In diese offene kontrollierte Studie wurden *30* Patienten, davon *17* Männer und *13* Frauen, im Alter zwischen *45* und *81* Jahren (Durchschnittsalter 63 Jahre) mit idiopathischem Morbus Parkinson aufgenommen. Die *Erkrankungsdauer* betrug im Mittel 7,5 Jahre, die *medikamentöse Vorbehandlung* erstreckte sich im Mittel auf 7,2 Jahre. Die mittlere *Levodopa-Dosis* betrug 510 mg/Tag.

Begleiterkrankungen wurden bei 24 der Patienten festgestellt, überwiegend Herz-Kreislauf-Erkrankungen. Dosierung: 5 mg (n = 25) oder 7,5 mg (n = 5) L-Deprenyl nach dem Frühstück.

Bei *Beginn der Studie* lag der *Webster-Summen-Score* zwischen 6 und 24 Punkten (*Mittelwert 13,1*), in der *Stabilisierungsphase* wurde ein geringer Rückgang auf *12,5* verzeichnet.

Der Zung-Summen-Score betrug im Mittel 37,5. Die Laboruntersuchungen waren unauffällig.

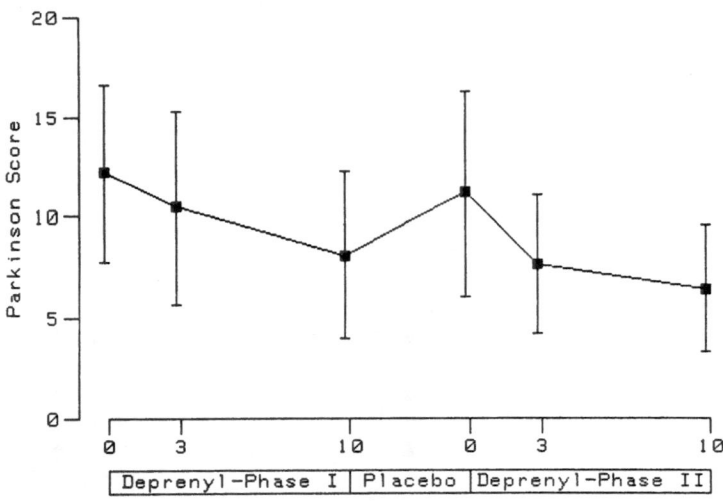

Abb. 1. Webster Rating Skala in den Deprenyl-Phasen I und II (n = 19)

In der *Deprenyl-Phase I* konnten die Ergebnisse von 28 Patienten ausgewertet werden; der *Webster-Score* zeigte bei diesen Patienten einen Rückgang um 3,5 Punkte (von 12,5 ± 4,6 auf 9,0 ± 4,2).

In der *Placebo-Phase* zeigte der Webster-Score *schon nach 3 Tagen* ein Anstieg auf *11,5* Punkte; am Ende der Placebo-Phase wurde fast das Präniveau erreicht (12,1). *Alle 3 Phasen* konnten bei 19 Patienten vollständig durchgeführt werden (siehe Abb. 1). (Die Patienten, die keine wesentliche Besserung während der Deprenyl-Phase I bzw. keine Verschlechterung in der Placebo-Phase zeigten, wurden nicht in die Deprenyl-Phase II aufgenommen.) Unter L-Deprenyl zeigte sich ein *Rückgang des Summen-Scores* von 12,2 ± 4,4 auf 6,4 ± 3,1 und in der Placebo-Phase zwischen der zweiten und dritten Behandlungsphase ein Anstieg auf 11,1 ± 5,1.

Die Registrierung der *Fluktuationen* zeigte, daß die Medikamentenwirkung in den Deprenyl-Phasen ausgeglichener und die On-Phasen länger waren. In der Placebo-Phase nahmen die Fluktuationen wieder zu.

Der Zung-Summen-Score ging im Gesamtverlauf der Untersuchung auf 29,5 zurück.

Die *Kreislauf-Parameter* und die *Laborbefunde* blieben im Normbereich. *Nebenwirkungen* traten in 6 Fällen auf: Verstärkung der durch L-Dopa ausgelösten Dyskinesien in 5 Fällen, Desorientiertheit in einem

Tabelle 2. Ablaufschema der Deprenyl vs. Bromocriptin-Studie

Tag	1	22
Aufnahmeprotokoll	●	
CURS-Disability-Score	●	●
Mobilität	●	●
Fragebogen für Parkinsonpatienten	●	●
Begleiterscheinungen	●	●
Psychischer Status (Zung)	●	●
Therapieprotokoll	———————→	●
Abschlussprotokoll		●

Fall. Ein Therapieabbruch war in 4 Fällen notwendig: zweimal wegen Verstärkung der Dyskinesie, einmal wegen Orientierungsstörung und einmal wegen subjektiven Unbehagens.

Am Ende der Studie wurde die *Wirksamkeit* in 55,2% der Fälle als gut, in 20,7% als mäßig beurteilt; in 24,1% der Fälle wurde keine Wirkung festgestellt.

Die *Verträglichkeit* wurde in 86,2% der Fälle als gut bezeichnet.

Die L-Dopa-Tagesdosis lag am Ende der Studie bei durchschnittlich 455 mg, d. h. eine *Dosisreduzierung* von 10,8% war möglich.

B. *Randomisierte Vergleichsstudie* mit L-Deprenyl vs. Low-dose Bromocriptin-Behandlung

Der Ablauf der Studie ist aus Tabelle 2 zu entnehmen. Diese Studie wurde als randomisierter Parallelversuch konzipiert. Nach der Stabilisierungsphase erhielt *Gruppe A* (n = 15) 3 Wochen lang L-Deprenyl und *Gruppe B* (n = 15) 3 Wochen lang Bromocriptin.

L-Deprenyl-Dosierung: Tägliche Einzeldosen von *10 mg* nach dem Frühstück.

Bromocriptin-Dosierung: Anfangsdosis von 1,25 mg abends, dann stufenweise Steigerung bis zur vorgesehenen Tagesdosis von ca. 15 mg.

Neben Levodopa + Dekarboxylasehemmer waren nur Amantidin und Anticholinergika erlaubt.

Einschlußkriterien der Studie:
— kontinuierliche Behandlung mit Levodopa + Dekarboxylasehemmer;
— Bestehen einer End-of-dose-Akinese.
Ausschlußkriterien:
— einnahmeunabhängige On-off-Symptomatik;
— Tremor als deutlich dominierendes Symptom;
— fortgeschrittene Demenz oder Psychose.

Ergebnisse

In diese Studie wurden *17 Männer* und *13 Frauen* mit idiopathischem
Morbus Parkinson aufgenommen. In 3 Fällen war eine familiäre Häu-
fung zu verzeichnen. Das *Alter* der Patienten lag zwischen 50 und 78
Jahren (mittleres Alter 63 Jahre); die *Erkrankungsdauer* betrug *im Mittel*
9,3 Jahre; die mittlere Dauer der medikamentösen *Behandlung* belief
sich auf 7,9 Jahre.

Begleiterkrankungen lagen bei 23 Patienten vor, dabei handelte es sich
vorwiegend um Herz-Kreislauf-Erkrankungen.

Zwischen den beiden Vergleichsgruppen bestanden bezüglich der
anamnestischen und demographischen Daten keine merklichen Unterschiede.

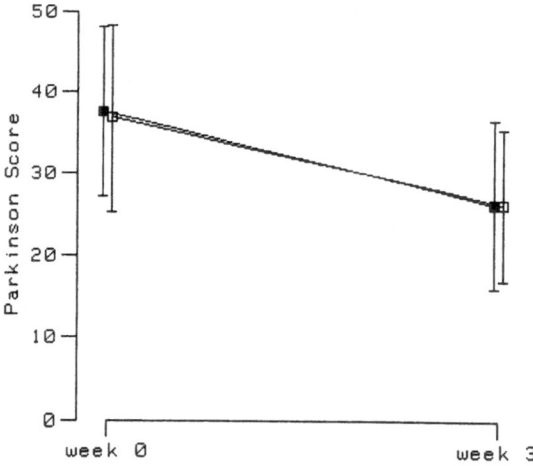

Abb. 2. CURS-Summenwert bei Patienten mit Deprenyl bzw. Bromocriptinbehand-
lung. ■ Deprenyl, □ Bromocriptin

Die *Levodopa-Dosis* betrug am Anfang im Mittel
— 340 mg/Tag in der Deprenyl-Gruppe;
— 395 mg/Tag in der Bromocriptin-Gruppe.
Diese Dosis wurde im Lauf der Studie bei 2 Patienten der Deprenyl-
Gruppe und bei 5 Patienten der Bromocriptin-Gruppe gesenkt; eine
Dosisreduzierung von ca. 15% war somit möglich.
Die durchschnittliche *Erhaltungsdosis* von *Bromocriptin* betrug
11,8 mg/Tag.
Im CURS-Summen-Score wurde folgende Besserung ermittelt
(siehe Abb. 2):
— von *37,5* auf *26,2* bei Patienten unter *L-Deprenyl* (—11,3);
— von *36,7* auf *26,1* bei Patienten unter *Bromocriptin* (—10,6).
Der Unterschied ist nicht signifikant (p = 0,572).
Bei den *Fluktuationen* zeigten sich in beiden Prüfgruppen eine Verlängerung der On-Phasen und eine Glättung der Medikamentenwirkung ohne Unterschiede zwischen den Behandlungsgruppen. Der
Zung-Score ging nur leicht zurück (von 32,5 auf 29,2), und zwar
ebenso ohne Gruppenunterschiede.
Nebenwirkungen traten
— bei n = 5 Patienten in der L-Deprenyl-Gruppe,
— bei n = 10 Patienten in der Bromocriptin-Gruppe auf
(p = 0,085).
In der *L-Deprenyl-Gruppe* wurden bei drei Patienten leichte *gastro-*
intestinale Beschwerden und bei zwei Patienten *Mundtrockenheit* verzeichnet. Diese unerwünschten Nebenwirkungen klangen jedoch nach ca.
10 Tagen ohne zusätzliche therapeutische Maßnahmen ab, und zwar
in zwei Fällen nach Fraktionierung der Dosis und in einem anderen
Fall nach einer Dosisreduzierung auf 7,5 mg.
In der *Bromocriptin-Gruppe* wurden *gastro-intestinale* Beschwerden bei
5 Patienten verzeichnet, bei 3 Patienten war in der Anfangsphase der
Bromocriptin-Behandlung eine Zusatztherapie erforderlich. Ebenso
behandlungsbedürftig waren drei Fälle von leichter *orthostatischer Hy-*
potonie. Bei einem Patienten traten vorübergehend *Verwirrtheitszustände*
auf, ein anderer zeigte eine Zunahme der *Dyskinesie*. In den beiden
letzgenannten Fällen war die Reduzierung der Levodopa-Dosis erfolgreich, d. h. die Bromocriptin-Therapie konnte fortgesetzt werden
und zeigte bezüglich der Fluktuationen der Motorik einen therapeutischen Erfolg. Eine leichte Zunahme der Akrozyanose wurde auf-

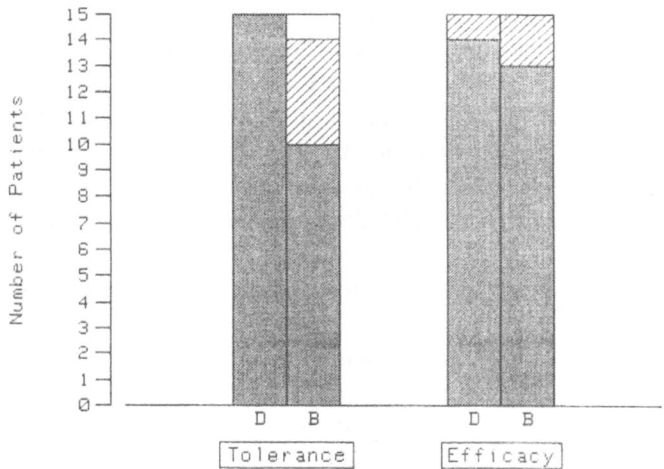

Abb. 3. Gesamturteile zur Wirksamkeit und Verträglichkeit von Deprenyl und Bromocriptin. *D* L-Deprenyl, *B* Bromocriptin. ■ gut; ▨ mäßig; □ schlecht, bzw. kein Effekt

grund der positiven therapeutischen Wirkung des Präparates in Kauf genommen.

Abb. 3 zeigt die Beurteilung der Wirksamkeit und der Verträglichkeit in beiden Behandlungsgruppen. *Die Wirksamkeit* wurde seitens der Mehrheit der Patienten als gut bezeichnet (L-Deprenyl: 14; Bromocriptin: 13).

Hinsichtlich der *Verträglichkeit* erwies sich L-Deprenyl gegenüber Bromocriptin als überlegen. Während die Verträglichkeit von L-Deprenyl von allen Patienten einheitlich als gut beurteilt wurde, wurde Bromocriptin von 10 Patienten als gut, von 4 Patienten als mäßig und von 1 Patient als schlecht bezeichnet.

Diskussion

Die Ergebnisse der offenen Fall-Kontroll-Studie belegen eindeutig die Wirksamkeit von L-Deprenyl bei Behandlung der End-of-dose-Akinese. So zeigte sich bei ca. 76% der Patienten eine Besserung in der Deprenyl-Phase I, die in der Placebo-Phase rückgängig war. Die in der ersten Behandlungsphase erzielte Besserung konnte in der Deprenyl-Phase II reproduziert werden. Dies spricht eindeutig für die Wirksamkeit des Präparates. Etwa 24% der Patienten zeigten in der Studie keine Besserung der Bewegungsfähigkeit und auch nicht der

Fluktuationen. Erwähnenswert ist, daß einige dieser Patienten mit einer Zunahme der Dyskinesien reagierten, d. h. L-Deprenyl verstärkte die Wirkung von Levodopa bei diesen Patienten. In der Mehrheit der Fälle wurde die Verträglichkeit als gut beurteilt (86%).

Die günstigen Ergebnisse konnten mit verhältnismäßig niedriger Dosierung erreicht werden. Die Erfahrung hat gezeigt, daß diese günstige Wirkung bei einer Dosierung von ca. 1 mg/10 kg Körpergewicht sogar noch gesteigert werden kann. Bemerkenswert ist weiterhin, daß in der Placebo-Phase schon nach 3 Tagen eine Verschlechterung zu verzeichnen war. Dies könnte damit erklärt werden, daß bereits zu diesem Zeitpunkt eine ausreichende Resynthese des Enzyms vorliegt. In der randomisierten Vergleichsstudie erwies sich Deprenyl in einer Tagesdosierung von 10 mg als der Low-dose-Bromocriptin-Therapie gleichwertig. Bezüglich Verträglichkeit zeigte jedoch Deprenyl eine deutliche Überlegenheit im Vergleich zu Bromocriptin. Die in der zweiten Prüfung erreichte größere Wirksamkeit ist wahrscheinlich auf die höhere L-Deprenyl-Dosis zurückzuführen.

Aufgrund der eigenen Erfahrungen und zahlreicher Angaben in der Literatur scheint L-Deprenyl ein geeignetes Mittel für die kombinierte Behandlung von einnahmeabhängigen Fluktuationen der Motorik (End-of-dose-Akinesie, Wearing-off-Effekte) zu sein.

Literatur

Birkmayer W (1983) Deprenyl (selegiline) in the treatment of Parkinson's disease. Acta Neurol Scand [Suppl] 95: 103–106

Birkmayer W, Riederer P, Youdim MBH, Linauer W (1975) The potentiation of the antiakinetic effect after L-dopa-treatment by an inhibitor of MAO-B, deprenyl. J Neural Transm 36: 303–326

Cohen G (1986) Monoamine oxidase, hydrogen peroxide and Parkinson's disease. In: Yahr M, Bergmann KJ (eds) Advances in neurology, vol 45. Raven, New York, pp 119–125

Csanda E, Antal J, Fornadi F (1980) Clinical experience in extrapyramidal diseases with selective MAO-B inhibitor, deprenyl. In: Magyar K (ed) Monoamine oxidase and their selective inhibitors. Akadémiai Kiadó, Budapest/Pergamon Press, Oxford, pp 127–132

Csanda E, Tárczy M (1983) Clinical evaluation of deprenyl (selegiline) in the treatment of Parkinson's disease. Acta Neurol Scand [Suppl] 95: 117–122

Knoll J (1983) Deprenyl (selegiline): The history of its development and pharmacological action. Acta Neurol Scand [Suppl] 95: 57–80

Riederer P, Jellinger K (1983) Neurochemical insights into monoamine oxidase inhibitors, with special reference to deprenyl (selegiline). Acta Neurol Scand [Suppl] 95: 43–55

Rinne UK (1983) Deprenyl (selegiline) in the treatment of Parkinson's disease. Acta
    Neurol Scand [Suppl] 95: 19–26
Sandler M, Stern GM (1982) Deprenyl in Parkinson's disease. In: Marsden CD, Fahn
    S (eds) Movement disorders. Butterworth Scientific, London-Boston-Sidney-Wel-
    lington-Durban-Toronto, pp 166–173
Stern GM, Lees AJ, Hardie RJ, Sandler M (1983) Clinical and pharmacological
    problems of deprenyl (selegiline)-treatment in Parkinson's disease. Acta Neurol
    Scand [Suppl] 95: 113–116
Yahr BM (1984) Limitations of long term use of anti-Parkinson-drugs. Can J Neurol
    Sci 11: 191–194

Anschrift des Verfassers: Dr. Gudrun Ulm, Paracelsus Elena-Klinik, Klinikstraße
16, D-3500 Kassel, Bundesrepublik Deutschland.

IV. Podiums-Diskussion

W. Birkmayer

Zuerst darf ich mich bei allen Sponsoren dieses internationalen Symposiums herzlich bedanken. Der eigentliche Tenor des Begriffs „Symposium" impliziert eine emotionell ausgeglichene Atmosphäre. Weder das Prestige des einzelnen Wissenschaftlers noch das seines Landes sollte während unserer Diskussion an erster Stelle stehen. Vielmehr sollten der Austausch von Vorstellungen und Ergebnissen, zukünftige Forschungsprojekte und die Möglichkeit von Multicenterstudien unser gemeinsamer Nenner für diesen Tag sein. Ich möchte nur kurz auf einen Aspekt zu sprechen kommen, der meiner Meinung nach sehr wichtig ist. Der Weg bis zum Erreichen der Zulassung eines neuen Medikaments ist heute wirklich dornenvoll.

Die pharmazeutischen Firmen empfinden es als immer schwieriger, ein gutes Medikament zur rechten Zeit und zu einem möglichst niedrigen Preis zu produzieren.

Darf ich daher folgenden Vorschlag machen:

Unter uns sind 15 Spezialisten aus aller Welt. Wenn nun ein neues Medikament diesen Spezialisten angeboten wird, wäre es dann nicht ein guter Vorschlag, nach einer 12monatigen Prüfung des Medikaments eine Expertise anzufertigen? Natürlich müßten zuvor die toxikologischen Untersuchungen und die Teratogenitätsstudien durch pharmazeutische Institute abgeschlossen sein.

Fünfundzwanzig Jahre Forschung auf dem Gebiet der Parkinson-Therapie wurden von einer scheinbar einmütigen Meinung durch diese „Gruppe von Meinungsbildnern" geprägt. Insbesondere dann, wenn die einzelnen Wissenschaftler nicht wußten, wer sonst noch das Präparat prüfte. Lassen Sie mich folgenden Vorschlag machen: Wir ernennen Prof. Dr. M. Yahr, Präsident der International Research Group of Parkinson's Disease (World Federation of Neurology) zum Leiter dieses Expertenteams. Das würde sicherstellen, daß unsere Forschungsgruppe bei den einzelnen Regierungen und den einflußreichen, maßgeblichen politischen Behörden mehr Gewicht bekäme.

Nun möchte ich jeden Teilnehmer einladen, über seine Erfahrungen, Probleme und Vorstellungen über künftige Forschungsprojekte zu berichten.

Ich darf eine kurze Zusammenfassung geben, denn ein berühmter österreichischer Gelehrter, Sir Charles Popper, hat gesagt: Die Wissenschaft ist immer unterwegs und kommt nie ans Ziel. Und das stimmt. Ich möchte den Weg jetzt nicht breit lyrisch ausdehnen, aber in kurzen Sätzen. Start zur Dopa-Therapie. Carlsson macht einen Versuch mit Reserpin an Kaninchen. Diese Kaninchen werden schlapp, tonuslos. Er schaut nach, was ist da passiert? Sie haben kein Nor-Adrenalin im Striatum und kein Dopamin. Er führt Dopa zu, und siehe da, diese Kaninchen sind wieder sehr lebendig. Und daher war Carlsson der eigentliche Entdecker des Dopa-Prinzips. Dr. Hornykiewicz und ich, wir haben dann dies am Menschen 1960/1961 nachvollzogen. Nun, die ursprüngliche Dopa-Therapie war mit zu vielen Nebenwirkungen behaftet. Wir haben aber alles versucht; unter anderem Hemmer der Monoaminoxidase, die wir mit L-Dopa kombinierten. Noradrenalin und Serotonin stiegen nach 3 bis 4 Monaten kombinierter Behandlung an, während Dopamin ganz niedrig bleibt. Und wie Riederer dieses Bild 10 Jahre später gesehen hat, hat er gesagt, das ist die Entdeckung, daß nicht eine MAO-Hemmer-Fraktion da ist, sondern mehrere. Wir hatten damals primär eine MAO-A-Hemmung, und für die B-Hemmung hat dann erst unser Freund Knoll den spezifischen Hemmer gefunden. Und das war ein weiterer Sprung.

Später konnte außerdem gezeigt werden, daß im Alter die MAO-B ansteigt. Und das schreit geradezu danach, daß Sie — ich spreche jetzt zu den praktischen Ärzten, praktischen Neurologen — im Alter das Deprenyl, Movergan, geben. Denn im Alter sind fast alle Neurotransmitter und Enzyme reduziert. Das war, glaube ich, für Dr. Riederer der entscheidende Funke Deprenyl vorzuschlagen; daß Deprenyl von Prof. Knoll entdeckt und pharmakologisch getestet wurde, ist ganz klar. Aber die Idee, es beim Parkinson einzusetzen, kam von Riederer. Das muß ich ganz besonders deutlich erwähnen, weil in der Selecta steht: Birkmayer hat schon wieder was entdeckt. Er war's! Prof. Yahr hat Deprenyl schon 1979 als Monotherapie bei beginnendem Parkinson gegeben, und konnte Verbesserungen der Disability über ein ganzes Jahr nachweisen. Damit hat er sozusagen alle Zauderer, die von einem Placebo-Effekt gesprochen haben, beruhigt. Denn wenn man eine Substanz über ein Jahr allein gibt, und es gibt solche Effekte, dann ist sie eben wirksam.

Später haben wir 1. den Additionseffekt des Deprenyls und 2. auch etwas, was uns sehr erwünscht ist, eine gewisse Balancierung der Fluktuationen nachgewiesen. Das ist ja ein Problem, wo ich dann hoffe, daß ich bei dieser Runde höre, wie Fluktuationen zu behandeln sind. Also in der Frühe kann der Patient aufstehen, um 10 muß er ins Bett usw. Das Problem kriegt man nicht in den Griff — man kommt mit dem Dopa zu spät, und auch mit dem Deprenyl, es ist wirklich ein schwieriges Problem. Also, was erwarten wir von einer neuen Therapie wie der Kombination Madopar plus Deprenyl. Eine Verbesserung der Akinese. Eine Verminderung der Nebenwirkungen. Eine Verlängerung der Lebenserwartung.

Es ist nicht so sehr für den Forscher wie für den praktischen Neurologen wichtig, der Morbus Parkinson ist kein spezifisches Dopaminmangelsyndrom, sondern sämtliche Transmitter sind vermindert. Diese multiplen Störungen erfordern eine multifaktorielle Therapie, nicht daß man sagt, Deprenyl ist das Parkinson-Medikament der Wahl. Natürlich ist Dopamin der Transmitter für die Motorik, so wie Benzin zum Autofahren. Und ohne Benzin können Sie nicht Autofahren, und ohne Dopamin können Sie nicht Klavierspielen, nicht Skifahren, nicht sprechen. Ihre Mimik und der statische Tonus ist auch reduziert, die Gammaschleife ist auch reduziert, das wird ja vom Dopamin gesteuert, daher gehen ja die Parkinson-Patienten alle so nach vorne gebeugt. Also — Dopa ist absolut notwendig. Welche Fehler haben wir am Anfang gemacht? Allgemein wurde viel zu hoch dosiert. Sie erinnern sich vielleicht an Dr. Cotzias, der Dopa zum zweitenmal entdeckt hat und bis zu 20 Gramm pro Tag gegeben hat. Stellen Sie sich diese Menge vor. Und er war der erste, der die Nebenwirkungen entdeckt hat, die Halluzinationen und die Dyskinesien.

Für uns war das klar, daß wir gesagt haben, die niedrigste Dosis, die effektiv ist, sollte man verabreichen, aber schon am Beginn. In Barcelona 1972 haben wir genau so eine Diskussion gehabt. Was soll man zu Beginn machen? Alle haben gesagt, na, zu Beginn Amantadin oder Akineton, warum denn gleich Dopa? Unbedingt Dopa! Aber natürlich nicht dreimal 250 Madopar oder dreimal 250 Sinemet, sondern eine ganz geringe Dosis. Also zweimal 62,5 Madopar in der Frühe und mittags. Aber sofort zweimal 1/2 Deprenyl (Movergan) dazu.

Dann gebe ich immer am Abend ein sedierendes Antidepressivum dazu. Denn das ist ja klar, wenn ich die dopaminerge Aktion anrege, dann sagt mir der Patient sehr oft, wunderbar beim Gehen, aber am Abend bin ich unruhig und kann nicht schlafen. Da gibt man ihm kein Tavor oder Lexotanil, sondern ein sedierendes Antidepressivum, Tryptizol, Saroten z. B.

Das ist das Schema, und dann ist notwendig, daß Sie jederzeit flexibel sind. Was die Ärzte so ungern tun — jeder sagt, das nehmen Sie dreimal am Tag, in der Frühe, mittags, abends, und in einem Jahr kommen Sie wieder. Der kommt aber schon nach 4 Wochen und sagt, Herr Doktor, in der Frühe brauch ich es gar nicht. Hat er aber eine Depression, und die Depression, liebe Kollegen, das ist nicht eine Zusatzkrankheit, sondern die Depression ist ein Symptom des Morbus Parkinson, dann muß man zusätzlich therapieren. In mindestens 25% kommt sie immer wieder. Sie kommt manchmal schon 10 Jahre vor dem ersten Zittern. Der Patient geht z. B. wunderbar zu Ihnen herein, und Sie sagen, na, heut' sind Sie aber fesch beinand, und er sagt, nein, in der Frühe kann ich gar nicht aufstehen, da möchte ich die Decke über den Kopf ziehen, und dann hab' ich keinen Appetit mehr, keinen Antrieb, ich sitz' und schau in die Luft, und die Frau sagt, der redet nicht mal mit mir, sagt er, was soll ich denn mit der reden? Dieses Bild haben Sie sicher alle erlebt. Da müssen Sie sofort Deprenyl (Movergan) steigern, denn Deprenyl ist das beste antriebssteigernde Antidepressivum. Man soll daher mit dem Deprenyl sobald als möglich anfangen. Wir geben aber nie mehr als 10 mg/Tag.

Deprenyl bewirkt, daß das synthetisierte Dopamin im Neuron nicht so rasch abgebaut wird. Aber wenn nichts synthetisiert wird? Wir haben den sicheren Eindruck, daß eine zu hohe Dopamedikation die Aktivität der Tyrosinhydroxylase hemmt. Auch deswegen muß man also niedrig dosieren. Prof. Nagatsu beschäftigt sich seit langer Zeit mit der Tyrosinhydroxylase und hat gezeigt, daß Co-Fermente notwendig sind. Jetzt haben wir uns die Co-Fermente schicken lassen, ohne Erfolg. Dr. Rausch, ein Schüler von Prof. Riederer, hat in Japan mit Prof. Nagatsu In-Vitro-Versuche mit Eisen gemacht. Eisen steigert die Aktivität der Tyrosinhydroxylase bei den Kontrollfällen um das 13fache. Beim Parkinson um das 11fache. Wir brauchen daher ein Eisenpräparat, das als Katalysator Tyrosinhydroxylase stimuliert. Und das ist uns mit diesem Oxyferriscorbone, einem französischen Präparat, gelungen. Es ist im EWG-Raum registriert und erhältlich. Wir haben also gesehen, daß es vorwiegend in den Stadien 3 und 4 wirksam ist. Ärzte, die die Effekte gesehen haben, haben gesagt, das ist das Interessanteste, wenn das Madopar aufhört, fängt das Eisen an zu wirken. Wir haben noch viel zu wenig Erfahrung, aber theoretisch müßte die Stimulierung der Tyrosinhydroxylase im Anfang noch besser sein. Die MAO-Überaktivität im Alter muß daher gesenkt werden, und die Minusaktivität der Tyrosinhydroxylase muß gesteigert werden. Sie können Oxyferriscorbone ohne weiteres bei Ihren Patienten versuchen, intramuskulär, intravenös als Infusion, als Injektionen, zweimal, dreimal in der Woche, dann eine Pause. Und dann kommt er schon wieder nach 2 Monaten und sagt, Doktor, das war sehr gut, aber jetzt hätte ich wieder gerne was. Das paßt jetzt nicht direkt zu diesem Symposium, denn das ist ja eigentlich dem Deprenyl gewidmet. Aber Sie sehen, mein Anfangssatz von Sir Charles Popper, daß die Wissenschaft nie am Ende ist, das bewahrheitet dieser Erfolg des Eisens. Und es ist sicher nicht der letzte Schritt. Aber wir müssen alle mitarbeiten. Wenn wir jetzt hier eine Panel-Diskussion machen, möchte ich noch etwas sagen. Ich hoffe, es ist jemand vom Bundesgesundheitsamt anwesend. Ja? Schauen Sie, das Blödeste, was man entdeckt hat, war der double-blind-cross-over. Diese Untersuchungsmethode ist nur dazu da, um das Erscheinen eines neuen Mittels auf 10 Jahre zu verhindern. Nur Melvin Yahr hat im Jahr 1965, ich glaube, mit seiner Autorität durchgesetzt, daß das Dopa in den USA eingeführt wird, weil er gesehen hat, das bringt etwas, was vorher nicht da war. Und nun habe ich einen Vorschlag, vielleicht auch an dieses Panel. Wenn eine neue Substanz kommt, sollten 10 Leute von dieser Gruppe ein Präparat testen, sagen wir mal das Deprenyl, sagen wir das Eisen, ein Jahr lang, und nach einem Jahr setzen wir uns zusammen. Ich würde z. B. dann sagen, Eisen 30% exzellente Erfolge, 40 moderat und Drop outs muß es geben. Sonst ist das Ganze falsch. So — und jetzt wissen Sie ungefähr, was Sie zu tun haben und bitte, seien Sie flexibel.

Jetzt habe ich folgenden Vorschlag. Jeder dieser berühmten Herren hier soll über ein Thema, das sich jetzt so abgezeichnet hat, seine persönlichen Erfahrungen mitteilen. Und zum Schluß bitten wir Sie, daß Sie möglichst viel fragen und mir das Recht geben, daß ich sage, das soll Prof. Fischer beantworten, das soll Prof. Przuntek beantworten, das muß der David Parkes beantworten. Und wir werden versuchen, daß nicht der Eine dem Andern widerspricht. Darf ich beginnen mit Dr. Lees?

Dr. Lees:

Ich glaube, wir sollten die Frage diskutieren, die ich am Ende meines Vortrags aufgeworfen habe: Wann sollte man mit Deprenyl beginnen? Wir sind uns alle darüber einig, daß es für die On-off-Wirkungen verwendet werden sollte. Sollte Deprenyl von Anfang an gegeben werden? Nun meine Frage an die anderen Teilnehmer: Wie ist Ihre Meinung dazu?

Dr. Parkes:

Ich sollte lieber etwas über Deprenyl und über einen möglichen Zusammenhang zwischen einigen seiner Nebenwirkungen und Amphetamin sprechen. Ich bin sicher, daß keiner von uns an Walter und Peter zweifelt, und jeder, der gesehen hat, wie ausgezeichnet Deprenyl dem Patienten hilft, wird begeistert sein. Heute sind wir noch auf den Arzt ausgerichtet; das ist aber falsch, d. h. wir müssen uns auf den Patienten konzentrieren. Was tun wir, um die Lebensqualität des Patienten zu verbessern? Wir stimulieren jedes Dopaminrezeptorsystem mit L-Dopa und Deprenyl, d. h. wir unterstützen auch noch die On-off-Phänomene des Morbus Parkinson. Und dabei haben wir doch schon betont, wie wichtig es ist, für jeden Patienten eine individuelle Therapie zu entwickeln und uns für jeden einzelnen genug Zeit zu nehmen. Nicht weniger als 80% der Patienten fühlen sich schlecht unter Monotherapie mit L-Dopa, während sich diese Zahl auf 15% verringert, wenn L-Dopa und ein Dekarboxylasehemmer in Kombination gegeben werden. Es tritt aber ein Gewöhnungseffekt ein.

Die Magenentleerung erfolgt dopaminabhängig. Durch L-Dopa wird sie verlangsamt. Theoretisch könnte durch Kombination von L-Dopa mit Deprenyl eine weitere Verzögerung erfolgen. Mir ist darüber aber keine Veröffentlichung bekannt. Eine Antwort darauf ist aber wichtig. L-Dopa hat darüber hinaus eine Reihe von hormonalen Wirkungen. So verhindert es die Laktation, eine sehr interessante neuroendokrinologische Wirkung. Wie wirkt hier die Kombination von Deprenyl mit L-Dopa? Beim Gesunden erhöht L-Dopa die Ausschüttung des somatotropen Hormons. Dann sollten aber alle mit L-Dopa Behandelten an Akromegalie leiden. Dies ist offensichtlich nicht der Fall. Wie wirkt hier also Deprenyl? Die ganze Breite der Dyskinesien des Gesichts und der Extremitäten, wie z. B. unkontrollierte Mimik und Trismus, wird durch die gleichzeitige Gabe von Deprenyl noch verstärkt, wenn wir, wie bereits gesagt, die L-Dopadosis nicht verringern. Dies stammt aus Kraepolins berühmtem Lehrbuch der Psychiatrie. Hier wird das ernste Problem der Überdosierung bei fortgeschrittenem Parkinsonismus mit L-Dopa, Bromocriptin und dem Auftreten aller Arten von Psychosen beschrieben. Außerdem kann, wenn die L-Dopadosis nicht reduziert wird, die gleichzeitige Gabe von Deprenyl einen Patienten ins Spätstadium hinüberbefördern. Ein weiteres schreckliches Problem, das manchmal auftritt. Einer der ersten Patienten, die von Donald Calne in England mit L-Dopa behandelt wurden, hat sich in Shepherds Bush in der Öffentlichkeit selbst befriedigt. Die Preisfrage bei Deprenyl heißt also: Was können wir mit Deprenyl gegen diese Krankheit ausrichten? Diese Frage ist sehr wichtig, und ich vermute, daß jeder Parkinsonkranke aufgrund unseres heutigen Wissensstandes Deprenyl bekommen sollte, egal wie leicht seine Krankheit ist. Denn ich bin fest davon überzeugt, daß der Parkinsonismus eine toxische Ursache in unserer Umwelt hat. Von allen neurologischen Krankheiten ist der Morbus Parkinson genetisch am wenigsten zu erklären. Das haben Untersuchungen an Zwillingen bewiesen. Es muß sich also um irgendetwas in unserer Umwelt handeln. Etwas wie MPTP. Deprenyl hat möglicherweise eine Schutzwirkung. Bevor ich abgebe, möchte ich noch eine weitere Wirkung von Deprenyl erwähnen, über die wir nachdenken sollten. Dabei handelt es sich um eine der ersten deutschen Berichte über eine weitverbreitete Krankheit, eine Familienkrankheit, nämlich Schlafsucht oder Narkolepsie. Narkolepsie ist ungefähr ein Viertel bis ein Drittel mal so häufig wie Parkinsonismus. Es handelt sich dabei um eine lebenslange, behindernde Familienkrankheit. Wie Sie alle wissen, ist ein typisches Kennzeichen des narkoleptischen Syndroms ein Verlust an Muskeltonus mit Lachanfällen. Monoaminoxidase-A-Hemmer, Phenelzin, sind hoch wirksam bei Narkolepsie. Unserer Erfahrung nach ist Deprenyl in einer täglichen Dosis von 20 bis 30 mg gut wirksam gegen Schlafsucht und beruht — soweit man das sagen kann — nicht ausschließlich auf einer Umwandlung in Amphetamin und Methamphetamin.

Prof. Birkmayer:

Ich danke Dir, David, das war sehr interessant. Eine Bemerkung war ärztlich sehr wichtig, diese Narkolepsie-Kranken sind ja biochemisch

gesund. Und bei einem Gesunden können Sie 5 g Dopa geben, und
es geschieht nichts, und bei einem Parkinson-Kranken geben Sie 1 g
Dopa und kriegen Hyperkinesen und Halluzinationen. Das heißt, das
chemische System beim Parkinson hat eine ganz niedrige Toleranz,
um chemische Belastungen zu neutralisieren.

Prof. Przuntek:

Was wir heute gehört haben, ist, daß wir möglichst niedrig alle Anti-
Parkinson-Substanzen dosieren sollen. Besonders Herr Rinne hat eigentlich die Frage aufgeworfen, ob wir einer Dreifachkombination,
eine Zweifachkombination z. B. aus Dopa und Deprenyl vorziehen
sollen. Ich persönlich glaube, daß diese Dreifachkombination einige
Vorteile gegenüber der Zweifachkombination hat, und ich glaube auch,
daß wenn niedrig dosiert Bromocriptin gegeben wird, die von Ihnen
befürchtete Blutdrucksenkung nicht so sehr im Vordergrund stehen
dürfte.

Prof. Birkmayer:

Jetzt glauben Sie wahrscheinlich, daß ich sage, das glaube ich nicht.
Ich habe Ihnen gesagt, flexibel müssen Sie sein. Natürlich probiere
ich auch Pravidel. Die meisten Patienten kommen ja schon mit Pravidel
zu mir. Aber wenn ich sehe, daß der dann sagt: Ja, aber —, wenn ich
jetzt zu dem das Deprenyl dazu nehme, dann werde ich schwindlig,
dann sage ich nur: Lassen Sie 14 Tage das Deprenyl weg und dann
14 Tage das Pravidel weg, und dann schauen Sie, was Ihnen besser
guttut. Nach meinen Erfahrungen ist eben die Diskontinuation, das
Abstellen des Pravidels ein größerer Vorteil als wenn ich dem Patienten
das Deprenyl wegnehme.

Prof. Fischer:

Die Hauptfragen, die immer wieder auftauchen, sind: Wie beginnt
man die Therapie? Und was macht man bei den ersten auftretenden
Schwierigkeiten? Ich glaube, man muß ganz ehrlich sagen und sollte
das hier auch noch einmal herausstellen, daß wir ja etwas in dem
Problem sind, daß sich mittlerweile die Parkinson-Therapie so schnell

fortentwickelt hat, daß man mit soliden klinischen Studien gar nicht
nachkommen kann die einen Fälle mit den anderen zu vergleichen.
Und vieles bleibt dann über längere Zeit hypothetisch. Man kann also
nur persönliche Statements abgeben. Ich plädiere dafür, oder wir machen es so, daß man in der Tat — wie das auch heute schon ange-
sprochen worden ist —, bei einem milden, beginnenden Parkinson,
der nicht wesentlich behindert ist, die Frage mit dem Patienten zusammen erörtert, ob überhaupt während einer gewissen Zeit eine
Therapie erforderlich ist. Wenn sie aber durch eine Behinderung im
täglichen Leben erforderlich wird, dann beginnen wir mit der Dopa-
Therapie und natürlich in der Kombination mit einem peripher wirk-
samen Dekarboxylasehemmer und mild dosiert. Wir haben diese Therapie früher immer als Monotherapie gegeben und erst beim Auftreten
von Schwierigkeiten, die sich durch eine Dosissteigerung und andere
Verteilung nicht beheben ließen, dann Dopamin-Agonisten hinzuge-
geben. Es sind ja heute sehr viele Argumente gebracht worden, ob
man nicht von Anfang an mit einem MAO-B-Hemmer kombinieren
sollte. Ich meine, für die Praxis sollte man die hier ausführlich dar-
gestellten Studien und ihre Ergebnisse abwarten. Vieles ist für diese
protektive Wirkung ja noch hypothetisch. Die Studien werden bald
vorliegen, und dann wird man es machen. Wir haben uns deshalb ja
auch zunächst einmal bei der Anwendung von Deprenyl darauf konzentriert, in etwa einen Anhaltspunkt zu haben, wie stark wirkt es
denn im Vergleich zu Mitteln, die jeder kennt. Und wie Sie vorhin
gehört haben, ist dabei herausgekommen, daß man es etwa mit der
Wirksamkeit eines gebräuchlichen Anticholinergikums, was die quantitative Wirksamkeit anbetrifft, vergleichen kann — bei sehr viel bes-
serer Verträglichkeit. Ich würde also eigentlich auch dazu neigen, jetzt
eine frühe Dopa-Therapie mit Deprenyl zu kombinieren. Im übrigen
ist Deprenyl effektiv in der Behandlung der End-of-dose-Akinesien
und sollte bei deren Auftreten eingesetzt werden.

Prof. Birkmayer:

Danke sehr. Jedes Medikament hat ein Risiko, und wenn Sie es klug
machen, mit niedriger Dosierung anfangen, dann gibt es keine toxischen Nebenwirkungen des Deprenyls. Es gibt also prinzipiell die-
selben Nebenwirkungen wie bei der Dopatherapie. Geben Sie es zu
hoch, dann hat der Patient Hyperkinesen und halluziniert. Ich meine,

ich würde auch nicht bei einem 82jährigen, der mit einem Zittern anfängt, sagen, da fangen wir gleich mit Deprenyl an. Der ist mal zwei, drei Tage völlig verwirrt, durcheinander, und die Frau sagt, das kann ich ihm nicht mehr geben. Aber die Mehrzahl der Patienten, die zu Ihnen kommen, sind ja jünger. Mein jüngster Parkinson-Patient ist 28 Jahre alt. Bei älteren Personen unterstreiche ich das, was der Kollege Fischer gesagt hat, aber so im mittleren Alter — stellen Sie sich einen Rechtsanwalt vor, der muß ja von dem, was er arbeitet, leben, wenn der mit Akineton alleine behandelt wird, macht er kein Geschäft.

Prof. Fischer:

Herr Birkmayer, genau das habe ich gesagt. Ich habe gesagt, wir haben mal verglichen, in welcher Wirkungsgröße der Effekt von Deprenyl liegt. Und da entspricht das Deprenyl der zusätzlichen Anwendung eines Anticholinergikums. Wir geben eigentlich überhaupt keine Anticholinergika mehr. Ich stimme völlig mit Ihnen überein, daß man auf die Anticholinergika weitgehend verzichten kann.

Prof. Birkmayer:

Das war wirklich ein Mißverständnis. Aber ich habe ja gesagt, den Effekt eines Additivs, eines Adjuvans, eines unterstützenden Medikaments kann man nie mit Dopa vergleichen. Die müssen auch viel vorsichtiger dosiert sein. Das ist wie beim Autofahren. Ohne Dopa geht's nicht. Aber mit zuviel Dopa sind die Nebenwirkungen zu stark. Alle guten Additivs, das Amantadin, das Pravidel, das Deprenyl haben einen Dopa sparenden Effekt.

Prof. Yahr:

Ich kenne Walter seit vielen Jahren. Es gibt eine alte amerikanische Redensart: He's a tough act to follow. Das heißt soviel wie, man kann ihm nur schwer das Wasser reichen. Er hat bereits alles Sagenswerte gesagt. Selbst das, mit dem man nicht übereinstimmt, erweist sich später als richtig. Es gibt viele offene Fragen zur pharmakologischen Wirkung der einzelnen Arzneimittel im Gehirn, z. B. wie L-Dopa wirkt. Wie sieht der Wirkmechanismus dieser Mittel aus? Was bewirken sie eigentlich im Gehirn? Nun, Dr. Parkes hat gesagt, daß L-Dopa im ganzen Gehirn wirke. Da bin ich nicht so sicher. Wir haben uns auf einen Aspekt der Wirkung von L-Dopa konzentriert, von dem wir glauben, daß er entscheidend ist. Nebenbei bemerkt, das Überraschende bei der ganzen Sache ist, daß L-Dopa überhaupt wirkt. Es ist ja wirklich eine Therapie nach dem Gießkannenprinzip. Man überschwemmt den Körper damit und hofft, daß es sein Ziel schon erreichen wird. Aber warum erreicht es sein Ziel? Offensichtlich nützt die L-Dopatherapie den Umstand aus, daß die postsynaptischen Rezeptoren überempfindlich sind und daher schneller als andere Bereiche reagieren. So erzielt man auch die besten Behandlungserfolge bei den Patienten, die die höchste Supersensivität im Striatum aufweisen. In einigen Studien, in denen eine hochdosierte L-Dopatherapie mit Patienten ohne diese Behandlung verglichen wurde, ergab sich beispielsweise, daß die Nichtbehandelten im Striatum eine hohe Supersensitivität aufwiesen, wohingegen die Patienten, die eine Zeitlang mit L-Dopa behandelt wurden, diese Überempfindlichkeit verloren haben. Außerdem haben wir von Anfang an weniger Nebenwirkungen im mesolimbischen System beobachtet, weil dieses System diese Art von Supersensitivität gar nicht erst entwickelt hatte. Darüber hinaus war die Inzidenz der psychotischen Erscheinungen geringer, besonders bei Dosisbegrenzung. Ich erwähne dies hier nur deshalb, weil wir über L-Dopa als Substitutionstherapie sprechen. Wir reden zwar sehr viel darüber, aber uns fehlen nach wie vor die Tatsachen. Als zweiten Punkt möchte ich daran erinnern, daß man einen Parkinsonkranken so gut wie nie nur ein Jahr lang behandelt, sondern ein ganzes Leben lang, vielleicht 10 oder 15 Jahre lang. Ich glaube, daß es deshalb unsere Aufgabe als Arzt ist, für den einzelnen Patienten einen Langzeitplan auszuarbeiten. Natürlich gehört die individuelle Behandlung der Symptome dazu. Warum denn sollten wir einen leichten Fall, der unter so gut wie keinen Behinderungen leidet, überhaupt behandeln?

Selbst der Rechtsanwalt, von dem Sie gesprochen haben, der vielleicht nur unter einseitigem Tremor leidet, kann durchaus durch die Einnahme von Medikamenten schlechter dran sein als vorher, wenn man an die Nebenwirkungen denkt; und immer noch einige Nebenwirkungen, selbst wenn man Anticholinergika einsetzt. Wenn Sie der

Meinung sind, daß das selektive Präparat den Tremor besser lindert
als das Anticholinergikum, dann nehmen wir doch noch einmal das
Beispiel dieses Rechtsanwalts mit seinem Tremor: Die Antiparkin-
sonmittel, die er bekommt, würden dann auch seine geistige Leistungsfähigkeit einschränken, wenn man eine wirksame Dosis geben
will. Man muß sich also ernsthaft fragen, ob der Patient mit einer
Behandlung besser dasteht als ohne. Was ich damit sagen will, ist, daß
die Therapie unbedingt dem einzelnen Patienten angepaßt werden
muß. Ich meine, daß es keinen zwingenden Grund dafür gibt, die
schwersten Geschütze gleich am Anfang aufzufahren. Hier stimmen
Walter und ich nicht ganz überein. Denn seine Daten lassen den Schluß
zu, daß eine frühzeitige Behandlung möglicherweise eine höhere
Lebenserwartung bringt. Meine Ergebnisse hingegen zeigen, daß unsere Patienten ebenso lange leben, und das ohne Deprenyl. Vielmehr
befürchte ich, daß die Patienten, die frühzeitig medikamentös behandelt
werden, eher unter dem verzögerten L-Dopasyndrom zu leiden haben.
Bis wir mehr darüber und über die pharmakologischen Grundlagen
der Langzeittherapie wissen, halte ich es für vernünftiger, entweder
die medikamentöse Therapie so lange wie möglich hinauszuschieben
bzw. wenigstens die schweren Geschütze so lange zurückzuhalten, bis
die Schlacht in die entscheidende Phase tritt, um auf lange Sicht noch
nicht das ganze Pulver verschossen zu haben. Nun dies ist sicher ein
theoretischer, wenn nicht sogar philosophischer Ansatz. Ich habe nicht
auf alle Fragen eine Antwort parat. Im Sinne einer Individualisierung
der Therapie ist es bei vielen Patienten sicher auch wünschenswert,
aus welchen Gründen auch immer, z. B. aus beruflichen oder sozialen
Gründen, früher mit der Therapie zu beginnen, und zwar mit vollem
Wissen des Betroffenen, daß er die Vorteile der Behandlung nur über
eine begrenzte Zeit genießen können wird. Mit Deprenyl werden nun
natürlich noch ganz andere Aspekte angeschnitten. Ich möchte folgende Überlegung anstellen. Wenn Deprenyl als Monotherapie gegeben werden soll, kann man nur sehr bescheidene, geringste objektive
Besserungen bei den Symptomen erwarten. Geschieht dies aber aufgrund der theoretischen Vermutung, die von einigen Gruppen bereits
geäußert wurde, daß die Behandlung mit Deprenyl unter Umständen
verhindern kann, daß der Patient überhaupt die fortgeschrittenen Phasen der Krankheit erreicht, dann sollte man natürlich keinen Moment
zögern und dem Patienten Deprenyl sofort geben. Ich glaube an die
Richtigkeit der Daten von Carlsson, die einen Anstieg der Mono-

aminoxidase nahelegen. Ich weiß nicht, ob es hier Korrelationen gibt. Aber eines ist sicher. Auch beim alternden Menschen, der nicht an Morbus Parkinson leidet, sind parkinsonähnliche Symptome festzustellen. Leider sprechen diese Erscheinungen nicht auf L-Dopa an. Vielmehr handelt es sich hier um einen fortschreitenden allgemeinen Zellverlust, und ein Teil dieses Zellverlustes ist hoch selektiv und herdförmig und steht möglicherweise in Zusammenhang mit dem monoaminergen Inhalt der betroffenen Zellen und Enzyme. Vielleicht ist es durchaus möglich, daß auch bei älteren Menschen durch die Gabe von L-Dopa gewisse Zellstrukturen erhalten werden können. Bisher liegen aber noch keine genauen Erkenntnisse darüber vor. Ich bin nicht der Meinung, daß wir den doppelblinden Studienaufbau aufgeben sollten. Denn unsere eigene Meinung, unsere Vorurteile würden meiner Meinung nach die Objektivität der Ergebnisse zu sehr gefährden. Ich bin nicht unbedingt ein erbitterter Verfechter der Meinung, daß jedes Arzneimittel eine einzigartige Wirkung haben muß. Als L-Dopa zum ersten Mal angewendet wurde, waren die Wirkungen so augenfällig, daß es da nicht viel zu rütteln gab; bei anderen Dingen allerdings, vor allem bei Arzneimitteln mit weniger auffälligen Wirkungen, ist es meiner Meinung nach unerläßlich, objektive, zuverlässige Daten zu erheben. Ich bin also immer noch der Auffassung, daß noch lange nicht alle Fragen beantwortet sind. Gerne würde ich Ihnen an dieser Stelle allgemeingültige Regeln nennen, die auf jeden Patient anwendbar sind. Doch diese gibt es meiner Ansicht nach nicht. Vielmehr ist die Parkinsontherapie immer individuell durchzuführen. Gegenwärtig behandle ich die meisten meiner Patienten mit Sinemet und Deprenyl. Ich glaube, daß es genug halbwegs zuverlässige Anzeichen dafür gibt, daß wir unsere Patienten überbehandelt haben, daß wir sie mit einer einzelnen aromatischen Aminosäure, wie L-Dopa eine ist, überdosiert haben. Wir waren so begeistert von der Wirkung, daß wir dem Trugschluß erlegen sind: Wenn ein bißchen gut ist, dann muß wohl mehr besser sein. In Wirklichkeit aber haben wir nach und nach herausgefunden, daß es sich hierbei um einen pharmakologischen Vorgang handelt, bei dem es genau umgekehrt ist, nämlich daß weniger oft besser ist. Weiterhin bin ich der festen Überzeugung, daß uns Deprenyl mit Sicherheit die Möglichkeit gibt, mit niedrigeren Sinemetdosierungen auszukommen und seine Verstoffwechselung besser zu steuern, um so Langzeitprobleme vermeiden und vielleicht sogar dopaminerge Zellen erhalten zu können. Es war sehr interessant von

Dr. Parkes zu hören, daß es sich beim Auslöser des Parkinson möglicherweise um eine exogene Noxe handeln könne. Ja, ich glaube sogar, daß er recht hat. Was mich etwas daran stört, ist, daß es sich hierbei ja um eine epidemiologisch gesehen ziemlich häufige Krankheit handelt. Ich möchte sogar bis in frühe Tage zurückgehen, weil ich glaube, daß es aus dieser Zeit Berichte darüber gibt, die aber vielleicht nicht ganz zuverlässig sind. Auf jeden Fall aber kann man davon ausgehen, daß es den Morbus Parkinson schon seit dem 18. Jahrhundert gibt. Die Aufzeichnungen des Generalregister, in etwa das Standesamt, und die Engländer nehmen es mit solchen Aufzeichnungen sehr genau, deuten darauf hin, daß sich die Prävalenz und Inzidenz seit dem 18. Jahrhundert bis heute nicht wesentlich geändert haben, vorausgesetzt man berücksichtigt die Änderungen im Aufbau der Bevölkerung. Es handelt sich bei dieser Krankheit nicht unbedingt um ein Leiden, für das Stadtbewohner besonders anfällig sind. Es gab sie bereits vor der industriellen Revolution. Man hat Fälle bei südpazifischen Inselstämmen und praktisch überall sonst auf der Erde gefunden. Wenn es sich wirklich um einen toxischen Stoff handelt, dann stellt sich die Frage: Was für ein Giftstoff ist auf der ganzen Welt und bei allen menschlichen Rassen zu finden? Vielleicht ist er in einem Nahrungsmittel enthalten. Oder aber befindet er sich im Regen. Vielleicht ist er im Wasser enthalten. In letzter Zeit wurde über eine ganze Reihe von Ergebnissen berichtet, die gegen die Hypothese sprechen, daß sich dieses Gift in Brunnenwasser bzw. anderen Quellen befindet. Ich weiß es nicht. Es ist aber auf jeden Fall ein interessanter Gedanke, daß die Ursache für eine schon so lange bekannte Krankheit ein Giftstoff sein soll, der praktisch in jeder Ecke der Welt zu finden ist. Die Verfechter der Gifttheorie suchen die Ursache für die Entstehung dieses Giftstoffs in der Verstädterung und Industrialisierung. Aufgrund der Tatsachen meine ich aber, daß es diesen Giftstoff, wenn es ihn überhaupt gibt, bereits lange vorher gegeben haben muß.

Prof. Knoll:

Ich habe in einer Studie begonnen, den Wirkmechanismus von Dopamin aufzuzeigen, und zwar unter normalen Umständen, dann bei Intoxikation, Denervierung, usw. der nigro-striären dopaminergen Neuronen. Danach habe ich den Wirkmechanismus von Deprenyl genau untersucht. Meiner Meinung nach scheint die Frage nach dem

Wirkmechanismus von L-Dopa und von Deprenyl hinreichend geklärt zu sein. Und dann, glaube ich, hat mir Dr. Parkes eine gute Frage gestellt, und ich habe sie mit einer harten Tatsache beantwortet. Ich habe nämlich gesagt, daß der Morbus Parkinson im fortgeschrittenen Stadium nicht mehr wirksam behandelt werden könne. Parkinsonismus ist also eine unheilbare Krankheit. Wenn wir aber die betroffenen Neuronen schützen könnten, mit Deprenyl beispielsweise, d. h. wir müßten Deprenyl über 10 Jahre vor dem eigentlichen Beginn der Krankheit ständig geben, hätten wir gute Chancen. Wie kann man aber diese Diagnose stellen? Das ist das eigentliche Problem. Wie kann man herausfinden, wer ein Risikopatient ist? Gibt es Vorzeichen eines Ausbruchs der Krankheit? Und wenn ja, wie lange vorher können wir sie entdecken? Denn dann hätten wir eine echte Chance, sie zu verhindern, da wir sie bereits vorher beeinflussen könnten. Und in den letzten Jahren — und Deprenyl ist sicherlich, so hoffe ich, ein Schritt nach vorne — konnten wir unsere Patienten viel besser behandeln als noch vor 10 Jahren. Dies ist nicht zuletzt der hervorragenden Arbeit der hier versammelten Wissenschaftler zu verdanken, nämlich vor allem Herrn Prof. Birkmayer und Herrn Prof. Yahr, die führenden Wissenschaftler auf diesem Gebiet. Dennoch ist dies die große Schwierigkeit. Bei L-Dopa ist es zum Beispiel unumgänglich, eine Dosisanpassung nach Langzeittherapie vorzunehmen, wir haben das ja heute vormittag besprochen. Voraussichtlich werden wir nie ein Arzneimittel finden, das die Krankheit in ein früheres Stadium zurückführt.

Prof. Birkmayer:
Vielen Dank. Herr Prof. Riederer, bitte.

Prof. Riederer:
Ich wollte noch einmal auf die Frage der postsynaptischen Rezeptoren zurückkommen. Die Supersensitivitätstheorie, die viele Jahre aktuell war, ist sicherlich weit davon entfernt, diese Aktualität tatsächlich zu besitzen, für den Kliniker noch viel weniger als für den Theoretiker. Für den Kliniker hat sie schon deswegen keine Bedeutung mehr, denn wenn Sie anfangen, einen Patienten mit L-Dopa zu therapieren, dann verschwindet die möglicherweise vorhandene Supersensitivität innerhalb relativ kurzer Zeit. Das, was Sie aber bedenken sollten, ist, daß

eben die Dopa-Therapie als solche in der Dosierung nicht zu hoch
gegriffen werden soll, weil diese Rezeptoren durch diese Therapie
herunterreguliert werden. Die Rezeptordichte wird geringer, je höher
Sie dosieren. Man kann das speziell mit Dopamin-Agonisten sehr schön
zeigen, aber auch mit hohen Dopa-Dosen. Dann kann es natürlich
passieren, daß Sie soweit herunterregulieren, daß Sie wieder Neben-
effekte bekommen. Das heißt, von der Warte der Dopamin-Rezeptoren
aus gesehen würde schon eine Niedrigdosierung von Vorteil sein. Der
zweite Vorteil einer Niedrigdosierung von Dopa wurde heute schon
gesagt. Sie verhindert eben, daß über die Dopa-Zufuhr sehr viel Dopamin synthetisiert wird, dieses Dopamin über MAO desaminiert wird
und Sie dann als Nebenprodukt sehr viel Wasserstoffsuperoxyd bekommen. Wenn Sie Movergan® geben, können Sie diesen Aspekt
blockieren. Der dritte Grund, warum man Dopa niedrig dosieren soll,
ist der, daß in den noch vorhandenen präsynaptischen Nervenenden,
bei hoher Dopadosierung, die schon an und für sich niedrig aktive
Tyrosinhydroxylase über die präsynaptischen Autorezeptoren noch
weiter blockiert wird.

Prof. Birkmayer:

Haben Sie das verstanden? Das ist ja sehr wichtig. Der präsynaptische
Rezeptor wird stimuliert und blockiert die schon schlechte Aktivität
der TH weiterhin. Das ist ein sehr wichtiges Element.

Prof. Riederer:

Die Frage der präsynaptischen Rezeptoren oder des präsynaptischen
Nervenendes ist sicherlich eine Frage, die mit der Progression der
Degeneration zusammenhängt. Und da schließt sich jetzt wieder ein
sehr wichtiger pharmakologischer Aspekt an, der heute, glaube ich,
nicht angeklungen ist, nämlich der: Was ist dann, wenn die Präsynapse
total degeneriert ist? Das heißt, Sie führen Dopa zu und es gibt gar
keine Präsynapse mehr. Sie produzieren aber doch irgendwo noch
Dopamin in anderen Strukturen, zum Beispiel in Kapillaren, und jetzt
muß sich dieses Dopamin Rezeptoren suchen. Da kommen wir zu
dem Problem, daß nun Dopamin einerseits sicher ein Transmitter ist
— das ist keine Frage —, aber in solchen Zuständen wahrscheinlich
die Neuromodulation, also die Hormonwirkung, des Dopamins eher

zum Tragen kommt. Und das ist etwas, was auch die Deprenyl- oder Movergantherapie betrifft. Denn in der Glia, in der Sie sicherlich Dopamin über Dopa anreichern können und dann, wenn sie MAO-B-Hemmer geben, auch genügend Dopamin haben, dann wirkt eben Dopamin als Neuromodulator, aber nicht mehr als klassischer Neurotransmitter. Nun zur Früherkennung — natürlich ist es wichtig, möglichst früh mit der Anti-Parkinson-Therapie zu beginnen. Es gibt diagnostische Möglichkeiten, die heute noch nicht angeklungen sind. Die PET-Analyse, zu der man selbstverständlich auch einen 40jährigen oder 28jährigen zu einem Zeitpunkt schicken kann, an welchem Akinese, Rigor und Tremor tatsächlich nicht erkennbar sind, also schon in der Frühphase, wo sie eben vielleicht noch mit einer Depression primär zu tun haben. Das heißt, es gibt Möglichkeiten des frühzeitigen Nachweises. Diese Möglichkeiten sind aber begrenzt, weil es in der Bundesrepublik Deutschland derzeit nur zwei PET-Geräte gibt, in Köln und in Heidelberg. Man sollte wesentlich mehr anschaffen.

Ein Aspekt, der mir noch am Herzen liegt, ist folgender: Soll man die Möglichkeit von Radikalfängern als Zusatztherapie mit ausnützen? Weil man Wasserstoffsuperoxyd, das auch über Desaminierung, also über MAO, entsteht, mit dem Movergan® (Jumex) sozusagen in den Griff bekommen könnte. Sie können allerdings jenes Wasserstoffsuperoxyd, das über andere endogene Mechanismen synthetisiert wird, über diese Therapieform nicht blockieren. Die Frage erhebt sich: Gibt es Erfahrungen oder kann jemand theoretisch dazu etwas sagen? Soll man jetzt prophylaktisch Vitamin-C geben? Soll man Vitamin-E geben? Oder soll man vielleicht lieber davon lassen?

Prof. Birkmayer:

Danke sehr. Prof. Duvoisin hat das beste Buch geschrieben: Parkinson-Krankheit für Patienten. Das ist wirklich sehr klar geschrieben. Vor allem kann man das Patienten empfehlen. Es sind sogar die einzelnen Pastillen farbig abgebildet, damit der Patient sieht, aha, das Deprenyl schaut so aus usw. Es ist wirklich hervorragend.

Prof. Duvoisin:

Nun, ich habe die Spekulationen und Hypothesen, die vielleicht für den Kliniker nicht so wichtig sind, mit großem Interesse verfolgt, weil

wir ja immer noch nicht wissen, wie L-Dopa eigentlich wirkt. Unsere
Auffassung darüber, wie sich die Rezeptoren verändern, war einem
ständigen Wandel unterworfen, bzw. unsere Ansicht darüber, ob sie
sich beim Morbus Parkinson überhaupt verändern, inwiefern sie unverändert bleiben. In anderen Worten, wir wissen gar nicht, ob diese
Spekulationen über die Vorgänge am Rezeptor eine Bedeutung für
die Praxis haben. Ich möchte auf zwei Punkte hinweisen. Meiner
Meinung nach wird es immer deutlicher, daß Patienten, bei denen die
L-Dopatherapie frühzeitig begonnen wird, eine höhere Lebenserwartung haben und daß sie 15 Jahre später weniger behindert sind. Zu-
gegeben, bei frühzeitigem Therapiebeginn hat man unter Umständen
Schwierigkeiten im Sinne der sogenannten L-Dopa-Langzeitwirkung.
Diese beiden Aspekte schließen sich aber nicht unbedingt gegenseitig
aus. Vielmehr treffen sie beide zu, was für den Kliniker ein gewisses
Dilemma bedeutet, wenn er sich entscheiden muß, wann und wie er
seinen Patienten behandeln soll. Ich finde, daß man moralisch ver-
pflichtet ist, mit Sinemat und L-Dopa früh anzufangen, wenn man
davon ausgeht, dadurch die Lebenserwartung der Patienten erhöhen
und das Ausmaß ihrer Behinderungen 15 Jahre später verringern zu
können. Wenn man davon überzeugt ist, daß durch Deprenyl die
Vorteile der L-Dopabehandlung verstärkt werden können, muß man
die Zusatzbehandlung mit Deprenyl frühzeitig beginnen. Gegen diesen
Vorschlag ist nur schwer etwas zu sagen. Darüber hinaus lesen Ihre
Patienten, denn unsere tun das, Zeitschriften und Berichte aller Art
und natürlich auch über diesen Kongreß. Dann kommen sie natürlich
zu Ihnen, um Deprenyl verschrieben zu bekommen. Weil meine Patienten Deprenyl in den USA nicht bekommen können, wird es in
London oder Wien beschafft. Auf die Ärzte wird ein enormer Druck
ausgeübt werden, so daß die interessanten Studien, die Dr. Lees vor
hat, vielleicht nie realisiert werden können, weil diese Patienten so
lautstark ihr Deprenyl fordern, daß man es ihnen gar nicht verweigern
kann. Wenn man die L-Dopa-Langzeitwirkung etwas näher betrachtet,
fällt auf, daß einige Wirkungen auf das Fortschreiten der Krankheit
zurückzuführen sind. So glaube ich zum Beispiel, daß das Fehlen der
Haltungsreflexe und das Fallen nicht auf die Arzneimittelbehandlung
zurückzuführen sind, sondern auf das Fortschreiten der Krankheit.
Einige dieser Wirkungen hängen auch mit der Dosierung zusammen.
Denn die Reaktion des Gehirns ändert sich mit der Art der Zufuhr
und Dosierung von L-Dopa. So kann die L-Dopazufuhr zum Gehirn

die Funktion der Rezeptoren beeinflussen. In letzter Zeit wurden Untersuchungen — und da gibt es eine ganze Reihe von Gruppen, die das untersucht haben, unter anderem wir — durchgeführt, in denen L-Dopa chronisch verabreicht wird, und zwar entweder durch eine intravenöse Pumpe, so daß die L-Dopa-Spiegel im Plasma tagelang konstant bleiben bzw. mittels eines Katheters im Duodenum oder proximalen Jejunum. Mittlerweile haben wir Patienten, die seit über vier Monaten auf diese Weise Dauerinfusionen erhalten und dadurch auf einem konstanten Plasma-L-Dopa-Spiegel gehalten werden. Alle Fluktuationen bildeten sich erheblich zurück. Normalerweise nahm zumindest die Hälfte aller L-Dopa-Langzeiterscheinungen ab. Mit neuen Therapieansätzen werden diese Wirkungen beeinflußbar und damit neue Denkanstöße gegeben. Ein Befund, der uns derzeit etwas verblüfft, ist folgender: Warum sind nach konstanter Dauerinfusion über 3 bis 4 Monate die Patienten unter der halben L-Dopadosis, die sie am Beginn der Therapie bekommen hatten, und warum betragen ihre L-Dopa-Spiegel im Plasma für das gleiche klinische Bild nur 50 bis 60% der Spiegel vor Beginn der Infusion? Hier sind Vorgänge am Werke, die wir noch nicht verstehen und die durch keine der bisher vorgestellten Spekulationen und Hypothesen zur Rezeptorfunktion erklärt werden können. Es gibt also noch immer viele Rätsel zu lösen. Vielleicht gelingt uns das im Zuge der Behandlung unserer Patienten. Ich denke, daß die Retard-Präparate eine hohe Wirksamkeit entfalten werden und würde bereits heute sagen, daß in ein oder zwei Jahren die Standard-Parkinson-Therapie aus einer Kombination aus Deprenyl und verzögert bzw. langsam freisetzenden L-Dopa-Tabletten bestehen und eine wesentliche Verringerung der Fluktuationen bringen wird.

Prof. Sandler:

Ich gehöre gewiß nicht zu den Verfechtern einer allgemeinen Deprenylprophylaxe, z. B. jeden Morgen eine Prise ins Frühstücksmüsli. Doch scheint sich so etwas Ähnliches, und Sie haben es ja bereits angedeutet, abzuzeichnen, das gar nicht so weit davon entfernt ist, nämlich daß es Anhaltspunkte dafür gibt, daß man durch Deprenylgabe das Fortschreiten der Krankheit möglicherweise aufhalten könne. Wenn das tatsächlich der Fall ist, und zwar aus welchem Grund auch immer, ob es nun mit einem anti-MPTP-ähnlichen Mechanismus zu tun hat oder nicht, so ist es doch ein empirischer Befund, der nicht

wegzudiskutieren ist. Und im Zweifelsfalle sollten wir uns vorsichts-
halber für die frühzeitige Deprenylgabe entscheiden. Oder sogar, wie
Mel Yahr vorher gesagt hat, vielleicht bereits vor der eigentlichen
Krankheit, also dann, wenn noch gar keine Symptome auftreten. Da
habe ich, glaube ich, etwas Unsinniges gesagt. Vielleicht ja, vielleicht
aber auch nicht, denn es gibt in der Literatur Anhaltspunkte dafür,
daß biochemische Erkennungsmerkmale sehr frühzeitig, vielleicht sogar vor den klinischen Zeichen des Parkinsonismus auftreten. Was
erzähle ich Ihnen denn da eigentlich? Ich werde es Ihnen erläutern.
Erstens gibt es da die altbekannte Beobachtung, daß der unbehandelte
Parkinsonpatient in einem sehr frühen Stadium der Krankheit gegenüber einer Normalpopulation einen Anstieg von konjugiertem Tyramin aufweist. Zweitens wissen wir schon seit geraumer Zeit, daß
Dopamin im Urin abfällt. Kein Zusammenhang mit dem Gehirn also.
Dopamin im Urin von Parkinsonkranken. Auch dies tritt in einem
sehr frühen Stadium der Krankheit auf. Und dazu kommen noch
weitere Anzeichen für einen Anstieg von konjugiertem Dopamin. Also
liegt eine überschießende Aktivität bestimmter Konjugationsmecha-
nismen vor, die einen Patienten unter Umständen für Morbus Parkinson besonders anfällig machen. Dies ist ein wichtiger Gesichts-
punkt. Und dann hat der arme alte André Barbeau die Vermutung
geäußert — er hatte aber sehr wenig Befunde, die diese Vermutung
gestützt hätten — er hat also eine Vermutung geäußert, die vielleicht
gar nicht so schlecht war, nämlich daß bei Morbus Parkinson die
Hydroxylierung behindert werde. Diese Vermutung sollte nicht ganz
links liegen gelassen, sondern genauer untersucht werden. Wir könnten
ja eine Parkinson-Neigung feststellen, und wenn dies gesichert ist,
wäre es moralisch voll vertretbar, solche Risikopatienten ein Leben
lang prophylaktisch mit Deprenyl zu behandeln. Und wenn wir dann
noch genügend PETs bekommen, wie Peter das vorher gefordert hat,
könnte ein PET-Screening bei den Patienten durchgeführt werden,
die bei biochemischen Reihenuntersuchungen bereits verdächtig er-
schienen, um etwaige Vorparkinsonausfälle festzustellen. Denn man
wird wohl kaum die ganze Bevölkerung durch den PET schicken
können. Aber mit dem eben von mir beschriebenen Screening-Modell
könnte das Vorparkinsonstadium des Morbus Parkinson möglicherweise nachgewiesen werden. Josef, also ich würde sicher in deine
Arznei investieren. Was Sie da gemacht haben, war für uns alle gut,
und Walter Birkmayer hat uns in die richtige Richtung gelenkt. Ich

glaube, daß wir, d. h. Peter und ich, uns nun in die Biochemie stürzen sollten, um herauszufinden, wer denn nun ein Parkinson-Risikopatient ist. Ich bin überzeugt, wir können es schaffen.

Dr. Tetrud:

Darf ich schnell eine Anmerkung zur Diagnose im vorklinischen Stadium machen. Dr. Yahr zeigte uns diese schöne MRI-Aufnahme der Substantia nigra. Bill Langston und ich haben uns ungefähr 10 Fälle, die in Stanford aufgenommen wurden, genauer angeschaut, und der Mitautor des Artikels, in dem dies ausgewertet wird, Dr. Rebert, und wir waren ganz und gar nicht davon überzeugt, daß sich einheitliche Veränderungen zeigen. Wir hatten Patienten in unterschiedlichen Stadien des Morbus Parkinson und konnten tatsächlich keine einheitlichen Veränderungen feststellen. Doch gibt es bei MRI eine interessante Möglichkeit, nämlich die Verwendung von kaltem ^{18}F-markiertem L-Dopa, die Dr. Rebert in Stanford gegenwärtig zusammen mit der Firma General Electric untersucht. Da es im menschlichen Gehirn kein endogenes Fluor gibt, könnte es mit dieser Methode gelingen, Stoffwechselprodukte, vielleicht sogar die des Dopamins, optisch darzustellen.

Prof. Youdim:

Dieses Panel hat uns einen kurzen Überblick über Deprenyl und seine klinischen Aspekte gegeben, und Prof. Knoll hat über die Pharmakologie des Medikaments gesprochen. Doch meiner Meinung nach kam bisher die biochemische Wirkung im Gehirn zu kurz, obwohl dieser Aspekt meines Erachtens ebenfalls sehr wichtig ist. Daher möchte ich etwas in der Zeit zurückgehen, und zwar zu den ersten Studien, die Merton und ich zum Wirkmechanismus von Deprenyl durchgeführt haben. Da es in seiner Pharmakologie ein MAO-Hemmer ist, wirkt es auch so. Genauer gesagt, die MAO-Hemmung ist die wichtigste bekannte Wirkung des Deprenyls. Vor vielen Jahren haben Merton und ich eine ganze Reihe von menschlichen Gehirnen, ich glaube es waren 48, analysiert. Ich wage zu behaupten, daß noch niemandem vor uns so viele Gehirne zur Verfügung standen. Wir hatten 12 Gehirne in jeder Gruppe: Eine Kontrollgruppe, eine mit

Tranylcypromin, eine mit Isocarboxazid und eine mit Clorgylin behandelt. Dies war 1970, als Clorgylin gerade als MAO-Hemmer her-
auskam. Das Erstaunliche dabei war, daß Tranylcypromin und Isocarboxazid anscheinend die Dopaminspiegel im Gehirn erhöhten, während unter Clorgylin nur Noradrenalin und Serotonin anstiegen, die
Dopaminspiegel jedoch unverändert blieben. In letzter Zeit waren wir
die einzigen, die biochemische Studien durchgeführt haben, bei denen
Gehirne bei der Obduktion von mit Deprenyl behandelten Patienten
untersucht wurden. Wir hatten 9 solcher Gehirne zur Verfügung.
Interessant war, daß bei den mit Deprenyl Behandelten nur Dopamin
und nicht Serotonin anstieg. Dies ist, so glaube ich, ein äußerst wichtiger Aspekt der Wirkung von Deprenyl, denn dadurch kann möglicherweise aus den wenigen noch intakten Neuronen die Dopaminfreisetzung erhöht werden. Dies wird in Tierversuchen sehr genau
belegt. Bei chronischer Behandlung von Tieren mit L-Dopa ergeben
sich keine Auswirkungen auf das Verhalten der Tiere. Dies wird nur
dann beobachtet, wenn die Tiere einen MAO-Hemmer plus L-Dopa
erhalten; außerdem ergibt sich eine Überaktivität, die durch Dopa-
minantagonisten blockiert werden kann. Ich glaube, dies ist ein erster
Anfang. Ich bin der Überzeugung, daß wir durch Deprenyl mehr
Dopamin verfügbar machen können. Doch alles, was darüber hin-
ausgeht, erfordert weitere Untersuchungen am menschlichen Gehirn,
und ich glaube, Merton, daß Du recht hast, ja wir brauchen sehr viel
mehr biochemische Daten aus Gehirnanalysen. Dies ist ein sehr wichtiger Aspekt, der noch nicht diskutiert wurde.

Prof. Birkmayer:

Im gesunden Gehirn gibt es derart viele Rekompensationen, Feedback-
Mechanismen, die fehlen eben beim Parkinson. Das ist ja sein Defekt,
daß er eine Überstimulierung des postsynaptischen Rezeptors kaum
ausgleichen kann. Daher müssen wir immer mit den Theoretikern
zusammenarbeiten.

Auditorium:

Ich habe zwei Fragen, die eine: Es wurde ja immer größtenteils von
dem idiopathischen Parkinson gesprochen. Aber wenn man so als

niedergelassener Nervenarzt an der vordersten Front gegen den Parkinson steht, hat man eigentlich viel mehr mit dem arteriosklerotisch symptomatischem Syndrom zu tun. Kann man das, was heute so gesagt worden ist, in etwa übertragen? Die zweite Frage, die ich habe: Die Substanz Deprenyl ist ja dem Amphetamin doch recht ähnlich. Gibt es da Untersuchungen über das Suchtrisiko oder ist es gar schon in die Drogenszene eingedrungen?

Prof. Birkmayer:

Das beantworte am besten ich, weil ich ungefähr 15 000 Parkinson-Patienten behandelt habe. Erstens: Sie wissen, der Critchley hat gesagt: Es gibt keinen arteriosklerotischen Parkinson. Wir haben 100 Fälle obduziert und 5 davon hatten effektiv in der Substantia nigra enzephalitische Herde. Wenn der arterosklerotische Prozeß die Nigra zerstört — wo soll denn das Dopa wirken? Das ist klar. Aber wenn eine 70jährige Frau zum Doktor kommt und sagt: Herr Doktor, ich zittere so, dann sagt der: Das ist der Kalk, da gibt's nix. Und das stimmt nicht. Wenn jemand einen Parkinson hat und zusätzlich einen Babinski, dann ist er arteriosklerotisch, denn der idiopathische hat nie einen Babinski. Die zweite Frage war Amphetamin. Es gibt ein L-Amphetamin und ein D-Amphetamin. Und beim Deprenyl ist der Metabolit ein L-Amphetamin. Also völlig komplikationslos.

Sachverzeichnis